计 算 机 科 学 丛 书

原书第2版

计算机体系结构精髓

[美] 道格拉斯·科莫（Douglas Comer） 著

黄智濒 戴志涛 译

Essentials of Computer Architecture
Second Edition

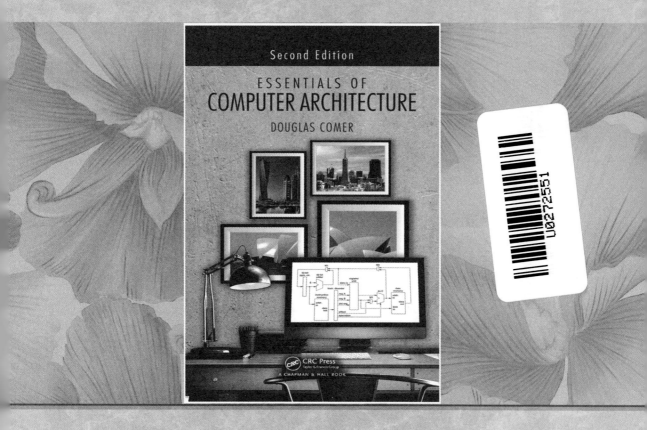

机械工业出版社
China Machine Press

图书在版编目（CIP）数据

计算机体系结构精髓（原书第 2 版）/（美）道格拉斯·科莫（Douglas Comer）著；黄智濒，戴志涛译 . —北京：机械工业出版社，2019.5
（计算机科学丛书）
书名原文：Essentials of Computer Architecture, Second Edition

ISBN 978-7-111-62658-9

I. 计⋯　II. ①道⋯　②黄⋯　③戴⋯　III. 计算机体系结构　IV. TP303

中国版本图书馆 CIP 数据核字（2019）第 084247 号

本书版权登记号：图字　01-2018-2745

本书是专为程序员编写的计算机体系结构教材，重点介绍基础知识和概念，不深入底层硬件的细节。书中主要内容包括数字逻辑、门电路、数据通路和数据表示，以及体系结构的三个主要方面——处理器、存储器和 I/O 系统。此外，还涉及并行、流水线、功耗和性能等高级主题，以及 11 个实验练习。本书可帮助程序员新手和计算机专业新生理解体系结构对编程的影响，从而更有效地进行软件的设计、实现和运维。

出版发行：机械工业出版社（北京市西城区百万庄大街 22 号　邮政编码：100037）

责任编辑：唐晓琳		责任校对：殷　虹	
印　　刷：中国电影出版社印刷厂		版　　次：2019 年 6 月第 1 版第 1 次印刷	
开　　本：185mm×260mm　1/16		印　　张：19	
书　　号：ISBN 978-7-111-62658-9		定　　价：99.00 元	

文艺复兴以来，源远流长的科学精神和逐步形成的学术规范，使西方国家在自然科学的各个领域取得了垄断性的优势；也正是这样的优势，使美国在信息技术发展的六十多年间名家辈出、独领风骚。在商业化的进程中，美国的产业界与教育界越来越紧密地结合，计算机学科中的许多泰山北斗同时身处科研和教学的最前线，由此而产生的经典科学著作，不仅擘划了研究的范畴，还揭示了学术的源变，既遵循学术规范，又自有学者个性，其价值并不会因年月的流逝而减退。

近年，在全球信息化大潮的推动下，我国的计算机产业发展迅猛，对专业人才的需求日益迫切。这对计算机教育界和出版界都既是机遇，也是挑战；而专业教材的建设在教育战略上显得举足轻重。在我国信息技术发展时间较短的现状下，美国等发达国家在其计算机科学发展的几十年间积淀和发展的经典教材仍有许多值得借鉴之处。因此，引进一批国外优秀计算机教材将对我国计算机教育事业的发展起到积极的推动作用，也是与世界接轨、建设真正的世界一流大学的必由之路。

机械工业出版社华章公司较早意识到"出版要为教育服务"。自1998年开始，我们就将工作重点放在了遴选、移译国外优秀教材上。经过多年的不懈努力，我们与Pearson、McGraw-Hill、Elsevier、MIT、John Wiley & Sons、Cengage等世界著名出版公司建立了良好的合作关系，从它们现有的数百种教材中甄选出Andrew S. Tanenbaum、Bjarne Stroustrup、Brian W. Kernighan、Dennis Ritchie、Jim Gray、Afred V. Aho、John E. Hopcroft、Jeffrey D. Ullman、Abraham Silberschatz、William Stallings、Donald E. Knuth、John L. Hennessy、Larry L. Peterson等大师名家的一批经典作品，以"计算机科学丛书"为总称出版，供读者学习、研究及珍藏。大理石纹理的封面，也正体现了这套丛书的品位和格调。

"计算机科学丛书"的出版工作得到了国内外学者的鼎力相助，国内的专家不仅提供了中肯的选题指导，还不辞劳苦地担任了翻译和审校的工作；而原书的作者也相当关注其作品在中国的传播，有的还专门为其书的中译本作序。迄今，"计算机科学丛书"已经出版了近500个品种，这些书籍在读者中树立了良好的口碑，并被许多高校采用为正式教材和参考书籍。其影印版"经典原版书库"作为姊妹篇也被越来越多实施双语教学的学校所采用。

权威的作者、经典的教材、一流的译者、严格的审校、精细的编辑，这些因素使我们的图书有了质量的保证。随着计算机科学与技术专业学科建设的不断完善和教材改革的逐渐深化，教育界对国外计算机教材的需求和应用都将步入一个新的阶段，我们的目标是尽善尽美，而反馈的意见正是我们达到这一终极目标的重要帮助。华章公司欢迎老师和读者对我们的工作提出建议或给予指正，我们的联系方法如下：

华章网站：www.hzbook.com

电子邮件：hzjsj@hzbook.com

联系电话：（010）88379604

联系地址：北京市西城区百万庄南街1号

邮政编码：100037

华章科技图书出版中心

译者序

Essentials of Computer Architecture, Second Edition

    计算机体系结构是计算机及相关学科的专业技术基础课程，是描绘计算机的过去、现在和未来蓝图的课程。计算机体系结构研究软件、硬件功能分配和对软件、硬件接口的确定。因此，它既需要数字逻辑、计算机系统、计算机组成原理等相关方面的硬件基础知识，又需要操作系统、编译原理、汇编语言甚至高级语言等相关方面的软件知识。很多人觉得这些内容既多又复杂，虽然知道对未来工作有帮助，但面对繁杂的前导知识常常望而却步。本书专为这类读者准备，特别是不想深入了解硬件知识的专业程序开发人员。

    本书从程序员视角出发，不涉及过多的底层硬件基础知识，但又深刻清晰地描述了相关的基本原理。作为讲授数字逻辑与数字系统、计算机组成原理以及计算机体系结构的专业教师，翻译完本书之后，不禁感叹科莫博士学识渊博，细节描述细致入微，同时整体脉络清晰，有助于广大程序员全面了解计算机及其基本原理和体系结构，从而实现更高效的软件开发。

    在翻译的过程中，译者根据计算机学会计算机术语审定工作委员会推荐的词汇，对原书中的某些描述进行了符合中文习惯的转换。译者尽力准确反映原著的描述，但由于水平有限，翻译中难免有错漏之处，恳请读者和同行批评指正。

    最后，感谢家人和朋友的支持和帮助。同时，要感谢参与本书翻译过程的所有人，特别是北京市三帆中学黄天量，北京交通大学附属中学韩乐铮，以及北京邮电大学计算机学院的赵达非、吕滢、何若愚、汤洋、王旭飞、张彦涵、陈俊贤、王珏、许瀚元、桑燊、罗婷等人，最后要感谢北京邮电大学计算机学院体系结构中心的大力支持。

北京邮电大学计算机学院

智能通信软件与多媒体北京市重点实验室

黄智濒　戴志涛

2019 年 3 月于北京

硬件工程已经从使用分立电子元件转向使用可编程器件。因此,编程变得更加重要。那些理解硬件如何运转和熟知基本硬件原理的程序员,可以更加高效且少犯错误地构建软件系统。掌握计算机体系结构的基础知识使得编程人员能够理解软件如何映射到硬件上,并做出更好的软件设计选择。掌握底层硬件知识也有助于调试,因为它可以让程序员快速地定位问题的根源。

本书适用于一个学期的本科课程。在众多计算机科学课程中,计算机体系结构或计算机组成课程是唯一介绍计算机结构基本概念的课程,这些概念有助于学生理解他们赖以编程的计算机结构。遗憾的是,大多数计算机体系结构书籍都是硬件工程师编写的,目标读者是那些想学习如何设计硬件的学生。本书则采用了不同的方法:不再专注于硬件设计和工程细节,而是针对程序员,解释程序员需要知道的硬件基础知识。因此,本书从程序员的角度解释主题,并强调其对程序员的影响。

全书分为五个部分。第一部分介绍数字逻辑、门电路、数据通路和数据表示的基础知识。大多数学生喜欢这种简短的学习底层硬件的方式(特别是本书不介绍细微的硬件细节)。第二至四部分涵盖体系结构的三个主要方面:处理器、存储器和输入/输出系统。在每一章中,都为学生提供了足够的背景知识,以便他们了解相关机制如何运作及其对程序员的影响,而无须继续了解许多细节。最后,第五部分涵盖并行、流水线、功耗和能耗以及性能等高级主题。

附录 A 描述课程的一个重要方面——实验,学生可以通过实践学习。尽管大多数实验问题都集中在编程上,但学生应该在前几周完成在面包板上连接门电路。该设备价格低廉(我们购买供学生实验的长期设备时,每位学生花费少于 15 美元,学生自己购买实验设备花费不到 20 美元)。

附录 C 提供对 x86 汇编语言和 x64 扩展的简单介绍。许多老师讲授 x86 系统,要求将其包含在内。该材料位于附录中,意味着选择 RISC 汇编语言(例如,ARM 体系结构)的老师可以将其用于比较。

第 2 版新增了两章并对全书内容做了一些修改和更新。例如,在第 3 章中,有关数据通路的部分展示了计算机系统的组件,并描述了当指令执行时数据是如何在这些组件间流动的。通过简单的例子在第 2 章介绍的数字逻辑与接下来章节介绍的处理器之间搭建了桥梁。在第 20 章中,覆盖了功耗与能耗的基本概念,读者无须了解更多细节。它解释了为什么以半速运行的双核处理器芯片的功耗要低于全速运行的单核处理器芯片的功耗。

我们建立了一个与本书配套的网站:http://www.eca.cs.purdue.edu。

本书正文及实验练习被普渡大学用作教材,学生对这两方面都非常积极。我们收到了大量关于本书的感谢信息。对于许多学生来说,实验课是他们与硬件的第一次近距离接触,因此学习热情高涨。

感谢许多为本书做出贡献的人。Bernd Wolfinger 全面审阅了本书,并就主题和方向提出了一些重要建议。一些教授和学生指出了第 1 版中的错别字。George Adams 为第 2 版提供了详细的意见和建议。

　　最后，感谢我的妻子 Chris，她耐心细致的编辑和提出的宝贵建议，改进和完善了本书。

道格拉斯·科莫

道格拉斯·科莫博士有深厚的计算机系统背景，同时拥有硬件与软件方面的工作经历。科莫博士在软件方面的工作涉及系统的大部分内容，包括编译器和操作系统。他创建了一个完整的操作系统，包括进程管理器、内存管理器以及串行和并行接口的设备驱动程序。科莫博士还为传统的计算机和网络处理器实现了网络协议软件和网络设备驱动程序。他的操作系统（Xinu）和 TCP/IP 协议栈已经用于商业产品。

科莫博士在硬件方面的经验包括基于分立元件的工作、基于逻辑门构建电路的经验以及使用基本硅技术的实践。他撰写了关于网络处理器架构的畅销书。在贝尔实验室，他研究超大规模集成电路设计并制作超大规模集成电路芯片。

科莫博士是普渡大学计算机科学杰出教授，在那里他开发和讲授课程并从事计算机组成、操作系统、网络和互联网方面的研究。除了编写一系列有关计算机操作系统、网络、TCP/IP 和计算机技术的国际知名技术书籍外，科莫博士还创建了创新实验室，学生可以在那里构建和测量操作系统和 IP 路由器等，他的所有课程都包括实践操作。

在普渡大学休假期间，科莫博士担任思科系统公司首席研究副总裁。他继续在世界各地的大学、企业和会议上担任顾问和举办讲座。20 年来，科莫博士担任《Software—Practice and Experience》期刊的主编。他是美国计算机协会（ACM）的会士、普渡大学教学学院院士，并获得了众多奖项，其中包括 USENIX 终身成就奖。

更多信息请参阅：www.cs.purdue.edu/people/comer。

关于科莫博士编写的书籍的信息请参阅：www.comerbooks.com。

目 录

第四部分　输入和输出

第 14 章　输入 / 输出的概念和术语 ····· 166

第 15 章　总线及总线架构 ··········· 171

第 16 章　可编程的 I/O 和中断驱动的 I/O ····· 186

简介及概览

1.1 体系结构的重要性

计算机系统无处不在。手机、视频游戏、家用电器和车辆都包含可编程处理器。这些系统都依赖于软件，这引出一个重要问题：为什么构建软件的人员对学习计算机体系结构感兴趣？答案是，理解硬件有助于编写更小、速度更快且不易出错的代码。体系结构的基础知识还有助于程序员了解相对的操作成本（例如，输入/输出操作所需的时间与算术操作所需的时间之间的比较）以及编程选择的影响。最后，了解硬件如何工作有助于程序员进行调试——知晓硬件的人，有更多的线索来发现故障的根源。简而言之，程序员对底层硬件了解越多，开发软件时就越得心应手。

1.2 学习基础知识

任何硬件工程师都会告诉你：用于构建计算机系统的数字硬件非常复杂。除了无数技术和构成每一项技术的复杂的电子元器件系列外，工程师还必须掌握设计规则，规定如何构建元件以及如何将元件互连以形成系统。此外，技术不断发展，更新、更小、更快的组件不断出现。

幸运的是，正如本书所示，在不知道低级技术细节的情况下了解计算机系统架构组件是可能的。本书重点介绍必要的基础知识，并基于广泛的概念性术语解释计算机体系结构——它描述了每一个主要组件，并考察它们在整个系统中的作用。因此，读者在理解本书时并不需要电子或电气工程方面的背景知识。

1.3 本书结构

我们将讨论的主题是什么？本书分为五个部分。

基础知识。第一部分介绍本书其余部分所必需的两个主题——数字逻辑和数据表示。我们将看到在每种情况下问题都是一样的：使用电子机制来表示和处理数字信息。

处理器。作为计算机体系结构的三个关键领域之一，处理器涉及计算（例如算术运算）和控制（例如执行一系列步骤）。我们将了解基本构建模块，并了解这些模块在现代中央处理器（CPU）中的使用方式。

存储器。计算机体系结构的第二个关键领域是存储系统，专注于数字信息的存储和访问。我们将考察物理内存系统和虚拟内存系统，并理解计算中最重要的概念之一——缓存。

输入和输出。计算机体系结构的第三个关键领域是输入和输出，侧重于计算机和各类设备间互连，例如麦克风、键盘、鼠标、显示器、磁盘和网络等。我们将了解总线技术，了解处理器如何使用总线与设备进行通信，以及了解设备驱动程序的作用。

高级主题。最后一个部分将以多种形式聚焦两个重要主题——并行和流水线。我们将看到如何使用并行或流水线硬件提高整体性能。

1.4   一笔带过的内容

将所有主题消减为必要的基础知识就意味着要选择忽略一些内容。就本书而言，我们选择广度而不是深度——当需要选择时，我们关注概念而不是细节。因此，本书涵盖了计算机体系结构中的主要主题，但省略了不太知名的变化体和底层工程细节。例如，讨论基本与非门电路的操作方式时，仅给出了简单的描述，而没有讨论确切的内部结构或精确描述门如何损耗流入的电流。同样，在对处理器和内存系统的讨论中略过了工程师需要的性能定量分析。相反，我们采取高层次的观点，旨在帮助读者理解整体设计及其对程序员的影响，而不是准备让读者构建硬件。

1.5   术语：体系结构和设计

本书将使用术语"体系结构"来指代计算机系统的整体组织。计算机体系结构类似于一张蓝图——设定了主要组件间的互连，以及每个组件的整体功能，而不提供许多细节。在构建实现一个给定体系结构的数字系统之前，工程师必须将整个体系结构转换为一种实际设计，需要考虑体系结构忽略的细节。例如，设计必须指定组件如何组织到芯片上，芯片如何组织到电路板上，以及如何将电源分布到每个电路板上。最终实现设计时，需要选择特定的硬件去构建这个系统。设计代表落实给定体系结构的一种可能方式，一种实现代表落实给定设计的一种可能方式。关键在于体系结构的描述是抽象的，我们必须记住许多设计可以满足给定的体系结构，许多实现可以落实给定的设计。

1.6   小结

本书涵盖了计算机体系结构的基础知识：数字逻辑、处理器、存储器、输入/输出和高级主题。本书不需要电气工程或电子学方面的背景知识。相反，本书通过阐述概念解析主题，避免底层细节，并专注于对程序员很重要的内容。

| 第一部分 |

Essentials of Computer Architecture, Second Edition

基 础 知 识

## 第 2 章

数字逻辑基础

2.1 引言

本章介绍数字逻辑的基础知识。目标很简单——为读者提供足够的背景知识以了解后续章节。尽管许多底层细节是无关紧要的，但是程序员确实需要硬件的基础知识以理解其对软件的影响。因此，我们不需要深入研究电气细节，讨论基础物理学，或者学习工程师在连接器件时所遵循的设计规则。相反，我们将学习一些基础知识，使我们能够理解复杂的数字系统是如何工作的。

2.2 数字计算装置

我们使用术语"数字计算机"来指代这样的设备：它可以执行一系列计算步骤，而且操作的数据是离散值。另一种替代设备称为模拟计算机，它操作的数据则是随时间连续变化的。数字计算的优点是精确。由于数字计算机已经变得既便宜又可靠，模拟计算已经退缩到一些特定领域。

由于一次计算可能牵涉数十亿个单独的步骤，可靠性需求出现了。如果一台计算机误解了一个值或一个集合，那么将无法得到正确的计算结果。因此，计算机设计设定的故障率远低于十亿分之一。

如何实现高可靠性和高速度？最早的计算装置之一称为算盘，它依靠人移动珠子跟踪计算和。到 20 世纪初，机械齿轮和杠杆被用来生产收银机和加法机。到了 20 世纪 40 年代，早期的电子计算机由真空管构成。虽然它们比机械装置快得多，但是真空管（其需要灯丝变红）是不可靠的——在使用几百小时后灯丝会烧烬。

1947 年晶体管的发明大大改变了计算。与真空管不同，晶体管不需要灯丝，不消耗太多功率，不会产生太多热量，也不会烧烬。此外，晶体管的成本比真空管的低得多。因而，现代数字计算机是由使用晶体管构建的电子电路组成的。

2.3 电气术语：电压和电流

电子电路依赖于与电荷的存在和流动有关的物理现象。物理学家已经发现了探测电荷的存在和控制其流动的方法，工程师已经开发出能够快速执行这些功能的机制。这些机制构成了现代数字计算机的基础。

工程师使用术语电压和电流来指电量的可量化特性：两点之间的电压（以伏特为单位）表示势能差，电流（以安培为单位）表示电子沿着路径（例如，沿着电线）的流动。可以用水进行很好的类比：电压对应于水压，电流对应于在给定时间流过管道的水量。如果水箱上破了一个洞，水开始从这个洞流出，水压就会下降；如果电流开始流经导线，电压将下降。

    ⊟ volt，简称伏（V）。——编辑注

    ⊟ ampere，简称安（A）。——编辑注

关于电压最重要的一点是，电压只能被测量为两点之间的差值（即，测量是相对的）。因此，用来测量电压的电压表总是有两个探针；在连接两个探针之前，仪表不会记录电压。为了简化测量，假设这两个点中其中一个点为零伏，另一个点为相对于零的电压值。电气工程师用"地线"这个术语来指代那些假定为零伏的点。在本书所示的所有数字电路中，我们假设电力是由两根导线提供的：一根导线是地线，假设是零伏，另一根导线是五伏。

幸运的是，我们可以理解数字逻辑的基本原理，而不需要知道更多有关电压和电流的知识。我们只需要了解电流是可控的，以及电可用来表示数字值。

2.4　晶体管

控制电流流动的装置是一种被称为晶体管的半导体器件。在底层，所有的数字系统都是由晶体管组成的。具体来说，数字电路使用被称为金属氧化物半导体场效应晶体管（MOSFET）的晶体管形式，缩写为 FET。在晶体硅基础上，利用 P 型和 N 型硅层、氧化硅绝缘层（一种玻璃）以及将晶体管连接到其余部分的金属导线，形成 MOSFET 电路。

用于数字电路的晶体管可实现开关装置的功能，通过电子方式操作而不是机械方式操作。也就是说，与基于机械力打开和关闭的机械开关相反，晶体管通过是否施加电压实现打开和关闭操作。每个晶体管具有三个连接到电路其余部分的端子（即导线）。在两个端子（一个源极和一个漏极）之间有一个沟道，其电阻可控。如果电阻低，电流从源极流向漏极；如果电阻很高，则不会有电流流过。第三个端子（称为栅极）控制电阻。在接下来的章节中，我们将看到如何使用开关式晶体管构建更多用于建造数字系统的复杂组件。MOSFET 晶体管有两种类型，都用于数字逻辑电路。图 2.1 显示了工程师用来表示这两种类型的图示。⊖

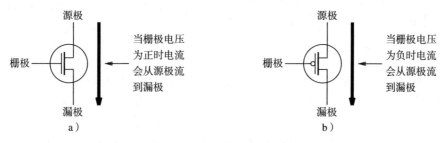

图 2.1　用于逻辑电路的两类晶体管。a）一类晶体管，当栅极电压为正时开关打开；b）另一类晶体管，当栅极电压为 0 或者负时开关打开

在图 2.1 中，当栅极电压为正时（即，超过某个最小阈值），图 2.1a 所示的晶体管打开。当栅极出现适当的电压时，一个较大的电流会流过源极和漏极间的连接路径。当电压在栅极消失时，另两个端子间的大电流停止。图 2.1b 所示的晶体管在栅极上有一个小圆，采用另一种工作方式。每当栅极上的电压低于阈值（例如，接近于零）时，大电流从源极流向漏极，并且当栅极电压高时停止流动。这两种形式被称为互补，整体芯片技术称为 CMOS（互补金属氧化物半导体）。CMOS 的主要优势在于可以设计使用极低功耗的电路。

2.5　逻辑门

数字电路是如何构建的？一个晶体管有两个可能的状态——有电流流动，或者没有电流

⊖　从技术上讲，该图描述了 MOSFET 的 p 沟道和 n 沟道形式。

流动。因此，电路是用一个被称为布尔代数的二值数学系统设计的。大多数程序员都熟悉三种基本的布尔函数：与（and）、或（or）、非（not）。图 2.2 列出了每种函数可能的输入值及其对应的结果。

A	B	A and B		A	B	A or B		A	not A
0	0	0		0	0	0		0	1
0	1	0		0	1	1		1	0
1	0	0		1	0	1			
1	1	1		1	1	1			

图 2.2　布尔函数以及每一种可能的输入情况。逻辑值 0 表示 `false`，逻辑值 1 表示 `true`

布尔函数为数字硬件提供了概念基础。更重要的是，可以使用晶体管来构造有效的电路，实现每个布尔函数。例如，考虑布尔函数"非"。典型的逻辑电路使用正电压表示布尔值 1，零电压来表示布尔值 0。用 0 伏表示 0，正电压表示 1，意味着计算布尔函数"非"的电路可以由两个晶体管构建。也就是说，电路在一根导线上输入，在另一根导线上产生一个输出，输出始终与输入相反——当输入为正电压时，输出为零，当输入为零电压时，输出为正电压[⊖]。图 2.3 展示了一个实现布尔函数"非"的电路。

图 2.3 是一个示意图。示意图中的每条线对应于将一个组件连接到另一个组件的导线。实心点表示电气连接，线末端的小空心圆表示外部连接。除了一路输入和一路输出外，该电路还有连接至正电压和零电压的导线。

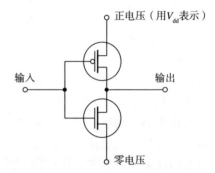

图 2.3　一对互补的晶体管实现了一个布尔函数"非"

实现布尔函数的电子电路与计算机程序的显著不同之处在于：电路自动连续运行。也就是说，一旦提供电源（图中的正电压），晶体管就会执行其功能并在电源保持开启时继续执行——如果输入改变，则输出也会改变。因此，与程序中的函数不同，程序函数仅在调用时才产生结果，电路的输出始终可用并随时可用。

为了理解电路如何工作，可以将晶体管视为能够在源极和漏极端子之间形成电气连接。当输入为正时，顶部晶体管关闭，底部晶体管导通，这意味着输出连接到零伏。相反，当输入电压为零时，顶部晶体管导通，底部晶体管关闭，这意味着输出连接到正电压。因此，输出电压表示与输入电压的逻辑相反。

一个细节为布尔函数增加了一些复杂性：由于电子电路的工作方式，每个函数的反函数需要较少的晶体管。因此，大多数数字电路实现逻辑"或"和逻辑"与"的反函数：或非（nor）和与非（nand）。另外，某些电路还使用异或（xor）函数。图 2.4 列出了每种函数的可能输入及其对应的结果[⊖]。

⊖ 一些数字电路使用 5 伏，一些使用 3.3 伏；硬件工程师不是设定某一电压，而是用 V_{dd} 来表示给定电路的电压。

⊖ 后续章节使用术语"真值表"来描述图中使用的表格。

A	B	A nand B		A	B	A nor B		A	B	A xor B
0	0	1		0	0	1		0	0	0
0	1	1		0	1	0		0	1	1
1	0	1		1	0	0		1	0	1
1	1	0		1	1	0		1	1	0

图 2.4 逻辑门电路实现的与非、或非和异或函数

2.6 使用晶体管实现的"与非"逻辑门电路

对于本书的其余部分，晶体管及其互连的细节并不重要。我们需要了解的是，晶体管可用于创建上述每个布尔函数，并且这些函数可用于构建数字电路，从而制造计算机。在离开晶体管主题之前，我们将研究一个例子：使用四个晶体管实现"与非"功能的电路。图 2.5展示了电路图。如上所述，我们使用术语逻辑门来描述所产生的电路。实际上，逻辑门包含附加组件，例如二极管和电阻器，用于保护晶体管免受静电放电和过量电流的影响；因为它们不影响门的逻辑运算，所以图中省略了额外的组件。

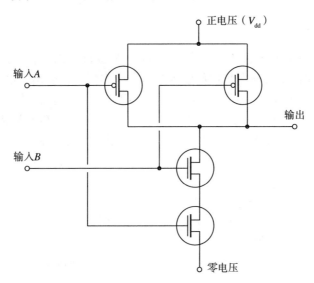

图 2.5 由四个晶体管互连实现的与非逻辑门电路

为了理解电路如何工作，请注意，如果两个输入都代表逻辑 1，则底部的两个晶体管将导通，这意味着输出将连接到零伏（逻辑 0）。否则，顶部的两个晶体管中至少有一个将导通，输出将连接到正电压（逻辑 1）。当然，必须仔细设计电路，以确保输出不会同时连接到正电压和零电压（否则晶体管将被破坏）。

图 2.5 中的示意图使用了一个通用约定：只有出现实心点，交叉的两条线才表示电气连接。这个想法与在图中绘制顶点和边的方式类似：除非绘制了点（或圆），否则两条交叉的边的交叉点并不表示该处存在一个顶点。在电路图中，没有点的两条交叉线对应于没有物理连接的情况；我们可以想象成导线之间存在间隙（即导线不接触）。为了清晰显示没有连接，线路在交叉点周围留出一点空间。

现在我们已经看到了如何用晶体管创建逻辑门，不需要再考虑单个晶体管。在本章的其余部分中，我们将讨论逻辑门而不提及它们的内部机制。后续章节讨论由逻辑门组成的更大更复杂的装置。

2.7   表示逻辑门的符号

设计电路时，工程师会考虑互连逻辑门而不是互连晶体管。每个门都由一个符号表示，工程师绘制出门间互连的示意图。图 2.6 显示了与非门、或非门、反相器（非门）、与门、或门以及异或门的符号。该图遵循标准术语，使用术语"反相器"来表示执行布尔"非"操作的逻辑门。

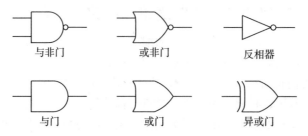

图 2.6   通常用于逻辑门的符号。每一个逻辑门的输入显示在左侧，门的输出显示在右侧

2.8   逻辑门互连的例子

实现门电路的电子器件被归为晶体管 – 晶体管逻辑器件（TTL），因为逻辑门中的输出晶体管被设计为直接连接到其他逻辑门的输入晶体管。实际上，输出可以连接到多个输入[⊖]。例如，如果磁盘正在旋转且用户按下掉电按钮时，假定一个电路需要输出为真。逻辑上，输出是两个输入的布尔与。然而，我们假定仅使用与非门、或非门和反相器来实现设计。在这种情况下，与函数可以直接通过将一个与非门的输出作为一个反相器的输入而实现。图 2.7说明了这种连接。

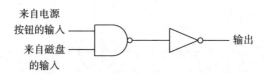

图 2.7   逻辑门连接的示意图。一个逻辑门的输出直接连接到另一个逻辑门的输入

作为门互连的另一个例子，考虑图 2.8 中显示三个输入的电路。

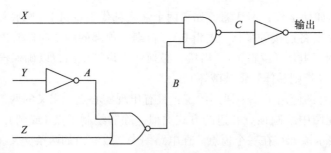

图 2.8   带有三个输入（标记为 X、Y 和 Z）的电路示例。内部互连也被标记，以便于我们讨论中间值

图 2.8 中的电路实现什么功能？有两种方法可以回答这个问题：我们可以确定电路对应的布尔公式，或者枚举输入值的所有八种可能组合时的输出值情况。为了有助于理解这两种

⊖ 技术上限制了该输出可以连接的输入数量，我们使用术语"扇出"指定一个输出可支持的输入数量。

方法，我们标记了电路中的每个输入和每个中间连接以及输出。

要推导出布尔公式，请注意输入端 Y 直接连接到反相器。因此，A 处的值对应于布尔函数 not Y。或非门的输入来自 not Y（来自反相器）和输入端 Z，因此 B 处的值对应于布尔函数：

$$Z \text{ nor } (\text{not } Y)$$

由于与非门接着一个反相器的组合产生了两输入的布尔与函数，输出值对应于：

$$X \text{ and } (Z \text{ nor } (\text{not } Y))$$

上述公式也可以表示为：

$$X \text{ and not } (Z \text{ or } (\text{not } Y)) \tag{2.1}$$

我们已经描述了使用布尔表达式作为理解电路的一种方式，除此之外，布尔表达式在电路设计中也很重要。工程师可通过查找描述电路行为的布尔表达式开始设计。编写这样的表达式可以帮助设计师理解问题和特殊情况。一旦找到正确的表达式，工程师就可以将表达式转换为等效的硬件门电路。

使用布尔表达式具体指定电路有一个显著的优点：有各种可用于布尔表达式的工具。可以使用工具分析表达式，最简化表达式[⊖]，并将表达式转换为互相连接的门级图。自动最简化特别有用，因为它可以减少所需的门数。也就是说，存在可以将布尔表达式作为输入的工具，可产生需要更少门的等价表达式，然后将输出转换为电路图。我们可以总结如下：

> 存在将布尔表达式作为输入并产生优化电路作为输出的工具。

用于理解逻辑电路的第二种技术包括列举所有可能的输入，然后在电路中的每个点处找到相应的值。例如，图 2.8 中的电路有三个输入，所以存在八种可能的输入组合。我们使用术语真值表来描述这种枚举。调试电路时经常使用真值表。图 2.9 包含了图 2.8 电路的真值表。该表列出了 X、Y 和 Z 导线上所有可能的输入组合以及标记为 A、B、C 和输出的导线上的结果值。

图 2.9 中的表格从列出所有可能的输入开始，然后逐个填写其余列。在这个例子中，有三个输入（X、Y 和 Z），每个输入可以设置为 0 或 1。从而表格的 X、Y 和 Z 列中有八种可能的值组合。一旦将这三列填写完，这些输入列可用于派生其他列。例如，电路中的点 A 表示第一个反相器的输出，它是输入 Y 的反相值。因此，列 A 可以通过反转列 Y 中的值来填充。类似地，列 B 表示列 A 和列 Z 的或非值。

X	Y	Z	A	B	C	输出
0	0	0	1	0	1	0
0	0	1	1	0	1	0
0	1	0	0	1	1	0
0	1	1	0	0	1	0
1	0	0	1	0	1	0
1	0	1	1	0	1	0
1	1	0	0	1	0	1
1	1	1	0	0	1	0

图 2.9　对应图 2.8 所示电路的真值表

真值表可用于验证布尔表达式——可以为所有可能的输入计算表达式并将其与真值表中的值进行比较。例如，图 2.9 中的真值表可用于验证上面的布尔表达式（式（2.1））及其等价表达式：

$$X \text{ and } Y \text{ and } (\text{not } Z)$$

要执行验证，需要为所有可能的 X、Y 和 Z 组合计算布尔表达式的值。对于每个组合，将表达式的值与真值表的输出列中的值进行比较。

⊖　附录 B 列出了用于最简化布尔表达式的一组规则。

2.9 实现二进制加法的数字电路

逻辑电路如何实现整数运算？例如，考虑使用门电路实现两个二进制数相加。可以应用在小学学到的算术：将两个数字按列对齐。然后，从最低位开始，将每列数字相加。如果某一列的和溢出，则将总和的高位数字进位到下一列。唯一的区别是计算机用二进制而不是十进制表示整数。例如，图 2.10 说明了以二进制进行的 20 和 29 的加法运算。

执行加法的电路需要每列有一个模块（即操作数中的每个位）。低位模块需要两个输入并产生两个输出：和以及进位。该电路称为半加器，包含一个与门和一个异或门。图 2.11 显示了门的连接方式。

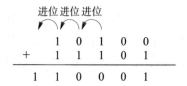

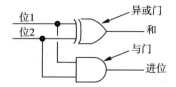

图 2.10　带进位的二进制加法的例子　　　　图 2.11　半加器电路，两个输入，产生出

两个输出——和以及进位

尽管半加器电路可以计算低位的总和，但对于其他位而言需要一个更加复杂的电路。特别是每个后续接连的计算都有三个输入：两个输入位和一个从右边列过来的进位位。图 2.12 展示了这个必要的电路，称为全加器。请注意两个输入位之间的对称性——任何一个输入都可以连接到计算前序位的和的电路上。

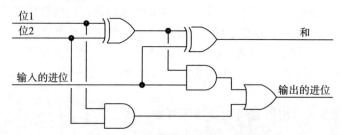

图 2.12　全加器电路，可以接收两个输入和一个低位传递过来的进位

如图 2.12 所示，一个完整的加法器由两个半加器电路和一个额外的门（逻辑或）组成。或连接来自两个半加器的进位输出，并在两个半加器中的任何一个报告进位时提供进位输出。

尽管全加器可以有八种可能的输入组合，但我们在验证正确性时只需要考虑六种。要明白为什么，请注意全加器对称地对待位 1 和位 2。因此，我们只需要考虑三种情况：两个输入位都是零；两个输入位都是 1；输入位之一是 1，而另一个是 0。进位输入的出现将可能的情况翻倍，变成六种。建议练习一下使用真值表来验证全加器电路确实为每个输入组合提供了正确的输出。

2.10 多逻辑门的集成电路

由于上述逻辑门不需要许多晶体管，使用 TTL 工艺可以在一个廉价的电子组件上制造出多个逻辑门。实现逻辑门电路的一个流行的 TTL 工艺电路集合称为 7400 系列[⊖]。该系列

⊖ 除了本节介绍的逻辑门之外，7400 系列还包括更复杂的机制，如触发器、计数器和多路分配器，本章后面将对此进行介绍。

中的每个组件都分配了一个以 74 开头的组件编号。在物理上，7400 系列的许多组件由长约 1.5 英寸[注]的矩形封装和十四根铜线（称为引脚，用于将器件连接到电路中），称为 14 引脚的双列直插式封装（14 引脚 DIP）。更复杂的 7400 系列芯片需要额外的引脚（例如，一些使用 16 引脚 DIP 配置）。

要了解 7400 系列芯片上如何安排多个门，请考虑下面的三个示例。组件编号 7400 的器件包含四个与非门，组件编号 7402 的器件包含四个或非门，组件编号 7404 的器件包含六个反相器（非门）。图 2.13 显示了每种情况下各个逻辑门的输入和输出如何连接到引脚。

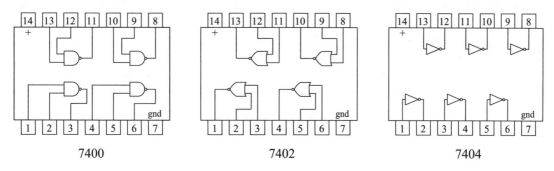

图 2.13 实现逻辑门的三个商用集成电路的引脚连接示意图

尽管该图并未显示逻辑门如何连接到引脚 14 和 7，但这两个引脚是必不可少的，因为它们提供了运行逻辑门所需的电源——如标签所示，引脚 14 连接到正五伏，引脚 7 连接到地（零伏）。

2.11 不只需要组合逻辑电路

布尔逻辑门的互连（例如上述电路）称为组合逻辑电路，因为输出仅仅是输入值的布尔组合。在组合逻辑电路中，输出仅在输入值改变时才会改变。尽管组合逻辑电路是必不可少的，但还不够——计算机需要的电路可以在不等待输入改变的情况下采取行动。例如，当用户按下按钮开启计算机时，硬件必须执行一系列操作，并且在用户没有进一步输入的情况下按序进行。实际上，用户不需要持续按住电源按钮——即使在用户松开按钮后，启动顺序仍会继续。此外，再次按下相同的按钮会导致硬件触发关闭序列操作。

电源按钮如何实现关闭系统和启动系统？数字逻辑如何在不需要改变输入值的情况下执行一系列操作？在输入恢复到初始状态后，数字电路如何继续工作？答案涉及其他机制。逻辑门的复杂布置可以提供一些所需的功能，余下的则需要一个称为时钟的硬件设备。下一节将介绍复杂电路的示例，后面的章节将介绍时钟。

2.12 维持状态的电路

除了包含基本布尔门电路的电子组件外，还可以通过包含互连逻辑门来维持状态。也就是说，电子电路中的输出是先前输入序列和当前输入的函数。这种逻辑电路称为时序电路。

锁存器是最基本的时序电路之一。锁存器的概念非常简单：锁存器有一个输入和一个输出。另外，锁存器还有一个额外的输入叫作使能线。只要使能线设置为逻辑 1，锁存器就会

⊖ 1 英寸 =0.0254 米。——编辑注

使其输出成为输入的精确副本。也就是说，当使能线是 1 时，如果输入发生变化，输出也会随着发生变化。但是，一旦使能线更改为逻辑 0，输出将与其当前值保持一致并且不会更改。因此，当使能线设置为 1 时，锁存器"记住"输入的值，并将输出保持为该值。

如何设计锁存器？有趣的是，使用布尔逻辑门的组合就足够了。图 2.14 说明了一个使用四个与非门创建的锁存器电路。这个想法是，当使能线是逻辑零时，右边的两个与非门记住输出的当前值。由于两个与非门的输出反馈到对方的输入端，输出值将保持稳定。当使能线是逻辑 1 时，左侧的两个门将数据输入（在下部线上）及其反相值（在上部线上）传递到右侧的一对门上。

2.13 传播延迟

要理解锁存器的操作，必须知道每个门都有传播延迟。也就是说，输入变化和输出变化之间会出现延迟。在传播延迟期间，输出保持在先前的值。当然，晶体管的设计是为了使延迟最小，并且可以小于 1 微秒，但是有限的延迟依然存在。要了解传播延迟如何影响电路，请考虑图 2.15 中的电路。

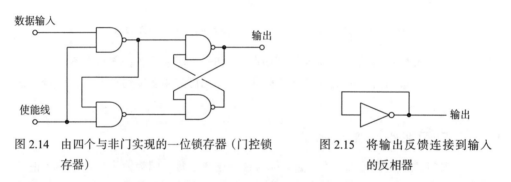

图 2.14 由四个与非门实现的一位锁存器（门控锁
        存器）

图 2.15 将输出反馈连接到输入
        的反相器

如图 2.15 所示，反相器的输出连接回输入。看起来这种连接似乎并不合理，因为反相器的输出始终与其输入相反。这种电路的布尔表达式是：

$$输出 = not（输出）$$

这在数学上是矛盾的。

传播延迟解释了电路工作。在任何时候，如果输出为 0，则反相器的输入将为 0。经过传播延迟后，反相器将输出更改为 1。一旦输出变为 1，则会发生另一个传播延迟，并且输出将再次变为 0。因为循环会一直持续下去，所以我们说电路通过产生一个在 0 和 1 之间来回变化的输出（称为方波）来振荡。传播延迟的概念解释了图 2.14 中锁存器的操作——输出保持不变，直到传播延迟结束。

2.14 使用锁存器构建存储器

我们将看到处理器包含一组用作短期存储单元的寄存器。典型地，寄存器保存在计算中使用的值（例如，即将进行加法的两个值）。每个寄存器保存多个位，大多数计算机都有 32 位或 64 位寄存器。寄存器电路说明了数字硬件设计的一个重要原则：

处理多位的电路是通过物理复制处理一位的电路构成的。

要理解这个原理,请考虑图 2.16,它显示了如何用四个 1 位锁存器[⊖]构建一个 4 位寄存器电路。在该图中,所有四个锁存器的使能线连接在一起以形成寄存器的使能输入。尽管硬件由四个独立的电路组成,但连接使能线意味着四个锁存器可以步调一致地工作。当使能线设置为逻辑 1 时,寄存器接收四个输入位并相应地设置四个输出。当使能线变为零时,输出保持固定。也就是说,寄存器已经存储了其输入的任何值,并且输出值不会改变,直到使能线再次变为逻辑 1。

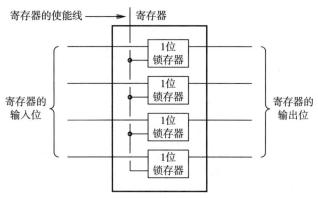

图 2.16   由四个 1 位锁存器构造的 4 位寄存器

重点是:

> 寄存器是处理器中的关键组件之一,它是一种使用一组锁存器来存储数字值的硬件装置。

2.15   触发器和波形图

触发器是另一种电路,其输出取决于先前的输入以及当前的输入。触发器有各种形式。一种形式的行为与计算机上的电源开关完全相同:输入第一次变为 1 时,触发器开启输出,输入第二次变为 1 时,触发器关闭输出。与用于控制电源的按钮开关一样,触发器不响应连续输入——输入必须返回到 0,然后值为 1 才会导致触发器改变状态。也就是说,无论何时输入从 0 变为 1,触发器都将其输出从当前状态改变为其相反态。图 2.17 显示了一系列输入及其对应的输出结果。

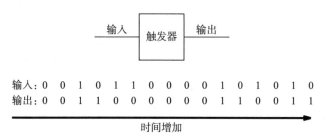

图 2.17   触发器如何对一系列输入做出反应的示意图。当输入从 0 变为 1(即,从零伏变为五伏)时,触发器输出改变

⊖   尽管该图只显示了一个 4 位寄存器,但典型处理器中使用的寄存器存储了 32 位或 64 位。

由于触发器要响应一系列输入，所以它不是一个简单的组合逻辑电路。触发器不能由单个门构建，然而可以由一对锁存器构成。

为了理解触发器是如何工作的，以图形形式绘制输入和输出关于时间的函数是很有帮助的。工程师使用术语波形图[⊖]命名这种图形。在大多数数字电路中，转换由一个时钟来协调，这意味着转换只发生在有规律的时间间隔内。图 2.18 给出了图 2.17 中触发器值的变化图。图 2.18 中标有时钟的行显示了时钟脉冲出现的位置，每个输入转换被限制发生在其中一个时钟脉冲上。现在，理解一般概念就足够了，后面的章节会解释时钟。

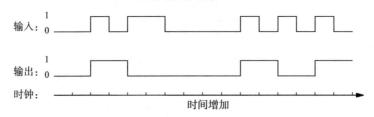

图 2.18 显示了触发器如何对图 2.17 中的一系列输入做出反应的波形图。沿着 x 轴的标记表示时间，每个对应于一个时钟周期

我们说过，触发器每次遇到逻辑 1 时都会改变其输出。实际上，波形图显示了对电路设计人员来说很重要的确切细节和时序。在这个例子中，波形图表明只有当（时钟）输入上升（从 0 变到 1）时才引起触发器状态改变。也就是说，输出不会改变，直到（时钟）输入从 0 转换为 1。工程师说，输出变化发生在（时钟）输入改变的上升沿；如果（时钟）输入从 1 变为 0 时，电路的输出发生变化，则电路被认为是在下降沿发生状态变化[⊖]。

实际上，额外的细节会使触发器复杂化。例如，大多数触发器都包含一个名为复位（reset）的附加输入，它将使输出置于 0 状态。另外还有其他几种触发器。例如，一些触发器提供了与主输出相反的第二个输出（在某些电路中，会用反相输出以少用逻辑门）。

2.16 二进制计数器

触发器只提供两个可能的输出值：0 或 1。然而，一组触发器可以串联连接形成一个累加数字的二进制计数器。就像触发器一样，计数器只有一个输入。然而，与触发器不同，计数器具有多个输出。用二进制数字统计检测到多少个输入脉冲并输出[⊜]。我们将输出视为从零开始，并且每次输入从 0 跳转到 1 时，输出加 1。因此，具有三条输出线的计数器可以累计 0 到 7 之间的数。图 2.19 展示了一个计数器，并显示了输入改变时输出如何改变。

实际上，实现二进制计数器的电子部分有几个附加功能。例如，计数器具有用于将计数重置为零的附加输入，并且还可以具有暂时停止计数器的输入（即，忽略输入并冻结输出）。更重要的是，因为它具有固定数量的输出引脚，每个计数器都可以表示一个最大值。当累计计数超过最大值时，计数器将输出重置为零，并使用附加输出来指示发生溢出。

⊖ transition diagram，这里是指波形图

⊜ 实际上，输入是一个周期不规律的时钟脉冲。——译者注

⊜ 第 3 章更详细地介绍数据表示。目前，理解输出代表一个数字就足够了。

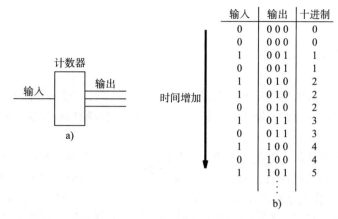

图 2.19　a）二进制计数器的示意图；b）一系列输入值和相应的输出。标记为十进制的列给出
了输出的对应十进制值

2.17　时钟和时序

尽管我们已经看到了数字逻辑的基本组成部分，但是对于数字计算机来说，一个附加功能是绝对必要的——自动操作。也就是说，计算机必须能够执行一系列指令而无须改变任何输入。前面讨论的数字逻辑电路都使用这个特性响应一个或多个输入变化；在输入改变之前，它们不执行任何功能。数字逻辑电路如何执行一系列步骤？

答案是一种被称为时钟的机制，它允许硬件在不需要改变输入的情况下采取行动。实际上，大多数数字逻辑电路被认为受时钟控制，这意味着时钟信号（而不是输入的变化）控制和同步独立组件和子组件的操作，以确保它们按预期一起工作（例如，保证电路的后续阶段须等待先前阶段的传播延迟）。

什么是时钟？与该术语的通用定义不同，硬件工程师使用术语"时钟"来指以规则速率振荡的电子电路，这些振荡信号被转换成一系列交替的 1 和 0。虽然时钟可以由一个反相器（见图 2.15）创建，但大多数时钟电路使用自然振荡的石英晶体来提供精确频率的信号。时钟电路放大信号并将其从正弦波变为方波。因此，我们将时钟视为以规则速率发射 0 和 1 值的交替序列。时钟的速度以赫兹（Hz）为单位度量，表示时钟信号每秒从 1 到 0 周期循环变化的次数。高速数字计算机中的大多数时钟频率范围从 100 兆赫（MHz）到几千兆赫（GHz）不等。例如，目前典型处理器使用的时钟频率大约为 3GHz。

人们很难想象电路以如此高的速度变化。为了使这个概念清晰，让我们考虑一个以 1Hz 的极低速度运行的时钟。这样的时钟可用来控制与用户的接口。例如，如果计算机包含一个 LED 指示灯，该灯可以亮灭闪烁，指示计算机处于活动状态，则需要使用一个慢速时钟控制 LED。请注意，1Hz 的时钟频率意味着时钟在一秒内完成一整个周期。也就是说，时钟在半个周期内发出逻辑 1，然后在另外半个周期发出逻辑 0。如果电路在时钟发出逻辑 1 时打开 LED，则 LED 将保持打开半秒钟，然后关闭半秒钟。

0 和 1 的交替序列如何使数字电路更强大？为了便于理解，我们将考虑一个简单的时序电路。假设在启动过程中，计算机必须执行以下一系列步骤：

- 检测电池。
- 开电源并检测内存。

- 开始磁盘旋转。
- 开启屏幕。
- 从磁盘读取引导扇区到内存中。
- 启动 CPU。

为了简化说明，我们将假定每个步骤最多需要一秒完成，然后才能开始下一步。因此，我们需要一个电路，一旦它开始工作，将按照一秒的时间间隔按顺序执行六个步骤，而不需要进一步改变输入。

现在，我们将重点关注电路的本质，并考虑它后续如何开始。按顺序执行六个步骤任务的电路可以由三个构建块构造：时钟、二进制计数器和名为译码器/多路分配器的设备（通常缩写为 demux）。我们已经介绍过计数器，并且会假设有一个时钟可以以每秒一个周期的速率产生数字输出。最后一个组件（即译码器/多路分配器）是一个单一的集成电路，它使用二进制值将输入映射到一组输出。我们将使用译码功能来选择输出。也就是说，译码器将二进制值作为输入，并使用该值来选择输出。任何时候只有一个译码器的输出是打开的；其他所有的都关闭——当输入线代表二进制值 i 时，译码器选择第 i 个输出。图 2.20 说明了这个概念[⊖]。

当用作译码器时，该设备仅仅选择其输出线中的一条；当用作多路分配器时，器件会接收一个额外的输入，并将其传递到选定的输出。译码器功能和更复杂的多路分配器功能都可以由布尔逻辑门构成。

译码器为我们的简单时序机制提供了最后一个需要的部件——当我们结合时钟、计数器和译码器时，所得到的电路可以执行一系列步骤。例如，图 2.21 显示了时钟输出作为二进制计数器输入的连接图，二进制计数器的输出用作译码器的输入。

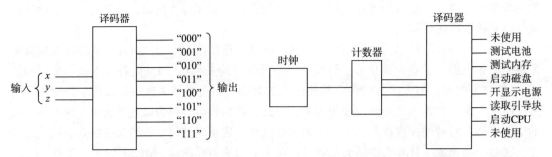

图 2.20　具有三条输入线和八条输出线的译码器示意图。当输入 x、y 和 z 的值分别为 0、1 和 1 时，从顶部向下数第四个输出被选中

图 2.21　使用时钟创建执行六个步骤序列的电路，计数器的输出线直接连接到译码器的输入线

为了理解电路如何工作，假定计数器已重置为零。由于计数器输出为 000，因此译码器选择最上部未使用（即未连接）的输出。当时钟从逻辑 0 变为逻辑 1 时，操作开始。计数器累积计数，它将输出更改为 001。当输入改变时，译码器选择标记为测试电池的第二个输出。假定第二根输出线连接到执行必要测试的电路。第二个输出保持选定一秒。在这一秒内，时钟输出保持逻辑 1 半秒，然后恢复成逻辑 0 且持续半秒。当时钟输出变回逻辑 1 时，

⊖　文中描述的功能其实是多路分配器，图 2.20 中缺少数据输入线，只有地址选择线 xyz。——译者注

计数器输出线变为 010，译码器选择第三个输出，它连接到测试内存的电路。

当然，细节很重要。例如，某些译码器芯片会选择输出 0，另一些会输出 1。电气细节也很重要。为了与其他器件兼容，时钟线必须使用 5 伏代表逻辑 1，0 伏代表逻辑 0。此外，为了直接连接，作为译码器的输入，二进制计数器的输出线的二进制编码必须与译码器的二进制编码一致。第 3 章将更详细地讨论数据表示；现在，我们假设输出值和输入值是兼容的。

2.18 反馈的重要概念

图 2.21 中的简化电路缺少一个重要特征：无法控制操作（即启动或停止该序列）。由于时钟永远运行，图中的计数器从零到最大值进行计数，然后再次从零开始计数。结果，译码器将重复循环输出，每个输出保持一秒，然后再进入下一个输出。

很少有数字电路反复执行相同的一系列步骤。如何在六个步骤执行后停止序列？解决方案在于一个基本概念：反馈。反馈是复杂数字电路的核心，因为它允许处理结果影响电路的工作方式。在计算机启动顺序中，每个步骤都需要反馈。例如，如果磁盘无法启动，则无法从磁盘读取引导扇区。

我们已经在图 2.14 的锁存器电路中看到用于保持数据值的反馈，因为每个最右边的与非门的输出反馈都作为另一个门的输入。关于反馈的另一个例子是，考虑如何使用译码器的最后输出（称为 F）来停止执行序列。一个简单的解决方案包括使用 F 的值来防止时钟脉冲到达计数器。也就是说，不是直接将时钟输出连接到计数器输入，而是插入逻辑门，只允许当 F 的值为 0 时，将其输入计数器。就布尔代数表达式而言，计数器输入应该是

$$时钟 \text{ and } (\text{not } F)$$

也就是说，只要 F 为假，计数器输入应该等于时钟；但是，当 F 为真时，计数器输入变为（并且保持）零。图 2.22 显示了如何使用两个反相器和一个与非门实现必要的功能。

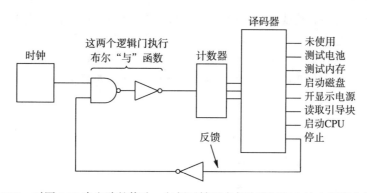

图 2.22 对图 2.21 中电路的修改，包括反馈以在每次遍历每个输出后停止处理

图 2.22 中的反馈非常明显，因为最后一个输出和组合电路的输入端之间存在明确的物理连接。从该图中还可以很容易地看出为什么反馈机制有时称为反馈循环[⊖]。

⊖ 在用于构建触发器的逻辑门之间也存在反馈回路。

2.19 启动序列

图 2.22 显示可以使用反馈来终止处理过程。但是，该电路仍然不完整，因为它不包含允许序列启动的机制。幸运的是，添加启动机制是很容易的。要理解为什么，请回想一下，计数器中包含一个单独的输入线，可将计数重置为零。让电路启动所需的只是另一个连接到计数器复位的输入（例如，来自用户按下的按钮）。

当用户按下按钮时，计数器复位为零，这将导致计数器的输出变为 000。当接收到全零输入时，译码器打开第一个输出，并关闭最后一个输出。当最后一个输出关闭时，与非门允许时钟脉冲通过，计数器开始运行。

虽然这种方法确实启动了序列，但允许用户重置计数器可能会导致问题。例如，考虑如果用户在启动顺序中变得不耐烦并再次按下按钮会发生什么情况。一旦计数器复位，序列从头再次开始。在某些情况下，执行两次操作只会浪费时间。但是，在其他情况下，重复操作会导致问题（例如，某些磁盘驱动器要求一次只发出一个命令）。因此，生产系统使用复杂的组合逻辑来防止序列在完成之前被中断或重新启动。

虽然只包含几个组件，但该示例演示了一个重要概念：一组布尔逻辑门和时钟足以执行一系列逻辑步骤。重点是：

> 示例电路表明，布尔逻辑门和时钟可以构建一个电路，该电路在启动时执行逻辑顺序的步骤，然后停止。

在我们创建通用计算机之前，只需要一个额外的概念——可编程性。第 6 章扩展了对硬件的讨论，展示了如何使用这里描述的基本组件来构建一个可编程处理器，它使用内存中的程序确定操作顺序。

2.20 软件迭代与硬件复制

当我们考虑硬件时，重要的是要记住软件和硬件在针对一组条目的处理方式上的重大差异。在软件中，处理多个条目的基本范式由迭代组成——程序员编写代码，反复查找集合中的下一个条目并将操作应用于该条目。由于底层系统一次只操作一个条目，程序员必须指定条目的数量。迭代对于编程必不可少，因此大多数编程语言都提供了让程序员清楚地表达迭代的语句（例如 for 循环）。

尽管可以构建硬件执行迭代，但这样做很困难，并且产生的硬件复杂难懂。恰恰相反的是，处理多个条目的基本硬件范式由复制组成——硬件工程师创建电路的多个副本，并允许每个副本在一个条目上执行操作，所有副本同时执行。例如，为了计算一对 32 位值的布尔运算，硬件工程师为一对单比特位设计一个电路，然后将电路复制 32 次。于是，为了计算两个 32 位整型值的按位异或，硬件设计者可以使用 32 个异或门。

复制对于程序员来说是难以理解的，因为复制与良好的编程原则背道而驰。程序员被教导避免重复代码。然而，在硬件世界中，复制有三个明显的优点：优雅、快速和准确。优雅是因为复制避免了所需的额外硬件，包括选择单个条目，移动所选条目到所需位置，以及将结果取回。除了避免相关值和结果的移动引起的延迟之外，通过允许同时执行多个操作，复制提高了性能。例如，同时工作的 32 个反相器可以反转 32 位，其所需时间与一个反相器反转一位的时间是完全相同的。如果一台计算机可以同样的时间操作 64 位，这种加速尤其重要。并行操作的概念贯穿本书，后面的章节解释了如何在更大规模上应用并行性。

复制的第三个优点集中在高可靠性。复制使硬件更易于验证，因此可靠性增加。例如，要验证 32 位操作是否正常工作，硬件工程师只需要验证一个单比特位的电路——其余的位工作相同，因为复制了相同的电路。因此，硬件比软件更可靠。即使是法律制度，硬件的产品责任标准也要高于软件的产品责任标准——软件通常按"原样"销售，不提供保修，而硬件（例如，集成电路）则在适合预期目的的法律框架内出售。我们可以总结一下：

> 与使用迭代的软件不同，硬件使用复制。复制的优点是增加了优雅性，有更高的速度和更高的可靠性。

2.21　门和芯片的最简化

我们已经掩盖了许多基础工程细节。例如，一旦工程师选择了一种通用设计和将要使用的复制量，他们要寻求方法去尽量减少所需的硬件数量。存在两个问题：最简化门电路和最简化集成电路。第一个问题涉及布尔代数的一般规则。例如，考虑布尔表达式：

$$not\,(not\,z)$$

实现该表达式的电路由两个连接在一起的反相器组成。当然，我们知道两个"非"操作是恒等函数，所以表达式可以被 z 替换。也就是说，一对直接连接的反相器可以从电路中移除而不影响结果。

作为布尔表达式优化的另一个例子，考虑表达式：

$$x\,nor\,(not\,x)$$

要么 x 的值为 1，要么 $not\,x$ 的值为 1，这意味着或非（nor）函数将始终生成相同的值，即逻辑 0。因此，整个表达式可由值 0 替换。就一个电路而言，使用或非（nor）门和反相器来计算表达式是愚蠢的，因为由两个门产生的电路将始终为逻辑 0。因此，一旦工程师写出了布尔表达式，可以通过分析该公式以查找在不改变结果的情况下可减少或消除的子表达式。

幸运的是，有复杂的设计工具可以帮助工程师最大限度地减少逻辑门。这些工具以布尔表达式作为输入。设计工具分析表达式，以最少数量的门实现等价表达式并生成对应的电路。这些工具不仅仅使用布尔与、或、非。相反，它们了解可用的门（例如，与非），并根据可用的电子器件定义电路。

虽然布尔公式可在数学上进行优化，但进一步优化是必要的，因为总体目标是集成电路的最简化。要了解这种情况，请回想一下，许多集成电路包含给定类型门的多个副本。因此，如果优化增加了所需的逻辑门的类型，则最简化布尔运算的数量可能不会优化电路。例如，假设一个布尔表达式需要四个与非门，考虑一种优化方法，其将需求降低到三个门：两个与非门和一个或非门。不幸的是，虽然总门数较低，但优化增加了所需集成电路芯片的数量，因为单个 7400 集成电路包含四个与非门，但如果优化包括与非门和或非门，则需要两块集成电路芯片。

2.22　使用闲置门

仔细考虑图 2.22 中的电路。假设时钟、计数器和译码器都需要一块集成电路芯片，那么需要多少额外的集成电路？显而易见的答案是两个：一个是与非门（例如 7400），另一个是两个反相器（例如 7404）。令人惊讶的是，仅用一个额外的集成电路即可实现电路。为了理解如何实现，请注意，虽然 7400 包含四个与非门，但只需要一个。如何使用闲置门？诀窍在于，1 和 0 的与非运算是 1，并且 1 和 1 的与非运算是 0。也就是说：

$$1 \text{ nand } x$$

等价于

$$\text{not } x$$

要使用与非门作为反相器，工程师只需将两个输入之一连接到逻辑 1（即 5 伏）。闲置的与非门可用作反相器。

2.23   配电和散热

除了规划数字电路以正确执行预期功能并最大限度减少所用元件的数量，工程师还必须应对基本的功率和冷却要求（第 20 章更详细地考虑电源）。例如，虽然本章的图表仅描述了逻辑门的输入和输出，但每个门都消耗功率。单个集成电路使用的功耗量是微不足道的。但是，由于硬件设计人员倾向于使用复制而不是迭代，所以复杂的数字系统包含许多电路。工程师必须计算所需的总功率，构建适当的电源供电，并规划额外的布线以向每个芯片传输电能。

物理定律指出任何消耗功率的设备都会产生热量。产生的热量与消耗的功耗量成正比，因此一个集成电路产生的热量极少。由于数字系统使用数百个在小型封闭空间内运行的电路，所产生的总热量可能很大。除非工程师规划散热机制，否则高温会导致电路失效。对于小型系统，工程师在机箱上增加了一些孔，允许热空气逸出，并被周围房间的较冷空气所替换。对于中等规模系统（如个人电脑），可增加风扇，以更快速地使周围房间的空气通过系统。对于最大型的数字系统，冷空气并不够——必须使用带液体冷却剂的制冷系统（例如，Cray-2 超级计算机中的电路直接浸入液体冷却剂中）。

2.24   时序和时钟域

我们对数字逻辑的快速浏览省略了工程师必须考虑的另一个重要方面——时序。逻辑门不会立刻执行。相反，门需要时间建立稳定态（即，一旦输入改变就改变输出）。在我们的例子中，时序是无关紧要的，因为时钟以非常低的 1Hz 的频率运行，所有的门在不到 1 微秒的时间内建立稳定态。因此，门在时钟脉冲远未到来之前就建立了。

在实践中，时序是工程设计的一个基本方面，因为数字电路按高速运行设计。为确保电路正常工作，工程师必须计算所有门电路（建立稳定态）所需要的时间。

工程师还必须计算在整个系统中传播信号所需的时间，并且必须确保系统不因时钟脉冲相位差（也称为时钟偏移）而失败。为了理解时钟脉冲相位差，请考虑图 2.23，该图展示了一个电路板，其时钟控制着系统中的三个集成电路。

图 2.23 是三个集成电路的物理分布情况（可假定其他集成电路占据剩余空间）。不幸的是，信号从时钟到达每个电路需要一定的时间，并且所需时间与时钟到给定电路之

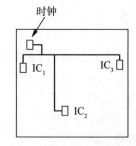

图 2.23   数字系统中由单个时钟控制的三个集成电路的示意图。时钟和集成电路之间的导线长度决定了时钟信号何时到达

间的导线长度成比例。结果，到达某些集成电路的时钟信号比到达其他集成电路的快。根据经验，信号传播通过一英尺[⊖]的导线需要 1 纳秒。因此，对于一个十八英寸宽的系统，时钟信号到达时钟附近位置比到达最远位置快近 1 纳秒。显然，如果系统的某些部分必须在其他部分之前运行，则时钟偏移可能导致问题。工程师需要计算每条路径的长度并设计一个避免时钟偏移问题的布局。

作为时钟偏移的后果，工程师很少使用单个全局时钟控制系统。相反，会使用多个时钟，每个时钟控制系统的一部分。通常，以最高速率运行的时钟应用在最小的物理区域。我们使用术语时钟域来指代给定时钟控制的区域。这个想法并不局限于物理上的大型系统——集成电路（如 CPU）已经变得如此庞大和复杂，因此需要在芯片上使用多个时钟域。虽然使用多个时钟域避免了时钟偏移的问题，但多个时钟引入了另一个问题，即时钟同步——两个时钟域之间的边界处的数字逻辑必须设计为适应两个区域。通常，这种调节意味着电路变慢并需要多个时钟周期来移动数据。

2.25 无时钟逻辑

随着芯片尺寸和复杂度的增加，时钟偏移问题和系统分割为多时钟域问题变得越来越重要。在许多系统中，时钟域之间的边界形成瓶颈，因为边界处的逻辑电路必须等待多个时钟周期，才能将一个时钟域的输出转发到另一个时钟域。时钟域同步的问题变得如此重要，以至于研究人员设计了一种替代方法——无时钟逻辑。本质上，无时钟系统使用两根导线而不是一根表示布尔值。两根导线的使用意味着输出可以毫不含糊地指示一位的结束，而不依赖于时钟。图 2.24 列出了两条线上四种可能的数值组合及其含义。

线1	线2	含义
0	0	开始一个新位之前重置
0	1	传输一个位0
1	0	传输一个位1
1	1	未定义（不使用）

图 2.24 当使用无时钟逻辑将位从一个芯片传输到另一个芯片时，信号在两条线上的含义

这个想法是，发送者在每一个位之间将两条线都设置为零伏以重置接收器。复位后，发送器传送一个逻辑 0 或一个逻辑 1。接收器知道一个位何时到达，因为两条导线中只有一条是高电平（例如 5 伏）。

为什么使用无时钟逻辑？除了消除时钟域协调问题并允许芯片之间更高速的数据传输外，无时钟方法消耗的功率更少。时钟电路需要连续传播时钟信号，即使部分电路处于非活动状态。无时钟逻辑可以避免传播时钟信号的开销。

无时钟方法可在实践中工作吗？是的。通过设计一个使用无时钟逻辑的完整处理器，ARM 公司已经证明该方法适用于大型复杂电路。因此，无时钟方法具有潜力。目前，大多数芯片设计者仍然使用钟控方法。

2.26 电路规模和摩尔定律

大多数数字电路都是由集成电路（IC）构成的，这种技术允许将许多晶体管放置在单个硅芯片上，然后通过布线连接它们。这个想法是利用 IC 上的元件形成有用的电路。

⊖ 1 英寸 =0.3048 米。——编辑注

IC 通常通过使用互补金属氧化物半导体（CMOS）技术来创建。硅掺杂杂质，使其产生负电离或正电离。所得到的物质称为 N 型硅或 P 型硅。当分层排列时，N 型和 P 型硅形成晶体管。

IC 制造商一般不会单个制造 IC。相反，制造商会创建一个直径在十二到十八英寸之间的圆形晶圆，并包含给定 IC 设计的多个副本。一旦晶圆制造完成，供应商将切割出单个芯片，并将每个芯片与连接芯片的引脚一起封装在塑料外壳中。

集成电路有各种形状和尺寸；有些只有 8 个外部连接（即引脚），而另外一些则有数百个引脚[⊖]。一些 IC 包含数十个晶体管，还有一些包含数百万个晶体管。

根据芯片上晶体管的数量，IC 可分为图 2.25 所列的四大类。

名称	实例
小规模集成电路（SSI）	基本布尔门电路
中规模集成电路（MSI）	中间逻辑，如计数器
大规模集成电路（LSI）	小型嵌入式处理器
超大规模集成电路（VLSI）	复杂处理器

图 2.25　集成电路的分类方案

例如，本章中描述的集成电路芯片 7400、7402 和 7404 归类为 SSI。二进制计数器、触发器或多路分配器归类为 MSI。

随着制造商不断设计新方法以增加每平方面积上晶体管的密度，VLSI 的定义持续变化。英特尔公司的共同创始人戈登·摩尔认为，硅电路的密度（每平方英寸的晶体管数量）每年会增加一倍。这一称为摩尔定律的观察结论在 20 世纪 70 年代进行了修订，该速度减慢到每 18 个月翻倍。

随着单个芯片上晶体管数量的增加，供应商利用这种能力去增加越来越多的功能。一些供应商通过将多个 CPU（称为核）的副本放置在单个芯片上，然后在核之间提供互连来创建多核 CPU 芯片。其他供应商采用片上系统（SoC）方法，其中单个芯片包含处理器、存储器和用于 I/O 设备的接口，所有这些都相互连接以形成完整的系统。最后，存储器制造商已经创建了具有越来越多的称为动态内存（DRAM）的主存储器的芯片。

除了由供应商设计和销售的通用 IC 以外，构建专用 IC 已成为可能。被称为专用集成电路（ASIC）的 IC 由私人公司设计，然后将设计发送给制造商生产。尽管设计 ASIC 非常昂贵且耗时——大约两百万美元，耗时接近两年——但一旦设计完成，ASIC 的副本生产成本便宜。因此，对于那些标准芯片不能满足需求且生产量大的产品，公司可选择 ASIC 设计。

2.27　电路板和层

大多数数字系统都是使用印刷电路板（PCB）构建的，印刷电路板由玻璃纤维板和附在表面上的薄金属条以及用于安装集成电路和其他组件的孔组成。本质上，电路板上的金属条形成互连组件的布线。

电路板可用于需要电线交叉的复杂互连吗？有趣的是，工程师已经开发出可以解决这个问题的多层电路板。实际上，多层电路板允许三维布线——当电线必须穿过另一个电线时，设计人员可以将电线穿过上层，制作交叉线，然后再将电线穿回。看起来有几层就可以满足

⊖　工程师使用术语引出线（pinout）来描述芯片上每个引脚的用途。

任何电路，但是，具有数千个互连的大型复杂电路可能还需要额外的层。工程师设计出十八层电路板并不罕见，最先进的电路板已达到二十四层。

2.28 抽象层次

正如本章所说明的那样，可以在各种抽象层次上查看数字逻辑。在最底层，晶体管由硅制成。在接下来的一层，多个晶体管与元件一起使用，例如电阻器和二极管，以形成逻辑门。再接下来的一层，多个逻辑门合并形成中等规模的单元，如触发器。在后面的章节中，我们将讨论更复杂的机制，例如处理器、内存系统和 I/O 设备，这些机制均由多个中等规模单元构成。图 2.26 总结了抽象层次。

抽象	用以实现的条目
计算机	电路板
电路板	处理器、内存和总线适配器芯片
处理器	超大规模集成电路芯片
超大规模集成电路芯片	大量逻辑门
逻辑门	大量晶体管
晶体管	由硅实现的半导体

图 2.26 数字逻辑的抽象层次的例子。一个层次的条目使用接下来更低层次的条目实现

重要的一点是，提高抽象级别可以让我们隐藏更多的细节，并在不提供内部细节的情况下讨论越来越大的构建块。例如，描述处理器时，我们可以考虑处理器的工作原理，而不用检查门或晶体管级的内部结构。

抽象的一个重要结果出现在示意图中，架构师和工程师用这些图描述数字系统。正如我们所看到的，示意图可以表示晶体管、电阻和二极管的互连。图也可以用来表示逻辑门之间的互连。在后面的章节中，我们将使用更高层次的图表示处理器和内存系统间的互连。在这样的图中，一个小矩形框代表一个处理器或一个存储器，而不显示门的相互连接。在查看架构图时，了解抽象级别以及记住高级图中的单个项目可以与较低级别抽象中的任意数量的项目相对应将很重要。

2.29 小结

数字逻辑是指用于构建数字系统（如计算机）的硬件。正如我们所看到的，布尔代数是数字电路设计中的一个重要工具——布尔代数和用于实现组合数字电路的门电路之间存在直接关系。布尔逻辑值可以用真值表来描述。

时钟是一种定期发射脉冲的机制，形成交替的 1 和 0 信号。时钟允许数字电路的输出是时间和其逻辑输入的函数。时钟也可以用于在电路的多个部分之间提供同步。

虽然我们从数学角度考虑数字逻辑，但构建实用电路涉及了解底层硬件细节。特别是，除了基本的正确性之外，工程师还必须应对配电、散热和时钟偏移等问题。

习题

2.1 通过网络查找出一个超大规模集成电路（VLSI）芯片上晶体管的数量和该芯片的物理尺寸。如果使用整个晶圆，单个晶体管的尺寸有多大？

2.2 智能手机和其他电池供电设备中使用的数字逻辑电路不能以 5 伏运行。查看智能手机中的电池或搜索网站，找出其使用的电压。

2.3　设计一个使用与非门、或非门和反相器的电路来提供异或功能。

2.4　在图 2.12 中为全加器电路写出真值表。

2.5　在网络上阅读关于触发器的资料，列出主要类型及其特征。

2.6　用与非门、或非门和反相器构建一个译码器的电路。

2.7　看看维基百科等网络资源，回答以下问题：当芯片制造商声称使用七纳米芯片技术时，制造商想表达什么？

2.8　如果一个计数器芯片有 16 个引脚，那么计数器芯片的最大输出值是多少？（提示：芯片需要电源和接地连接。）

2.9　如果解码器芯片有五个输入引脚（不包括电源和地线），它将有多少个输出引脚？

2.10　设计一个需要三个输入 A、B 和 C 并产生三个输出的电路。除非你仅使用两个反相器，否则该电路是比较平常的。你可以使用任意其他芯片（例如，与非门、或非门和异或门）。

2.11　假设电路中有一个空闲的或非门，通过将其中一个输入连接到逻辑 1 可以创建出何种有用的功能？连接到逻辑零呢？请说明。

2.12　阅读无时钟逻辑，它可以用于哪些设计场景？

数据和程序的表示

3.1 引言

前一章介绍了数字逻辑，并介绍了用于创建数字系统的基本硬件构建块。本章继续讨论基本原理，解释数字系统如何使用二进制表示来编码程序和数据。我们将看到，对于程序员和硬件工程师来说，（数据和程序的）表示是非常重要的，因为软件必须了解底层硬件使用的格式，并且格式会影响硬件执行操作（例如加法）的速度。

3.2 数字逻辑与抽象的重要性

正如我们所看到的，数字逻辑电路包含许多低级细节。这些电路使用晶体管和电压执行基本操作。然而，数字逻辑的主要观点是抽象——我们希望隐藏底层细节并尽可能使用高级抽象。例如，我们已经看到，7400 系列数字逻辑芯片的每个输入或输出限制在两种可能的情况：0 伏或 5 伏。但是，当计算机架构师使用逻辑门设计计算机时，他们不会考虑这些细节。相反，他们使用布尔代数的逻辑 0 和逻辑 1 的抽象名称。抽象意味着复杂的数字系统，如存储器和处理器，可以在不考虑单个晶体管或电压的情况下进行描述。更重要的是，抽象意味着电池供电设备（如智能手机）可以使用较低的电压来降低功耗。

对程序员来说，最重要的抽象是那些软件可见的条目：数据和程序的表示。接下来会考虑数据表示，并讨论它对程序的可见性。后面的部分将介绍指令如何表示。

3.3 位和字节的定义

所有的数据表示形式都是基于数字逻辑的。我们使用抽象的二进制位（比特）来描述一个有两种可能取值的数字实体，并且给这两种取值赋予 0 和 1 的数学名称。

多个位可以用来表示更复杂的数据项。比如说，每个计算机系统都是定义一个字节来作为超过一位的、硬件所能操纵的最小数据项。

一个字节有多大呢？一个字节的大小在所有的计算机系统上并不是统一的，而是由设计计算机的架构师选择的。早期计算机的设计者试验了多种字节大小，而且一些特殊用途的计算机仍在使用不寻常的字节大小。比如说，一台由 CDC 公司生产的早期计算机使用 6 位的字节，而由 BB&N 生产的一台计算机使用 10 位的字节。但是，最现代的计算机系统定义一个字节为 8 位——这个大小已经被广泛接受，以至于工程师通常都假定一个字节大小等于 8 位，除非另有说明。重点是：

> 尽管有些计算机是用别的字节大小来设计的，但是当前的计算机行业在实践中定义一个字节包含 8 位。

3.4 字节大小和可能的值

单个字节的位数对于程序员来说至关重要，因为内存是按字节序组织的。字节的大小决定了存储在一个字节的最大数值。一个包含 k 位的字节能表示 2^k 个值中的一个。(即长度为 k 时,恰好存在 2^k 个唯一的 01 串。)因此,一个 6 位的字节可以表示 64 个可能的取值,而一个 8 位的字节可以表示 256 个可能的取值。例如,考虑 3 位,可以构成 8 种可能的组合。图 3.1 阐明了这些组合。

```
000        010        100        110
001        011        101        111
```

图 3.1　8 个唯一的组合可以分配给 3 位表示

一个给定的位串表示的是什么?要理解的最重要的事情是,位本身并没有固定的意义——值的解释是由使用位的硬件和软件来决定的。比如,一个位串可以表示一个英文字符、一串字符、一个整数、一个浮点数、一段音频(即一首歌)、一段视频或一个计算机程序。

除了一个计算机程序员理解的东西之外,计算机硬件设计还可以用一组位表示 3 个外围设备状态。

- 如果连接了键盘,则第一位的值为 1。
- 如果连接了摄像机,则第二位的值为 1。
- 如果打印机已连接,则第三位的值为 1。

另外,硬件还能被设计成用一组三位值表示 3 个按钮的当前状态:第 i 位为 1 表示用户当前正在按开关 i。重点是:

> 位没有固定的意义——所有的意义都取决于位被解释的方式。

3.5　二进制位权表示法

一个用来赋予每个位串以意义的最常用的抽象是把它们的组合解释为一个数值。例如,整数解释源自数学:位是使用基数 2 的位权数字系统中的值。要理解这种解释,记住在基数为 10 的时候,可能的数字为 0、1、2、3、4、5、6、7、8 和 9,每个位置代表 10 的一个幂,而数字 123 代表 1 乘以 10^2 加上 2 乘以 10^1 加上 3 乘以 10^0。在二进制系统中,可能的取值为 0 和 1,而每个位位置代表 2 的一个幂。也就是说,这些位置代表连续的 2 的幂:2^0、2^1、2^2 等。图 3.2 说明了二进制数的位权概念。

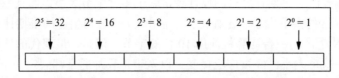

图 3.2　当使用基数为 2 的位权解释时,右起前 6 个位位置对应的数值

例如,考虑下面的二进制数:

0 1 0 1 0 1

根据图 3.2,数值可以解释为:

$$0\,1\,0\,1\,0\,1 = 0 \times 2^5 + 1 \times 2^4 + 0 \times 2^3 + 1 \times 2^2 + 0 \times 2^1 + 1 \times 2^0 = 21$$

我们将在本章后面讨论关于特定形式的整数表示法(包括负数)的更多内容。目前为止,

已经足以发现一个传统位权记法的重要结果：用 k 位表示的二进制数从 0 开始，而不是从 1 开始。如果我们用图 3.2 说明的位权解释，用 3 位表示的二进制数范围是从 0 到 7。相似地，用 8 位表示的二进制数范围是从 0 到 255。我们可以总结如下：

> 一串 k 位可以解释为表示一个二进制整数。当使用传统位权记法时，用 k 位表示的数值范围是从 0 到 2^k-1。

由于这是设计软件和硬件的基本技能，所有在这些领域工作的人都应该知道这些基础知识。图 3.3 列出了硬件设计师和软件设计师都应该知道的二进制数字的十进制对应值。这个表格包括了 2^{32} 和 2^{64}（十分大的数字）的条目。尽管应该记住这个表格里面的较小数值，但是硬件设计师和软件设计师只需要了解较大数的数量级。幸运的是，容易记住 2^{32} 包含 10 个十进制位，2^{64} 包含 20 个十进制位。

2的幂	十进制值	十进制数字位数
0	1	1
1	2	1
2	4	1
3	8	1
4	16	2
5	32	2
6	64	2
7	128	3
8	256	3
9	512	3
10	1024	4
11	2048	4
12	4096	4
15	16384	5
16	32768	5
20	1048576	7
30	1073741824	10
32	4294967296	10
64	18446744073709551616	20

图 3.3　常用 2 的幂的十进制值

3.6　位序

图 3.2 中的位权记法看起来十分明显。毕竟，写十进制数的时候，我们总是把最低有效位写到右边，最高有效位写到左边。因此，当写二进制数的时候，把最低有效位（LSB）写到右边、最高有效位（MSB）写到左边是有道理的。但是，当数字逻辑用于存储一个整数的时候，"右边"和"左边"的概念不再有意义。所以，计算机架构师必须声明位是如何存储的，哪些是最低有效位，哪些是最高有效位。

在位从一个地方传送到另一个地方的时候，位序的概念尤为重要。比如，当一个数值在寄存器和内存之间移动的时候，位序必须保留。相似地，当在网络上发送数据的时候，发送方和接收方必须在位序上保持一致。也就是说，这两个终端必须在"是 LSB 还是 MSB 先发送"这一问题上保持一致。

3.7　十六进制记法

　　尽管一个二进制数可以转换成等价的十进制数，但是程序员和工程师有时会发现等价的十进制数很难理解。比如，如果一个程序员需要测试右起第五位，相比使用等价的十进制数16，使用二进制常数 010000 使得常数和位的对应关系更为清晰。

　　不幸的是，长位串和等价十进制数一样笨重和难以理解。例如，为了分辨第 16 位在下面的二进制数中是否被置位，需要一个位一个位地去数。

1101111011001001000010010100101001001001

　　为了辅助人类表达二进制数值，我们采取了一种折中方案：采用基数更大的位权数字系统。如果选择的基数是 2 的幂，那么转换到二进制就很容易了。曾经用过八进制（基数为8），但十六进制（基数为 16）已经变得更为流行。

　　十六进制表示法有两个好处。第一，由于表示形式比二进制更加紧凑，导致位串更短。第二，由于 16 是 2 的幂，二进制和十六进制之间的转换是直接的，并且不会涉及复杂的算术计算（即人工可以简单快速地完成转换，而不需要借助计算器或其他工具）。

　　本质上，十六进制把一组 4 个二进制位编码为单个介于 0 到 15 的十六进制数字（程序员使用术语 hex 作为十六进制的缩写）。图 3.4 列出了 16 个十六进制位，连同等价的二进制数和十进制数。此图和下面的例子都使用大写字母 A 到 F 来表示大于 9 的十六进制位。一些程序员和一些编程语言使用小写字母 a 到 f 来代替，这种不同并不重要，而程序员应当准备好使用其中一种方式。

十六进制数字	等价的二进制数	等价的十进制数
0	0000	0
1	0001	1
2	0010	2
3	0011	3
4	0100	4
5	0101	5
6	0110	6
7	0111	7
8	1000	8
9	1001	9
A	1010	10
B	1011	11
C	1100	12
D	1101	13
E	1110	14
F	1111	15

图 3.4　16 个十六进制数字及其等价的二进制数、十进制数。每个十六进制位编码了 4 个二进制位

　　作为一个十六进制编码的例子，图 3.5 说明了一个二进制串是如何对应于它的等价十六进制串的。

图 3.5　二进制和十六进制之间的关系说明。每个十六进制数字由 4 个二进制位表示

3.8 十六进制和二进制常数记法

因为在二进制、十进制、十六进制数字系统中的数字是重叠的，所以常数可能会有二义性。为了解决这种二义性，需要一种替代的记法。数学家和一些教科书会在基数不为 10 的数字末尾添加一个下标（即 135_{16} 表明这一常数是十六进制的）。计算机架构师和程序员倾向于遵循编程语言的记法：十六进制常数以前缀 0x 开头，而二进制常数以前缀 0b 开头。因此，为了表示 135_{16}，程序员会写作 0x135。类似地，图 3.5 中的 32 位常数写作：

$$0xDEC90949$$

3.9 字符集

我们说位没有固定的意义，而且硬件或软件必须决定每个位代表什么。更重要的是，可以使用超过一种的解释方式———一组位可以基于一种解释创建和使用，之后又可以被另一种解释方式使用。

例如，考虑具有数值和符号解释的字符数据。每个计算机系统都定义了一套字符集[⊖]，作为计算机和 I/O 设备一致使用的一套符号。一套典型的字符集包含大写和小写字母、数字和标点符号。更重要的是，计算机架构师经常选择每个字符对应一个字节的字符集（即该字符集中，一个字节的每一个位组合模式都对应分配一个字符）。因此，一台使用 8 位字节的计算机在其字符集中有 256（2^8）个字符，而一台使用 6 位字节的计算机在其字符集中有 64（2^6）个字符。实际上，字节大小和字符集的关系非常紧密，所以许多编程语言都把一个字节当作一个字符。

计算机架构师必须决定用来编码每个字符的位值是什么。例如，在 20 世纪 60 年代，IBM 公司选择扩展的二进制编码的十进制交换码（EBCDIC）表示法作为 IBM 计算机使用的字符集。CDC 公司选择一套 6 位字符集作为其计算机使用的字符集。这两种字符集是完全不兼容的。

实际上，计算机系统会连接到诸如键盘、打印机或调制解调器之类的设备，而这些设备通常由不同的公司制造。要正确地进行互操作，外围设备和计算机系统必须就哪一个位模式对应于给定的符号字符达成一致。为帮助供应商制造兼容的设备，美国国家标准学会（ANSI）定义了一种称为美国标准信息交换码（ASCII）的字符表示。ASCII 字符集指定了 128 个字符的表示，包括通常的字母、数字和标点符号。在 8 位字节中，额外的值可以用来分配给特殊符号。这一标准被广泛接受。

图 3.6 列出了字符的 ASCII 表示，给出了十六进制值及对应的字符。当然，十六进制符号只是二进制位串的简写符号。例如，小写字母 a 具有十六进制值 0x61，其对应于二进制值 0b01100001。

我们说传统的计算机使用 8 位字节，而 ASCII 码定义了 128 个字符（即一个 7 位字符集）。因此，在常规计算机上使用 ASCII 时，一半的字节值（十进制值为 128 到 255）是未分配的。额外的值是如何使用的？在某些情况下，它们没被使用——接受或传送字符的外围设备只是忽略字节中的第八位。在其他情况下，计算机架构师或程序员会扩展字符集（例如，通过添加替代语言的标点符号）。

⊖ 字符集的名称是用来发音的，而不是逐字母读出。比如说，EBCDIC 的发音是 ebb'sedick，而 ASCII 的发音是 ass'key。

00	nul	01	soh	02	stx	03	etx	04	eot	05	enq	06	ack	07	bel
08	bs	09	ht	0A	lf	0B	vt	0C	np	0D	cr	0E	so	0F	si
10	dle	11	dc1	12	dc2	13	dc3	14	dc4	15	nak	16	syn	17	etb
18	can	19	em	1A	sub	1B	esc	1C	fs	1D	gs	1e	rs	1F	us
20	sp	21	!	22	"	23	#	24	$	25	%	26	&	27	'
28	(	29	)	2A	*	2B	+	2C	,	2D	–	2E	.	2F	/
30	0	31	1	32	2	33	3	34	4	35	5	36	6	37	7
38	8	39	9	3A	:	3B	;	3C	<	3D	=	3E	>	3F	?
40	@	41	A	42	B	43	C	44	D	45	E	46	F	47	G
48	H	49	I	4A	J	4B	K	4C	L	4D	M	4E	N	4F	O
50	P	51	Q	52	R	53	S	54	T	55	U	56	V	57	W
58	X	59	Y	5A	Z	5B	[	5C	\	5D	]	5E	^	5F	_
60	`	61	a	62	b	63	c	64	d	65	e	66	f	67	g
68	h	69	i	6A	j	6B	k	6C	l	6D	m	6E	n	6F	o
70	p	71	q	72	r	73	s	74	t	75	u	76	v	77	w
78	x	79	y	7A	z	7B	{	7C	|	7D	}	7E	~	7F	del

图 3.6 ASCII 字符集。每个条目显示一个十六进制值和可打印字符的图形表示以及其他字符的含义

3.10 Unicode

虽然 7 位字符集和 8 位字节适用于英语和一些欧洲语言，但它们不足以适用于所有语言。例如，中文包含数以千计的符号和字形。为了适应各种语言，已经提出了扩展和替代方案。

被广泛接受的扩展字符集之一命名为 Unicode。Unicode 扩展了 ASCII，旨在容纳所有语言，包括来自远东的语言。最初设计为 16 位字符集，更高版本的 Unicode 已被扩展以适应更大的表示范围。因此，未来的计算机和 I/O 设备可能会将其字符集设置为 Unicode。

3.11 无符号整数、溢出和下溢

图 3.2 所示的二进制数的位权表示法被认为表达了无符号整数。也就是说，2^k 位的每个组合都与一个非负数值相关联。由于计算机中使用的无符号整数具有有限的大小，因此加法和减法等操作可能会有不可预知的结果。例如，从较小的正的 k 位无符号整数中减去一个正的 k 位无符号整数可以得到一个负数（即有符号）的结果。类似地，将两个 k 位无符号整数相加可以产生一个需要多于 k 位表示的值。

执行无符号二进制运算的硬件用有趣的方式处理这个问题。首先，硬件使用绕回（即硬件将两个 k 位整数相加，取结果的 k 个低位）产生结果。其次，硬件设置溢出或下溢条件来指示结果是否超过 k 位或者是负的[⊖]。例如，溢出指示符对应于将出现在第 $k+1$ 位（即通常称为进位的值）中的值。图 3.7 举例说明了一个导致进位

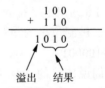

图 3.7 无符号整数加法产生溢出的示意图。指示是否发生绕回的溢出指示符等于进位位

⊖ "下溢" 一词表示一个小于表示形式可容纳的值。无符号整数算术的负数结果被归类为下溢，因为不能表示负值。

的三位运算。

3.12 给位和字节编号

一组位应该如何编号？如果我们把这个集合看作一个字符串，从左边开始编号是有意义的，但是如果我们把这个集合看作一个二进制数，那么从右边开始编号是有意义的（也就是从最低位起）。当通过网络传输数据时，编号是特别重要的，因为发送和接收计算机必须在首先传送最低位还是最高位上达成一致。

如果考虑跨多个字节的数据项，编号的问题将会变得更加复杂。例如，考虑一个由 32 位组成的整数。如果计算机使用 8 位字节，整数将跨越 4 个字节，可以从最低位字节或最高位字节开始传送。

我们使用术语"小端序"描述一个系统，该系统从最低位字节到最高位字节存储和传输一个整数的所有字节，而术语"大端序"则表示从最高位字节到最低位字节存储和传输一个整数的所有字节的系统。类似地，我们使用"位小端"和"位大端"的术语来分别表征从最低有效位和最高有效位开始传送一个字节内的所有位的系统。可以将一个整数的字节看作是存储在一个数组中，而字节序决定了它在内存中的方向。图 3.8 使用一个整数例子来说明两个字节顺序，用小端序和大端序展示位权表示和内存中字节的排列。

00011101 10100010 00111011 01100111

a）整数497 171 303的二进制位权表示

...	loc. i	loc. i+1	loc. i+2	loc. i+3	...
...	01100111	00111011	10100010	00011101	...

b）用小端序存储的整数

...	loc. i	loc. i+1	loc. i+2	loc. i+3	...
...	00011101	10100010	00111011	01100111	...

c）用大端序存储的整数

图 3.8 a）整数 497 171 303 以 32 位二进制数形式表示，其中空格用来标记每 8 位一组；b）用小端序在连续内存空间中存储的整数；c）用大端序在连续内存空间中存储的整数

大端表示可能看起来很吸引人，因为它模仿人们写数字的顺序。令人惊讶的是，小端序对于计算有几个优点。例如，小端序允许程序员使用单个内存地址来引用一个整数的所有 4 个字节、2 个低位字节或者只是最低位的字节。

3.13 有符号二进制整数

3.5 节中描述的位权表示没有规定负数。为了引入负数，我们需要一个替代方案。可以使用三种解释方式：

- 原码。在原码表示法中，将一个整数的位分成一个符号位（如果这个数是负数，那么为 1，否则为 0）和给出整数的绝对值（即数值）的一组位。数值域遵循图 3.2 所示的位权表示。
- 反码。所有位作为单个域。正整数使用如图 3.2 所示的位权表示，对于 k 个位的整

数，其最大正值为 2^{k-1}。为了表示任意负值，将每一位反转（即从 0 变为 1，反之亦然）。最高位表示整数的符号（1 表示负整数，0 表示非负整数）。

- 补码。所有位当作单个域。正整数使用如图 3.2 所示的位权表示，对于 k 个位的整数，其最大正值为 $2^{k-1}-1$。因此，正整数具有与反码相同的表示。为了形成负数，从正数开始，减 1，然后反转每一位。与反码一样，最高位表示整数的符号（1 表示负整数，0 表示非负整数）。

每种表示都有有趣的特性。例如，原码表示可以创建一个负的零值，即使这个概念不能对应一个有效的数学概念。反码的解释提供了两个零值：所有位全 0 和它的补码（所有位全1）。最后，补码表示中正值比负值多一个（为了容纳零）。

哪种表示最好？程序员可以辩论这个问题，因为在某些情况下每种解释都可以很好地工作。但是，程序员不能选择，因为应由计算机架构师做出决定并相应地构建硬件。三种表示法都至少被一台计算机使用过。许多硬件架构使用补码方案，这有两个原因。首先，补码使得构建低成本、高速度的硬件来执行算术运算成为可能。其次，如下一节所述，二进制补码算法的硬件也可以处理无符号的算术。

3.14 一个补码数字的例子

我们说 k 位可以代表 2^k 个可能的组合。无符号表示的位组合对应从零开始的连续整数集合，补码则将这种位组合对半分开。前半部分（0 到 $2^{k-1}-1$）中的每个组合都分配了与无符号表示中相同的值。后半部分的组合（每一个的最高位等于 1）对应于负整数。因此，在可能的组合的正好一半处，值从最大可能的正整数变化到具有最大绝对值的负整数。

我们使用一个例子来阐明补码的分配。为了简化例子，我们将考虑一个 4 位的整数。图3.9 列出了无符号数、原码、反码和补码的 16 种可能的组合，以及等价的十进制数。

二进制串	无符号位权解释	原码解释	反码解释	补码解释
0000	0	0	0	0
0001	1	1	1	1
0010	2	2	2	2
0011	3	3	3	3
0100	4	4	4	4
0101	5	5	5	5
0110	6	6	6	6
0111	7	7	7	7
1000	8	−0	−7	−8
1001	9	−1	−6	−7
1010	10	−2	−5	−6
1011	11	−3	−4	−5
1100	12	−4	−3	−4
1101	13	−5	−2	−3
1110	14	−6	−1	−2
1111	15	−7	−0	−1

图 3.9 4 位组合用无符号、原码、反码和补码解释时对应的十进制值

如上所述，无符号和补码的优点除了溢出之外，相同的硬件操作对于两种表示都是有效的。例如，二进制值 1001 加 1 会产生 1010。在无符号解释中，1 加 9 产生 10；在补码解释中，给 −7 加 1 就产生 −6。

重要的一点是：

> 计算机可以使用单个硬件电路来提供无符号或补码整数运算；运行在计算机上的软件可以为每个整数选择一个解释。

3.15 符号扩展

虽然图 3.9 展示了 4 位二进制串，但这些想法可以扩展到任意数量的位。许多计算机包括多种不同位数的整数硬件（例如，一台计算机可以提供 16 位、32 位和 64 位表示），并且允许程序员为每个整数数据项选择其中一种。

如果计算机确实包含多种不同位数的整数，则会出现将较小长度的整数复制到较大长度的整数的情况。例如，考虑将一个 16 位整数的值复制到 32 位整数。应该把什么放在额外的位？在补码中，解决方案包括复制最低有效位，然后扩展符号位——如果原始值为正值，则使用 0 填充较长数字的高位；如果原始值是负值，则使用 1 填充较长数字的高位。无论哪种情况，更多位的整数将被解释为具有与更少位的整数相同的数值。[⊖]

我们可以总结出：

> 符号扩展：在补码运算中，当一个由 k 位组成的整数 Q 复制到一个大于 k 位的整数中时，将附加的高位设为等于 Q 的最高位。扩展符号位确保将两者的数值解释为补码值时，两者的数值是相同的。

由于补码硬件在对无符号值执行算术运算时给出了正确的结果，看起来软件可以使用硬件来支持所有无符号数的操作。但是，符号扩展提供了规则的一个例外：硬件将始终执行符号扩展，这可能会有意想不到的结果。例如，如果一个无符号整数被复制到一个更大的无符号整数中，那么如果高位为 1，那么副本将不会有相同的数值。要点是：

> 由于补码硬件执行符号扩展，因此将无符号整数复制到较大的无符号整数中可能会更改该值。

3.16 浮点数

通用计算机除了执行有符号和无符号整数运算的硬件之外，还提供对浮点值执行算术运算的硬件。计算机中使用的浮点表示法来自科学记数法，其中每个值都由尾数和指数表示。例如，科学符号表示值 −12 345 为 $−1.2345 \times 10^{4}$。同样，化学家也许会写出一个著名的常数，如阿伏伽德罗常数：

$$6.023 \times 10^{23}$$

与传统的科学记数法不同，计算机中使用的浮点表示法是基于二进制的。因此，浮点值由一个位串组成，该位串分成三个字段：存储符号的位、存储尾数的一组位、存储指数的一组位。与传统的科学记数法不同，所有浮点运算都是基于 2 的幂。例如，尾数使用二进制位权表示来存储一个值，指数是一个整数，指定 2 的幂而不是 10 的幂。在科学记数法中，我们将指数定为十进制小数点要移动的位数；在浮点数中，将指数定为二进制小数点移动的位数。

⊖ 由于 2 的幂的除法和乘法可以通过移位操作来实现，在右移操作期间会发生符号扩展，得到正确的值，因此，将整数 −14 右移一位得到 −7，而将整数 14 右移一位得到 7。

为了进一步优化空间，许多浮点表示法包括下列优化：

- 该值被规范化。
- 尾数最高位是隐含的。
- 指数（的设计）偏向于简化数值大小的比较。

前两个优化是相关的。通过调整指数以消除尾数的前导零来对浮点数进行规范化。在十进制中，例如，0.003×10^4 可以规范化为 3×10^1。有趣的是，对二进制浮点数进行规范化总是会产生一个"1"的前导位（数字 0 的特殊情况除外）。因此，为了增加尾数中精度的位数，当数值存储在内存中时，浮点数表示不需要存储尾数的最高位。相反，当需要进行浮点数计算时，硬件将"1"位连接到尾数上。

下面通过一个例子阐明这些概念。我们将使用的示例是 IEEE$^\ominus$标准 754，它在计算机工业中被广泛使用。该标准指定了单精度和双精度数字。按照标准，单精度值占用 32 位，双精度值占用 64 位。图 3.10 说明了 IEEE 标准如何将浮点数分成三个字段。

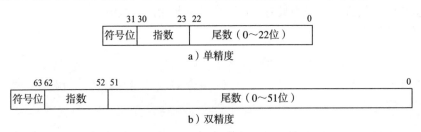

图 3.10　符合 IEEE 标准 754 的浮点数的格式。每个字段中的最低位已被标记。字段由符号位、指数和尾数组成

图 3.10 中的位编号遵循 IEEE 标准，其中最低位被指定为位编号 0。以单精度为例，构成尾数的最右边的 23 个位被编号为 0 到 22。构成指数的接下来的 8 个位被编号为 23 到 30，并且包含符号的最高有效位的位编号为 31。对于双精度数，尾数占用 52 位，指数占用 11 位。

3.17　IEEE 浮点值的范围

IEEE 标准中，规范化的单精度浮点数允许指数范围从 −126 到 127。因此，可以表示的值的近似范围是：

$$2^{-126} \text{ 到 } 2^{127}$$

用十进制表示，大约是：

$$10^{-38} \text{ 到 } 10^{38}$$

IEEE 的双精度浮点标准提供了比单精度更大的范围。范围是：

$$2^{-1022} \text{ 到 } 2^{1023}$$

用十进制表示，大约是：

$$10^{-308} \text{ 到 } 10^{308}$$

为了快速进行尾数大小的比较，IEEE 标准规定指数字段存储指数（2 的幂）加上偏差常数。单精度使用的偏差常数为 127，双精度使用的偏差常数为 1023$^\ominus$。例如，要存储指数 3，

$\ominus$　IEEE 代表电气和电子工程师协会，是一个创建电子数字系统标准的组织。

$\ominus$　偏差常数总是 $2^{k-1}-1$，其中 k 是指数字段中的位数。

在单精度值中指数字段被指定为 130，当指数为 −5 时，指数字段为 122。

作为一个浮点数的例子，考虑如何表示 6.5。在二进制中，6 是 110，而 0.5 是一个二进制点之后接一个 1，也就是 110.1（二进制）。如果使用二进制科学记数法并对数值进行规范化，则 6.5 可以表达为：

$$1.101 \times 2^2$$

为了将该值表示为 IEEE 单精度浮点数，符号位为 0，指数必须偏置 127，即 129。在二进制中，129 是：

$$10000001$$

为了理解尾数的值，回忆一下，没有存储前导的"1"位，这意味着，尾数不是 1101 之后接着若干个零，尾数存储为：

$$10100000000000000000000$$

图 3.11 显示了这些字段如何组合形成 6.5 的单精度 IEEE 浮点表示。

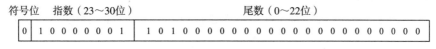

图 3.11　值 6.5（十进制）表示为单精度 IEEE 浮点常量

3.18　特殊值

像大多数浮点表示一样，IEEE 标准遵循隐含前导位的假设——假设尾数具有未被存储的一个前导 1。当然，严格执行假设存在一位前导 1 的表示是无用的，因为该表示不能存储 0。为了处理 0，IEEE 标准制定了一个例外——当所有位都为 0 时，忽略隐式的假设，存储的值为 0。

IEEE 标准包含两个保留用于表示正负无穷的特殊值：指数全 1 和尾数全 0。包括无穷大的值的原因是，一些数字系统没有处理诸如算术溢出之类错误的设施。在这样的系统中，保留一个值是重要的，以便软件可以确定浮点操作失败。

3.19　二进制编码的十进制表示

大多数计算机使用上述整数和浮点数的二进制表示。由于底层硬件使用数字逻辑，所以 0 和 1 组成的二进制数字直接映射到硬件上。因此，硬件可以高效地计算二进制算术，并且所有位的组合都是有效的。然而，使用二进制表示有两个缺点。首先，值的范围是 2 的幂而不是 10 的幂（例如，无符号的 32 位整数的范围是 0 到 4 294 967 295）。其次，浮点值被舍入到二进制分数而不是十进制分数。

二进制分数的使用有一些意想不到的后果，并且它不足以用于所有的计算。例如，考虑存储美元和美分的银行账户。我们通常把美分作为百分之一美元，5.23 表示 5 美元 23 美分。令人惊讶的是，百分之一（即 1 美分）不能完全表示为二进制浮点数，因为它变成重复的二进制分数。因此，如果银行账户使用二进制浮点运算，则单个硬币四舍五入，使得总计不准确。从科学的角度来看，这种不准确性是有限的，但是人们要求银行保留准确的记录——如果银行保留其账户的有效数字时丢失了零钱，他们就会变得不安。

为了满足需要十进制的银行和其他计算的需求，需要使用二进制编码的十进制（BCD）表示。有些电脑（特别是 IBM 大型机）有硬件来支持 BCD 算法；在其他计算机上，软件执行所有关于 BCD 值的算术运算。

尽管已经使用了各种 BCD 格式，但其本质总是相同的：将一个值表示为一串十进制数字。最简单的情况是由一个字符串组成，其中每个字节包含单个数字的字符。但是，字符串的使用使得计算效率低下，并且需要更多的空间。例如，如果一台计算机使用 ASCII 字符集，整数 123456 存储成 6 个字节值为[⊖]：

0x31 0x32 0x33 0x34 0x35 0x36

如果使用字符格式，则在执行算术之前，必须将每个 ASCII 字符（例如，0x31）转换为等同的二进制值（例如，0x01）。另外，一旦操作完成，结果的数字必须从二进制转换回字符格式。为了使计算更有效率，现代 BCD 系统以二进制而不是字符来表示数字。因此，123456 可以表示为：

0x01 0x02 0x03 0x04 0x05 0x06

尽管使用二进制表示法有加快算术运算速度的优点，但它也有一个缺点：在显示或打印之前，必须将 BCD 值转换为字符格式。总体思路是，由于算术比 I/O 更经常执行，保持二进制形式将提高整体性能。

3.20 有符号数、分数和压缩 BCD 表示法

我们对 BCD 的描述省略了商业系统中的许多细节。例如，一个实现可能会限制 BCD 值的大小。要处理分数，BCD 必须包含一个显式的小数点，或者该表示必须指定小数点的位置。此外，为了处理有符号数的算术，BCD 表示必须包含一个符号。有趣的是，最广泛使用的 BCD 约定之一将符号字节放在 BCD 字符串的右端。因此 –123456 可能由以下序列表示：

0x01 0x02 0x03 0x04 0x05 0x06 0x2D

其中 0x2D 用来表示减号的值。将符号放在右边的优点是在执行算术时不需要扫描——除了字符串的最后一个字节以外的所有字节都与十进制数字相对应。

使用 BCD 编码的最后一个细节来自一个观察，即每个数字使用一个字节是低效的。每个数字只需要 4 位，所以用 8 位字节表示一个数字（十进制）会浪费这个字节的一半。为了减少 BCD 所需的存储空间，可以使用压缩的表示，其中每个数字占用半个字节（即 4 位）。对于 BCD 压缩版本，整数 –123456 可以用 4 个字节表示：

0x01 0x23 0x45 0x6D

最后一个半字节包含值 0xD，表示该数字是负数[⊖]。

3.21 数据聚合

到目前为止，我们只考虑了单个数据项的表示，如字符、整数或浮点数。大多数编程语言允许程序员指定包含多个数据项（如数组、记录或结构体）的聚合数据结构。这些值如何存储？一般来说，聚合值占用连续的字节。因此，在使用 8 位字节的计算机上，由三个 16 位整数组成的数据聚合占用 6 个连续的字节，如图 3.12 所示。

⊖ 虽然我们的示例使用 ASCII，但通常 IBM 计算机使用的 BCD 码是 EBCDIC 字符集。

⊖ 为了辅助 BCD 算法，x86 架构有一个条件代码位，指示是否有 4 位加法溢出。

图 3.12　一个由三个 16 位整数组成的数据聚合，它被安排在从 0 到 5 连续的内存字节中

稍后我们会看到一些内存系统并不允许任意数据类型连续存放。因此，当讨论内存架构时，我们将重新考虑数据聚合。

3.22　程序的表示

现代计算机被归为存储程序计算机，因为程序和数据都放在内存中。我们将在接下来的章节中讨论程序的表示和存储，包括计算机理解的指令结构及其在内存中的存储。现在，理解每台计算机都定义了一组特定的操作和一个存储每种操作的格式就足够了。例如，在某些电脑上，每条指令的大小与其他指令的大小相同；在其他电脑上，指令大小不一。我们将看到，在典型的计算机上，一条指令占用多个字节。因此，计算机用于数据值的位和字节编号方案也适用于指令。

3.23　小结

底层的数字硬件有两个可能的值——逻辑 0 和逻辑 1。我们认为这两个值定义了一个位（二进制数字），并用位表示数据和程序。每台计算机都定义了一个字节的大小，而大多数当前的系统定义每个字节使用 8 位。

可以使用一组位表示来自计算机的字符集的每个字符、无符号整数、单精度浮点值、双精度浮点值、计算机程序。表示方式是精心选择的，以最大限度地提高硬件的灵活性和速度，同时保持低成本。有符号整数的补码表示法特别受欢迎，因为可以构造一个单一的硬件来对二进制补码整数或无符号整数进行操作。在需要十进制算术的情况下，计算机使用二进制编码的十进制表示，数字由指定的单个十进制数字的字符串表示。

ANSI 和 IEEE 等组织已经建立了表示方式的标准，这样的标准使得由两个单独的组织制造的硬件可以互相操作和交换数据。

习题

3.1　给出一个数学证明：一串 k 位可以代表 2^k 个可能的值（提示：通过对位的数量进行归纳实现）。

3.2　以下二进制字符串的十六进制值是多少？

$$1101111010101101101111101110111$$

3.3　编写一个计算机程序，确定它所运行的计算机是使用大端还是小端表示整数。

3.4　编写一个计算机程序，打印由 0 和 1 组成的表示一个整数的字符串。在每个位之间插入一个空格，并在每四位之后添加一个额外的空格。

3.5　编写一个计算机程序，确定它所运行的计算机是否使用反码、补码或（可能的话）其他有符号整数的表示方法。

3.6　编写一个计算机程序，确定它所运行的计算机是否使用 ASCII 或 EBCDIC 字符集。

3.7　编写一个计算机程序，以一组整数作为输入，打印每个整数的补码、反码和原码。

3.8　编写一个 C 程序，打印一个包含所有可能的 8 位二进制值的表格和每个值的补码。

3.9　编写一个计算机程序，将最大可能的正整数加 1，并使用结果来确定计算机是否执行补码运算。

3.10 编写一个计算机程序，以十六进制显示一个字节的值，并将该程序应用于一个字节数组。每四个字节后添加一个额外的空格，以使输出更易于阅读。

3.11 扩展上一题中的十六进制转储程序，打印任何可打印的字符。对于没有可打印表示的字符，请安排程序打印一个句号。

3.12 一个程序员计算两个无符号 32 位整数的和。结果总和是否可能小于两个值中的任何一个？请说明。

3.13 假设给定一台计算机提供只能执行 32 位算术的硬件，并被要求创建加减 64 位整数的功能。如何用 32 位硬件执行 64 位计算？（为了简化问题，请将你的答案限制为无符号算术。）

3.14 C 语言允许程序员用十进制、二进制、十六进制和八进制来指定常量。编写一个程序，用十进制、二进制、十六进制和八进制声明 0、5、65、128、−1 和 −256，并使用 printf 证明值是正确的。哪一个是最简单的表示法？

3.15 创建一个类似于教材中描述的二进制编码的十进制表示形式，并编写一个使用该形式将两个任意长度整数相加的计算机程序。

3.16 扩展前面的程序以包含乘法。

3.17 金融业采用"银行家"四舍五入算法。阅读有关算法，并实现一个程序，使用银行家舍入和传统舍入十进制算术来计算两个十进制值的总和。

处　理　器

处理器和计算引擎的多样性

4.1 引言

前面的章节描述了用于构建计算机系统的基本构建块：数字逻辑和用于各类数据类型（如字符、整数和浮点数）的表示。本章开始探讨计算机系统的三个关键要素之一：处理器。本章介绍一般概念，描述处理器的多样性，并讨论时钟频率与处理速率间的关系。接下来的章节将通过解释指令集、寻址模式和通用 CPU 的功能来扩展这些基本描述。

4.2 两种基本的体系结构

在计算机历史的早期，尝试新设计的架构师考虑了如何组织硬件。出现了两种基本的方法，这些方法是以提出这些方案的组织或人命名的：

- 哈佛体系结构。
- 冯·诺依曼体系结构。

我们将会看到，这两种架构共享许多思想，仅在程序和数据的存储和访问方式上有所不同。

4.3 哈佛与冯·诺依曼体系结构

术语哈佛体系结构⊖是指具有四个主要组件的计算机组织：处理器、指令存储器、数据存储器和 I/O 设施，组织如图 4.1 所示。

虽然包含相同的基本组件，但冯·诺依曼体系结构⊖使用单一内存保存程序和数据。图 4.2 说明了这种方法。

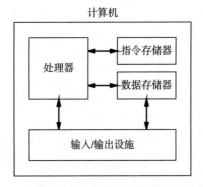

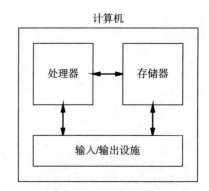

图 4.1　使用两个存储器的哈佛体系结构示意图，一个存储程序，另一个存储数据

图 4.2　冯·诺依曼体系结构示意图。程序和数据都可以存储在同一个存储器中

⊖ 这个名字的出现是因为这种方法首次在哈佛 Mark I 中继计算机上使用。

⊖ 这个名字取自约翰·冯·诺依曼（John Von Neumann），一位首先提出该架构的数学家。

哈佛体系结构的主要优势在于，它拥有一个经过优化可用于存储程序的存储单元，以及另一个经过优化可用于存储数据的存储单元。主要缺点在于不够灵活：购买计算机时，所有者必须选择指令存储器的大小和数据存储器的大小。一旦购买了计算机，所有者不能使用部分指令存储器来存储数据，也不能使用部分数据存储器来存储程序。虽然哈佛体系结构已经不再受通用计算机的青睐，但它有时仍然用于小型嵌入式系统和其他专门设计。

与哈佛体系结构不同的是，冯·诺依曼体系结构提供了完全的灵活性：在任何时候，所有者都可以改变多少内存专用于程序以及多少专用于数据。该方法已被证明如此有价值，以至于被广泛采用：

> 因为它提供了灵活性，所以使用单一存储器来保存程序和数据的冯·诺依曼体系结构已经变得普遍：几乎所有的计算机都遵循冯·诺依曼方法。

我们说一台遵循冯·诺依曼体系结构的计算机使用存储程序方法，因为程序存储在存储器中。不仅如此，重要的程序可以像其他数据项一样加载到内存中。

除了另有说明，本书的其余部分隐含地假定均使用冯·诺依曼体系结构。在第 6 章和第 12 章中有两个主要的例外。第 6 章解释了数据路径，在例子中使用了简化的哈佛体系结构。第 12 章解释缓存，讨论了使用分离的指令和数据缓存的动机。

4.4　处理器的定义

本章的其余部分将讨论在哈佛和冯·诺依曼体系结构中均有的处理器组件。接下来的部分定义了术语和各类处理器的特征。后面几节将探讨复杂处理器的子组件。

虽然程序员往往会想到传统的计算机，并且经常使用术语"处理器"作为中央处理器（CPU）的同义词，但计算机架构师看待的处理器含义更为广泛，其中包括用于控制汽车发动机的处理器、手持遥控设备的处理器以及图形设备使用的专用视频处理器。对于架构师来说，处理器是指可以执行涉及多个步骤的计算的数字设备。单独的处理器不是完整的计算机，它们只是架构师用来构建计算机系统的构建块之一。因此，虽然处理器可以比我们在第 2 章中讨论的组合逻辑电路计算得更多，但它不需要很大或很快。特别是一些处理器的性能远远低于典型 PC 中的通用 CPU。接下来的部分通过讨论处理器的特性并解释使用它们的一些方法来辅助澄清其定义。

4.5　处理器的范围

由于处理器具有广泛的功能并且存在很多变体，因此没有任何单一的描述能够充分捕捉处理器的所有属性。相反，为了帮助我们理解许多设计，我们需要根据功能和预期用途将处理器划分为多个类别。例如，我们可以使用四个类解释处理器是否可以适应新的计算。这些类别按照灵活性列出：

- 固定逻辑。
- 可选逻辑。
- 参数化逻辑。
- 可编程逻辑。

最不灵活的固定逻辑处理器执行单个任务。更重要的是，执行操作所需的所有功能都是在创建处理器时建立的，并且在不更改下层硬件的情况下不能更改功能[⊖]。例如，可以设计一个固定的逻辑处理器来计算一个函数，比如 sin(x)，或者执行视频游戏所需的图形操作。

可选逻辑处理器的灵活性比固定逻辑处理器略高。实质上，可选逻辑处理器包含执行多个功能所需的设施；当调用处理器时，确切的函数才会被指定。例如，可选逻辑处理器可能被设计为计算 sin(x) 或 cos(x)。

参数化逻辑处理器增加了额外的灵活性。虽然它只计算一个预定义的函数，但处理器接受一组控制计算的参数。例如，考虑一个计算散列函数 $h(x)$ 的参数化处理器。该散列函数使用两个常量 p 和 q，并通过计算乘以 p 并除以 q 时 x 的余数来计算 x 的散列值。例如，如果 p 是 167 且 q 是 163，则 $h(26\ 729)$ 是 4 463 743 除以 163 所得的余数，即 151[⊖]。用于这种散列函数的参数化处理器允许每当处理器被调用时改变常量 p 和 q。也就是说，除了输入 x 之外，处理器还接受控制操作的附加参数 p 和 q。

可编程逻辑处理器提供了最大的灵活性，因为它允许在每次调用处理器时更改步骤序列——通常可以通过将程序放入内存来为处理器提供运行的程序。

4.6　分层结构和计算引擎

大型处理器（如现代通用型 CPU）非常复杂，以至于人类无法将整个处理器理解为单个单元。为了控制复杂性，计算机架构师采用分层方法，在被组合成最终设计之前，处理器的各个子部件是独立设计和测试的。

大型处理器的某些独立子部件非常复杂，以至于它们符合我们对处理器的定义 ——子部件可以执行涉及多个步骤的计算。例如，具有正弦和余弦指令的通用 CPU 的构造可以通过首先构建和测试三角处理器，然后将三角处理器与其他部件组合形成。

我们如何描述一个大型复杂处理器的子部件（它可以独立地运行并执行计算）？一些工程师使用术语"计算引擎"。术语"引擎"通常意味着子部件填补了特定的角色，并且不如整个单元强大。例如，图 4.3 显示了一个包含多个引擎的 CPU。

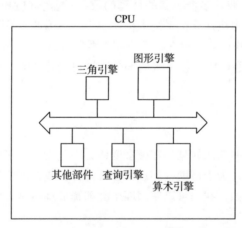

图 4.3　包含多个组件的 CPU 的示例。图中央的大箭头表示组件间用于协调的中央互连机制

　　图中的 CPU 包含一个专用图形引擎。图形引擎有时被称为图形加速器，是很常见的，因为视频游戏软件很流行，许多计算机需要一个图形引擎来高速驱动图形显示。例如，一个图形引擎可能包括一些机制实现重新绘制图形移动后的表面（例如，响应操纵杆移动）。

　　图 4.3 所示的 CPU 还包含一个查询引擎。查询引擎和密切相关的模式引擎用于数据库处理器。查询引擎高速检查数据库记录以确定记录是否满足查询；模式引擎检查一串位以确定该字符串是否与指定的模式相匹配（例如，测试文档是否包含特定的单词）。无论哪种情况，CPU 都有足够的能力来处理任务，但专用处理器可以更快地执行任务。

4.7　传统处理器的结构

　　虽然前一节中介绍的假想的 CPU 包含许多引擎，但大多数处理器并不包含这些引擎。这里有两个问题。首先，在传统处理器中都有哪些引擎？其次，这些引擎是如何相互连接的？本节将概括地回答这些问题，而后面的几节将提供更多详细信息。

　　虽然实际的处理器包含许多具有复杂内部连接的子组件，但我们可以将处理器视为具有五个概念单元：

- 控制器。
- 算术逻辑单元（ALU）。
- 本地数据存储（通常是寄存器）。
- 内部互连。
- 外部接口（I/O 总线）。

图 4.4 说明了这个概念。

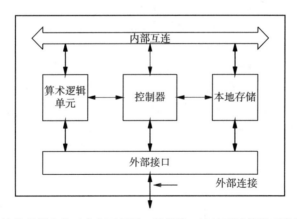

图 4.4　传统处理器中的五个主要部件。外部接口连接到计算机系统的其余部分

　　控制器。控制器构成处理器的心脏。控制器硬件全面负责程序执行。也就是说，控制器逐步执行程序并协调所有其他硬件单元的动作以执行指定的操作。

　　算术逻辑单元（ALU）。我们认为 ALU 是处理器中的主要计算引擎。ALU 执行所有计算任务，包括整数算术、位操作（例如左移或右移）和布尔（逻辑）操作（例如布尔与、或、异或、非）。但是，ALU 不会执行多个步骤或启动多个活动。相反，ALU 一次只执行一个操作，并依赖于控制器精确指定要对操作数执行什么操作。

　　本地数据存储。处理器必须至少有一些本地存储器来存放数据值，例如算术运算的操作数和结果。正如我们将看到的，本地存储通常采用硬件寄存器的形式——在计算中使用这些值之前，必须将这些值加载到硬件寄存器中。

内部互连。处理器包含一个或多个硬件装置，用于在其他硬件单元之间传输值。例如，互连硬件用于将数据值从本地存储移动到 ALU 或将结果从 ALU 移动到本地存储。架构师有时使用术语"数据通路"来描述内部互连。

外部接口。外部接口单元控制处理器与计算机系统其余部分之间的所有通信。特别是，外部接口管理处理器与外部存储器和 I/O 设备之间的通信。

4.8 处理器的分类和角色

对于没有遇到硬件设计的人来说，理解处理器的领域尤其困难，因为处理器可以用于各种角色。如果我们考虑硬件设备使用处理器的方式以及处理器在每个角色中的功能，这可能会有所帮助。这里有四个例子：

- 协处理器。
- 微控制器。
- 嵌入式系统处理器。
- 通用处理器。

协处理器。协处理器与另一个处理器关联在一起并在其控制下运行。通常，协处理器由一个可以高速执行单个任务的专用处理器组成。例如，某些 CPU 使用称为浮点加速器的协处理器来加速算术运算的执行——当发生浮点运算时，CPU 自动将必要值传递给协处理器，获得结果，然后继续执行。一个正在运行的程序并不知道哪些操作是直接在 CPU 执行，哪些操作是在协处理器上执行，我们说协处理器的操作对软件是不透明的。典型的协处理器使用固定或可选择的逻辑，这意味着协处理器可以执行的功能在协处理器设计时确定。

微控制器。微控制器由专用于控制物理系统的可编程设备组成。例如，微控制器运行各种物理系统，如现代汽车中的发动机、飞机上的起落架以及杂货店中的自动门。在许多情况下，微控制器执行一项不需要太多传统计算的简单功能。相反，微控制器测试传感器并发送信号来控制设备。图 4.5 列出了一个典型的微控制器可以编程执行的步骤示例：

```
执行循环 {
    等待传感器跳闸；
    门马达接通电源；
    等待门打开的指示信号；
    等待传感器重置；
    延迟 10 秒；
    门马达电源关闭；
}
```

图 4.5 微控制器执行若干步骤的示例。在大多数情况下，微控制器专用于简单的控制任务

嵌入式系统处理器。嵌入式系统处理器运行复杂的电子设备，如无线路由器或智能手机。用于嵌入式系统的处理器通常比用作微控制器的处理器更强大，并且经常运行用于通信的协议栈。但是，这种处理器可能不包含更多通用 CPU 上的功能。

通用处理器。通用处理器是我们最熟悉的，几乎不需要解释。例如，PC 中的 CPU 是通用处理器。

4.9 处理器技术

处理器是如何创建的？在 20 世纪 60 年代，处理器是由数字逻辑电路创建的。单个门在电路板上连接在一起，然后插入机箱来构成一台能工作的计算机。到 20 世纪 70 年代，大规

模集成电路技术才得以实现，这意味着最小和最弱的处理器（例如用于微控制器的处理器）都可以在单个集成电路上实现。随着集成电路技术的改进和芯片上晶体管数量的增加，单个芯片变得能够容纳更强大的处理器。今天，许多最强大的通用处理器都由一个集成电路组成。

4.10 存储程序

我们说过一个处理器执行一个计算涉及多个步骤。尽管一些处理器具有内建到硬件中的一系列步骤，但大多数处理器没有。相反，它们是可编程的（即它们依赖于称为编程的机制）。也就是说，组成一个程序的要执行的步骤序列放置在处理器可以访问的位置；处理器访问这个程序并遵循指定的步骤。

计算机程序员熟悉使用主存储器作为保存程序的位置的传统计算机系统。每次用户运行应用程序时，程序都会被加载到内存中。使用主存储器保存程序的主要优势在于能够更改程序。程序更改后，用户在下次运行它时，将使用更改后的版本。

虽然我们的传统编程概念对通用处理器非常适用，但其他类型的处理器使用不易更改的替代机制。例如，微控制器的程序通常驻留在称为只读存储器（ROM）的硬件中（后面的章节更详细地描述了内存）。实际上，包含程序的 ROM 可以和运行该程序的微控制器一起驻留在单个集成电路上。例如，汽车中使用的微控制器可能驻留在单个集成电路上，该集成电路也包含微控制器运行的程序。

重要的一点是，编程是一个广泛的概念：

> 对于计算机架构师来说，在某种程度上，处理器与其运行的程序分离，则处理器被分类为可编程的。对用户来说，看起来程序和处理器是集成的，并且可能无法在不更换处理器的情况下更改程序。

4.11 取指 – 执行周期

可编程处理器如何访问和执行程序的步骤？第 6 章中关于数据通路的描述解释了基本思想。尽管处理器的细节各不相同，但所有可编程处理器都遵循相同的基本原则。底层机制被称为取指 – 执行周期。

为了实现取指 – 执行，处理器有一个指令指针，可以自动遍历内存中的程序，执行每一步。也就是说，每个可编程处理器重复执行两个基本功能。算法 4.1 给出了两个基本步骤[⊖]。

算法 4.1 取指 – 执行周期的基本步骤

循环执行 {

　　取指：从程序存储的当前位置访问接下来的步骤。

　　执行：执行程序的步骤。

}

⊖ 请注意，这里介绍的算法是一种简化形式；当讨论 I/O 时，我们会看到如何扩展算法以处理设备中断。

重点是：

在某种程度上，每个可编程处理器都实现了取指 – 执行周期。

几个问题出现了。程序在内存中是如何表示的，以及这种表示是如何创建的？处理器如何确定程序的下一步？在取指 – 执行周期的执行阶段可以执行哪些操作？处理器如何执行每项操作？接下来的章节将更详细地回答这些问题。本章的其余部分集中讨论三个问题：处理器运行速度有多快，处理器如何从程序的第一步开始，以及处理器到达程序结束时会发生什么？

4.12 程序转换

程序员关心的一个重要问题是如何将程序转换为处理器期望的形式。程序员使用高级语言（HLL）来创建计算机程序。我们说程序员写的是源代码。程序员使用一种工具将源代码翻译成处理器期望的表示形式。

虽然程序员调用单个工具（如 gcc），但需要执行多个步骤才能执行转换。首先，预处理器扩展宏，产生修改的源程序。修改过的源程序变成编译器的输入，该编译器将该程序翻译为汇编语言。尽管它更接近处理器所需的形式，但汇编语言可以被人类读取。汇编器将汇编语言程序转换为可重定位的对象程序，该程序包含二进制代码和对外部库函数的引用的组合。链接器通过用函数代码替换外部函数引用来处理可重定位对象程序。为此，链接器提取函数的名称，搜索一个或多个库以查找该函数的二进制代码。图 4.6 说明了转换步骤和执行每个步骤的软件工具。

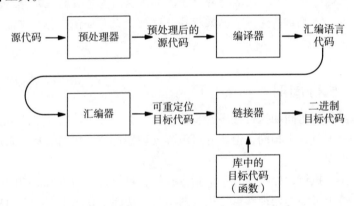

图 4.6　用于将源程序转换为处理器使用的二进制目标代码表示的步骤

4.13 时钟速率和指令速率

关于处理器的一个主要问题涉及速度：取指 – 执行周期的运行速度有多快？答案取决于处理器、用于存储程序的技术以及执行每条指令所需的时间。一方面，用来驱动物理设备（例如，电动门）的微控制器的处理器可能相对较慢，因为低于十分之一秒的响应时间对于人类来说似乎很快。另一方面，用于最高速计算机的处理器必须尽可能快，因为其目标是最高性能。

正如我们在第 2 章中看到的那样，大多数处理器使用时钟来控制底层数字逻辑运行的速率。任何购买计算机的人都知道，销售人员促使消费者购买时钟速率高的电脑，理由是更高的时钟速率会带来更高的性能。尽管更高的时钟速率通常意味着更高的处理速度，但重要的是要认识到，时钟速率不会决定取指 – 执行周期的进行速度。特别是在大多数系统中，周期的执行部分所需的时间取决于正在执行的指令。稍后我们会看到，涉及内存访问或 I/O 操作的指令相比那些不涉及这类操作的指令而言，可能需要更多的时间（即更多的时钟周期）。时间在基本算术运算中也有所不同：整数乘法或除法需要比整数加法或减法更多的时间。浮点运算特别费时，因为浮点运算通常需要比等效整数运算更多的时钟周期。浮点乘法或除法特别费时——单次浮点除法可能需要比整数加法多几个数量级的时钟周期。

现在，记住一般原则就足够了：

> 由于执行指令所需的时间取决于正在执行的操作，因此取指 – 执行周期可能不会以固定的速率进行。诸如乘法之类的操作比诸如加法之类的操作需要更多的时间。

4.14　控制：启动和停止

到目前为止，我们已经在不提供细节的情况下讨论了处理器运行一个取指 – 执行周期。我们现在需要回答两个基本问题。处理器如何开始运行取指 – 执行周期？处理器执行到程序中的最后一步后会发生什么？

程序终止的问题是最容易理解的：处理器硬件没有停止的设计。取而代之的是，取指 – 执行周期无限期地继续。当然，处理器可以永久停止，但是这样的后果仅出现在关闭计算机时——正常的操作中，处理器连续执行一个接一个的指令。

在某些情况下，程序使用循环实现延迟。例如，在继续操作之前，微控制器可能需要等待传感器指示外部条件已满足。处理器不只是停下来等待传感器。相反，该程序包含一个重复测试传感器的循环。因此，从硬件角度来看，取指 – 执行周期一直在继续。

无穷的取指 – 执行周期的概念对编程有直接影响：软件必须被规划好，以便处理器总是有下一步去执行。在专用系统（如控制物理设备的微控制器）的情况下，程序由一个无限循环组成——当完成程序的最后一步时，处理器将在第一步重新开始。在通用计算机的情况下，操作系统总是存在。操作系统可以将应用程序加载到内存中，然后指示处理器运行应用程序。为了保持取指 – 执行周期的运行，操作系统必须安排在应用程序结束时重新获得控制权。当没有应用程序运行时，操作系统进入一个循环，等待输入（例如，来自触摸屏、键盘或鼠标）。

总结一下：

> 由于处理器无穷地运行取指 – 执行周期，系统必须设计为确保总是有下一步可执行。在专用系统中，同一程序重复执行；在通用系统中，操作系统在没有应用程序运行时运行。

4.15　启动取指 – 执行周期

处理器如何启动取指 – 执行周期？答案很复杂，因为它取决于底层硬件。例如，某些处理器有硬件重启按钮。在这样的处理器上，工程师安排一个组合逻辑电路驱动复位线，直到所有系统组件准备好运行才结束。当电压从复位线上移除时，处理器开始从固定位置执行程序。一旦处理器复位，一些处理器开始执行在内存中的地址零处找到的程序。在这样的系统中，设计者必须保证在处理器启动之前将有效程序放置在地址零处。

启动处理器的步骤称为引导程序。在嵌入式环境中，要运行的程序通常驻留在只读存储器（ROM）中。在常规计算机上，硬件从 I/O 设备（如磁盘）读取操作系统的副本，并在启动处理器之前将副本放入内存中。无论哪种情况，都需要硬件辅助来进行引导，因为必须将引起取指 – 执行周期开始的信号传递给处理器。

许多设备都有一个软电源开关，这意味着电源开关并未实际打开或关闭。相反，开关就像一个传感器——处理器可以询问开关以确定其当前位置。启动具有软开关的设备与启动其他设备没有区别。当首次加电时（例如，当安装电池时），处理器启动到初始状态。初始状态由询问软开关状态的循环组成。一旦用户按下软电源开关，硬件便完成引导过程。

4.16   小结

处理器是一个可以执行涉及多个步骤的计算的数字设备。处理器可以使用固定的、可选择的、参数化的或可编程的逻辑。术语"引擎"标识了一个处理器，它是更复杂处理器的子部件。

处理器可作为各种角色，包括协处理器、微控制器、嵌入式处理器和通用处理器。虽然早期的处理器是由离散逻辑创建的，但现代处理器被实现为单个集成电路芯片。

如果在某个级别上，处理器与处理器执行的步骤序列分离，则处理器被归类为可编程；但从最终用户的角度来看，可能无法在不更换处理器的情况下更改程序。所有可编程处理器都遵循取指 – 执行周期；一个周期所需的时间取决于所执行的操作。由于取指 – 执行过程无限期地继续，设计者必须以这样的方式构造程序，即处理器总是有指令执行。

使用一组软件程序以将由程序员编写的源程序翻译成处理器所需的二进制表示。该集合包括预处理器、编译器、汇编器和链接器。

习题

4.1 图 4.1 和图 4.2 都没有将存储器作为主要组件。存储设备（例如，闪存或电子机械磁盘）在图中哪个位置？

4.2 考虑第 2 章中描述的片上系统（SoC）方法。除了处理器、存储器和 I/O 设施之外，SoC 还需要什么？

4.3 查阅维基百科了解早期电脑。哈佛 Mark I 计算机有多少内存，它创造于哪一年？ IBM 360/20 计算机有多少内存，它创造于哪一年？

4.4 尽管 CPU 制造商吹嘘芯片上的图形加速器，但一些电子游戏设计人员选择将图形硬件与处理器分开。解释这种分开的一个可能的原因。

4.5 想象一下采用哈佛体系结构的智能手机。如果你购买这样的电话，需要指定哪些你通常不指定的内容？

4.6 冯·诺依曼体系结构的哪一方面使它比哈佛体系结构更容易受到黑客攻击？

4.7 如果你有机会使用 gcc，请阅读手册页以了解允许你仅运行预处理器的命令行参数，并将预处理程序放入可查看的文件中。源程序有了哪些改变？

4.8 通过将编译器产生的汇编语言输出到可查看的文件中，扩展前面的练习。

4.9 编写一个计算机程序，比较整数部分和浮点部分之间执行时间的差异。为了测试程序，请执行每种操作 100 000 次，并比较运行时间的差异。

处理器类型和指令集

5.1 引言

上一章介绍了各种处理器，解释了可编程处理器的取指－执行周期。本章继续之前的讨论，重点关注处理器可执行的操作集合。本章解释选择不同的计算机体系结构的方法，讨论每种方法的优缺点。下一章延伸讨论，主要描述处理器访问操作数的不同方式。

5.2 数学能力、便利性和成本

处理器应该提供什么操作呢？从数学的角度来看，广泛的计算模型提供相同的运算能力。理论上，只要处理器提供一些基本操作，它就具备计算任何可计算函数的能力。[⊖]

程序员明白，尽管只有最少的一组操作是必需的，但是这种最小化的操作集既不方便也不实际。也就是说，这组操作是为了方便而设计的，而不仅仅是功能。例如，可以通过重复的减法计算商。但是，使用重复减法实现除法的程序运行得很慢。因此，大多数处理器操作包含加、减、乘、除的硬件基本算术运算。

对于计算机架构师来说，确定处理器将执行的操作体现出一种折中。一方面，增加额外的算术运算（如乘法或除法）可以为程序员提供便利。另一方面，每个额外的操作都会增加更多硬件，并使处理器设计更加困难。添加硬件也会增加工程上需要考虑的因素，比如芯片的尺寸、功耗和散热。由于智能手机的设计主要考虑节约电能，智能手机的处理器相比功能强大的大型计算机的处理器，内置的操作更少。

关键在于，当考虑处理器提供的操作集时，我们需要记住操作集的选择体现出复杂的权衡：

> 处理器提供的操作集合体现出硬件成本、编程的便利性以及诸如功耗等工程考虑因素之间的折中。

5.3 指令集架构

当架构师设计一个可编程的处理器时，他必须做出两个关键决定：
- 指令集——处理器提供的一组操作。
- 指令表示——每个操作的格式。

我们使用术语指令集来表示硬件可以识别的一组操作，并将每个操作称为指令。假设每一次取指－执行周期，处理器执行一条指令。

指令集的定义规定了指令的所有细节，包括处理器执行指令时的明确要求。因此，指令集定义了每条指令操作的值和指令产生的结果。定义明确了允许值（例如，除法指令要求除数非零）和错误状态（例如，加法结果溢出的处理）。

⊖ 在数学意义上，计算任何可计算函数只需要三个操作：加一，减一，如果一个值非零则分支。

术语指令表示（指令格式）指硬件使用的指令的二进制表示。指令表示很重要，它定义了一个关键接口：生成指令并将指令存入内存的软件和执行指令的硬件之间的接口。软件（例如，编译器、链接器和加载器）必须在内存中创建一个镜像，该镜像使用处理器硬件配套的指令格式。

我们将指令集的定义和对应的表达方法称为指令集架构（ISA）。换句话说，指令集架构提供了语义和句法的定义。IBM 公司在 20 世纪 60 年代率先采用了这种方法，为其 System/360 系列计算机开发了一个 ISA——除少数例外，该系列中的所有计算机共享相同的基本指令集，但个别型号在内存大小、处理器速度和成本方面差别很大（差距大约为 1 : 30）。

5.4 操作码、操作数和结果

从概念上讲，每条指令都包含三个部分：指定要执行的确切操作、要使用的值和放置结果的位置。

操作码。术语操作码（opcode）是指要执行的确切操作。操作码是一个数字，当设计指令集时，必须为每个操作分配一个唯一的操作码。例如，操作码 5 可能分配给整数加法，操作码 12 可能分配给整数减法。

操作数。术语操作数（operand）是指执行操作所需的值。指令集的定义规定每条指令确切的操作数数量，以及可能的值（例如，加法操作采用两个有符号整数）。

结果。在某些体系结构中，可以通过一个或多个操作数指定处理器运算结果的位置（例如，算术运算的结果）；在其他情况下，结果的位置是自动确定的。

5.5 典型的指令格式

每条指令都表示为一个二进制串。在大多数处理器上，指令以操作码字段开头，接着是操作数字段。图 5.1 是指令的一般格式。

操作码	操作数1	操作数2	…

图 5.1　处理器使用的通用指令格式。指令开始处的操作码规定了后续操作数的含义

5.6 可变长度指令与固定长度指令

问题来了：每条指令的长度应该相同（即占用相同的字节数）还是应取决于操作数的数量和类型？例如，整数算术运算中，加法或减法运算需要两个操作数，但取反运算只需要一个操作数。另外，处理器可以处理多种尺寸的操作数（例如，处理器中可以有两个 16 位整数的加法指令以及两个 32 位整数的加法指令）。指令长度是否应该不同？

我们用"可变长度"来表征包含不同指令长度的指令集，而"固定长度"用于表征每个指令长度都相同的指令集。程序员需要可变长度的指令，因为软件通常根据每个对象的大小分配空间（例如，如果字符串"Hello"和"bye"出现在程序中，编译器将分别分配 5 和 3 个字节）。然而，从硬件角度来看，可变长度指令需要复杂的硬件来读取和解码。相比之下，定长指令不需要那么复杂的硬件。固定长度指令允许处理器硬件以更高速度运行，因为硬件可以轻松计算下一条指令的位置。因此，许多处理器强制所有指令的长度相同，即使某些指令不需要和指令长度一样长。重点在于：

> 尽管对程序员来说会降低效率，但使用固定长度指令可以使处理器硬件更加简单快速。

在指令不需要所有操作数的情况下，使用固定长度指令的处理器会如何处理？例如，一个固定长度的指令集如何兼容加法和取反运算？有趣的是，硬件被设计为忽略给定操作不需要的字段。因此，指令集可以指定在某些指令中特定位未被使用[○]。总而言之：

> 当采用固定长度指令集时，一些指令包含硬件忽略的额外字段。未使用的字段应该被视为硬件优化的一部分，而不能说明这是个不好的设计。

5.7　通用寄存器

正如我们所看到的，寄存器是处理器中的一个小型高速硬件存储设备。寄存器具有固定大小（例如 32 或 64 位）并支持两个基本操作：读取和存储。我们之后会看到，寄存器可以在操作中扮演各种角色，包括作为指令指针（也称为程序计数器），提供要执行的下一条指令的地址。现在，我们关注程序员熟知的一个简单情况：通用寄存器用于临时存储机制。处理器通常具有少量的通用寄存器（例如 32 个），并且每个寄存器位数通常与整数的长度一致。例如，在提供 32 位算术运算的处理器上，每个通用寄存器都有 32 位。因此，一个通用寄存器可以保存算术指令所需的操作数或这种指令的结果。

在许多体系结构中，通用寄存器的编号从 0 到 $N-1$。处理器提供的指令可以将数据存储到指定寄存器中（或从中读取）。通用寄存器具有与内存相同的语义：读取操作返回之前存储操作时存储的数据。类似地，存储操作用新的数据替换寄存器的内容。

5.8　浮点寄存器和寄存器标识

支持浮点运算的处理器通常使用一组单独的寄存器来保存浮点值。通用寄存器和浮点寄存器通常都是从零开始编号，由于指令根据编号决定使用哪个寄存器，所以会产生混淆。例如，如果将寄存器 3 和 6 指定为整型指令的操作数，则处理器将从通用寄存器中提取操作数。但是，如果将寄存器 3 和 6 指定为浮点指令的操作数，则将使用浮点寄存器。

5.9　使用寄存器编程

许多处理器要求在执行指令之前将操作数放置在通用寄存器中。一些处理器还将指令的结果放入通用寄存器中。因此，如果要将两个整数变量 X 和 Y 相加，并将结果放置在变量 Z 中，程序员必须写一系列将值移至相应寄存器的指令。例如，如果通用寄存器 3、6 和 7 可用，则程序可能包含四条指令，这些指令按照以下步骤执行：

- 将内存中变量 X 的值加载到寄存器 3。
- 将内存中变量 Y 的值加载到寄存器 6。
- 将寄存器 3 的值和寄存器 6 的值相加，然后将结果放在寄存器 7 中。
- 将寄存器 7 的值的副本存储到内存中的变量 Z。

我们将看到，在内存和寄存器之间移动一个值的开销较大，因此如果值再次被使用，则通过在寄存器中保留值来优化性能。由于处理器只包含少量的寄存器，程序员（或编译器）

○　某些硬件要求未使用的位为零。

必须随时决定保存在寄存器中的值，其他值保存在内存中[⊖]。选择寄存器包含哪些值的过程称为寄存器分配。

许多细节使寄存器分配复杂化。一个常见的情况是一条指令产生一个大的结果，称为扩展值。例如，整数乘法可以产生两倍于操作数长度的结果。一些处理器提供了双精度算术（例如，如果标准整数是 32 位宽，双精度整数占 64 位）。

为了处理扩展值，硬件将寄存器视为连续的。比如，在这样的处理器上，一个将双精度整数读取到寄存器的指令会把整数的一半放在寄存器 4 中，另一半放在寄存器 5 中（即使指令中没有明确地提到，寄存器 5 的值也会改变）。选择要使用的寄存器时，程序员必须注意那些要将扩展数据值放入连续寄存器的指令。

5.10　寄存器存储体

额外的硬件细节使寄存器分配复杂化：一些体系结构将寄存器分成多个存储体，并要求一条指令的操作数来自不同的存储体。例如，在使用两个寄存器存储体的处理器上，整数加法指令可能要求两个操作数来自不同的存储体。

要了解寄存器存储体，我们必须了解底层硬件。实质上，因为每个存储体都有单独的物理访问机制，并且这些机制同时运行，所以寄存器存储体可以让硬件更快地运行。因此，当处理器执行访问寄存器中两个操作数的指令时，可以同时获得两个操作数。图 5.2 说明了这个概念。

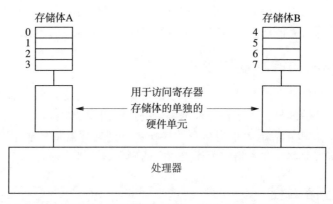

图 5.2　将 8 个寄存器分为两个存储体的示意图。硬件允许处理器同时访问两个存储体

寄存器存储体给程序员带来一个有趣的后果：可能无法永久保存寄存器中的数据值。要理解原因，请考虑以下赋值语句，这些赋值语句在传统的编程语言中常见，并假设我们想要在如图 5.2 所示的具有两个寄存器存储体的处理器上实现这些语句。

$$R \leftarrow X + Y$$
$$S \leftarrow Z - X$$
$$T \leftarrow Y + Z$$

要执行第一个加法运算，X 和 Y 必须位于不同的寄存器存储体中。假设 X 位于存储体 A 的寄存器中，Y 位于存储体 B 的寄存器中。对于减法运算，Z 必须位于与 X 不同的寄存器存储体中（即 Z 必须位于存储体 B 的寄存器中）。对于第三个赋值，Y 和 Z 必须在不同的存储

⊖　寄存器溢出（register spilling）是指将寄存器中的值移回内存，寄存器可以用于存储其他数据。

体中。不幸的是，前两个任务意味着 Y 和 Z 位于同一存储体。因此，为了执行三条指令，无法为 X、Y、Z 分配寄存器。我们将这种情况称为寄存器冲突。

寄存器冲突发生时会发生什么呢？程序员必须重新分配寄存器或插入一个复制数据的指令。例如，我们可以在执行最终加法运算之前，通过插入额外的指令将 Z 的值复制到存储体 A 的寄存器中。

5.11　复杂指令集和精简指令集

计算机架构师将指令集划分为两大类，用于对处理器进行分类[⊖]：

- 复杂指令集计算机（CISC）。
- 精简指令集计算机（RISC）。

CISC 处理器通常包含许多指令（通常为数百条），每条指令都可以执行非常复杂的计算。Intel 的 x86 指令集被归类为 CISC，因为处理器提供了数百条指令，包括需要很长时间执行的复杂指令（例如，处理内存中的图形的指令，计算正弦和余弦函数的指令）。

与 CISC 相比，RISC 处理器受到限制。RISC 设计不采用功能复杂的指令，而是追求足够支持所有运算的最小指令集（例如 32 条指令）。每条指令执行一个基本的计算，而不是允许单条指令计算复杂函数。为了达到最高速度，RISC 设计将指令限制为固定长度。最后，如下一节所述，RISC 处理器被设计为在一个时钟周期内执行一条指令[⊜]。ARM 有限公司和 MIPS 公司已经分别创建了 RISC 架构，包含有限条均可在一个时钟周期内执行的指令。ARM 设计在智能手机和其他低功耗设备中特别受欢迎。

总结一下：

> 　　如果指令集包含可能需要很长时间的复杂计算的指令，则将处理器归类为 CISC；如果处理器包含少量的指令，并且每个指令都可以在一个时钟周期内完成，则该处理器将被归类为 RISC。

5.12　RISC 设计和执行流水线

我们说一个 RISC 处理器每个时钟周期执行一条指令。实际上，更准确地说是：RISC 处理器的设计使得处理器可以在每个时钟周期完成一条指令。要理解细微的差别，了解硬件的工作方式非常重要。我们说过一个处理器通过首先获取一条指令然后执行指令来执行一个取指－执行周期。事实上，处理器将取指－执行周期分成几个步骤，通常是：

- 取下一条指令。
- 解码指令并从寄存器中取出操作数。
- 执行由操作码指定的算术运算。
- 如果需要，执行存储器读取或写入。
- 将结果存回寄存器。

为了实现高速，RISC 处理器包含并行硬件单元，每个单元执行上面列出的一个步骤。硬件被安排在多级流水线[⊜]中，这意味着一个硬件单元的结果将被传递到下一个硬件单元。

[⊖]　大多数工程师使用缩写而不是全称，读作 sisk 和 risk。

[⊜]　回顾第 2 章，使用固定间隔触发的时钟脉冲控制数字逻辑。

[⊜]　指令流水线和执行流水线可互换使用，以指代在取指－执行周期中使用的多级流水线。

图 5.3 展示了一条流水线。

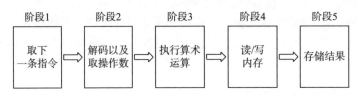

图 5.3   用于取指 – 执行周期的五个硬件阶段的流水线例子

在图 5.3 中，一条指令在流水线中从左向右流动。阶段 1 取指令，阶段 2 检查操作码，等等。每来一个时钟脉冲，所有阶段都会同时向右传递指令。因此，指令像装配线一样运行：任何时候，流水线中都包含五条指令。

由于所有的阶段都可以并行操作，因此流水线速度会提高——当阶段 3 执行一条指令时，阶段 2 则取出下一条指令的操作数。于是，每一个阶段都不会被延迟，因为指令在每个时钟周期内总是已经准备就绪。表 5.4 展现了一组指令如何通过五阶段流水线。

	时钟	阶段1	阶段2	阶段3	阶段4	阶段5
时间	1	指令1	-	-	-	-
	2	指令2	指令1	-	-	-
	3	指令3	指令2	指令1	-	-
	4	指令4	指令3	指令2	指令1	-
	5	指令5	指令4	指令3	指令2	指令1
	6	指令6	指令5	指令4	指令3	指令2
	7	指令7	指令6	指令5	指令4	指令3
	8	指令8	指令7	指令6	指令5	指令4

图 5.4   指令通过五阶段流水线。一旦流水线被填满，每个时钟周期中的每个阶段都会忙碌

图 5.4 清楚地表明，尽管 RISC 处理器不能在一个时钟周期内完成取指和执行指令所需的所有步骤，但并行硬件允许处理器在每个时钟周期完成一条指令。总结一下：

虽然 RISC 处理器不能在单个时钟周期内完成取指–执行周期的所有步骤，但具有并行硬件的指令流水线提供的性能大致相同：一旦流水线充满，每个时钟周期完成一条指令。

5.13   流水线和指令延迟

我们说指令流水线对于程序员是透明的，因为指令集不包含对流水线的任何显式引用。也就是说，硬件的构造决定无论是否使用流水线，程序的结果都是相同的。虽然透明度可能是一个优势，但它也可能是一个缺点：一个不懂流水线的程序员可能会无意中降低程序效率。

为了理解流水线对编程选择的影响，考虑一个程序，它包含两条连续的指令，执行一个加法和一个减法，操作数和计算结果均放在寄存器中，分别标记为 A、B、C、D 和 E。

指令 K：C ← add A B

指令 K+1：D ← subtract E C

尽管指令 K 可以从头到尾通过流水线，但指令 K+1 会遇到问题，因为操作数 C 不能及

时准备好。也就是说，在获取指令 $K+1$ 的操作数之前，硬件必须等待指令 K 完成。我们说流水线的某个阶段停顿，以等待操作数就绪。图 5.5 展示了流水线停顿期间发生的情况。

时钟	阶段1 取指令	阶段2 取操作数	阶段3 算术逻辑运算	阶段4 访存	阶段5 写结果
1	指令K	指令$K-1$	指令$K-2$	指令$K-3$	指令$K-4$
2	指令$K+1$	指令K	指令$K-1$	指令$K-2$	指令$K-3$
3	指令$K+2$	（指令$K+1$）	指令K	指令$K-1$	指令$K-2$
4	（指令$K+2$）	（指令$K+1$）	–	指令K	指令$K-1$
5	（指令$K+2$）	（指令$K+1$）	–	–	指令K
6	（指令$K+2$）	指令$K+1$	–	–	–
7	指令$K+3$	指令$K+2$	指令$K+1$	–	–
8	指令$K+4$	指令$K+3$	指令$K+2$	指令$K+1$	–
9	指令$K+5$	指令$K+4$	指令$K+3$	指令$K+2$	指令$K+1$
10	指令$K+6$	指令$K+5$	指令$K+4$	指令$K+3$	指令$K+2$

图 5.5　流水线停顿的示意图。在指令 K 的操作数就绪之前，指令 $K+1$ 不能继续

图 5.5 显示了流水线正常运行到时钟周期 3，此时指令 $K+1$ 已达到阶段 2。回想一下，阶段 2 是从寄存器获取操作数。在我们的例子中，直到指令 K 将其结果写入寄存器之前，指令 $K+1$ 的其中一个操作数不可用。在指令 K 完成之前，流水线必须停顿。在上面的代码中，因为 C 的值没有被计算出来，所以阶段 2 不能获取 C 的值。因此阶段 1 和阶段 2 在时钟周期 4 和 5 期间保持停顿。在时钟周期 6 期间，阶段 2 可以获取操作数，流水线继续运行。

图 5.5 中最右边的一列显示停顿对性能的影响：流水线的最后一个阶段在时钟周期 6、7 和 8 中不产生任何结果。如果没有发生停顿，指令 $K+1$ 将在时钟周期 6 完成，但停顿意味着该指令直到时钟周期 9 才完成。

为了描述从引起停顿时刻到输出停止时刻之间的延迟，我们称一个气泡通过流水线。当然，气泡仅对于观察流水线性能的人来说很明显，因为正确性不受影响。也就是说，一个阶段完成后，指令总是直接进入下一阶段，这意味着所有指令都按指定的顺序执行。

5.14　引起流水线停顿的其他原因

除了等待操作数之外，当处理器执行任何会延迟处理或中断通常流程的指令时，流水线也可能停顿。例如，处理器进行如下操作时可能会发生停顿：

- 访问外部存储。
- 调用协处理器。
- 分支到新的位置。
- 调用子程序。

最复杂的处理器包含额外的硬件以避免停顿。例如，某些处理器包含两条一样的流水线，如果分支发生，它允许处理器开始解码即将执行的指令；如果分支不发生，则直接执行指令。这两个副本一直运行，直到可以执行分支指令。那时，硬件知道要跟随哪条流水线的副本，另一个则被忽略。其他处理器包含特殊的快捷硬件，可将结果的拷贝传递回前一个流水线阶段。

5.15　对程序员的影响

为了达到最高速度，编写 RISC 架构的程序需要适应指令流水线。例如，程序员应该避免引入不必要的分支指令。同样，不要在之后的指令中立即引用结果寄存器，而是可以延迟引用。例如，图 5.6 显示了代码如何重新排列以更快运行。

| C ← add A B |
| D ← subtract E C |
| F ← add G H |
| J ← subtract I F |
| M ← add K L |
| P ← subtract M N |
| a) |

| C ← add A B |
| F ← add G H |
| M ← add K L |
| D ← subtract E C |
| J ← subtract I F |
| P ← subtract M N |
| b) |

图 5.6　a) 指令列表；b) 重新排序以在流水线中更快运行的指令序列。减少流水线停顿以提升速度

在图 5.6 中，优化的程序将引用和计算分开。例如，在原始的程序中，第二条指令引用由前一条指令产生的值 C。因此，第一条和第二条指令之间出现停顿。将减法移到程序中靠后的地方可以让处理器继续运行而不会出现停顿。

当然，程序员可以选择将流水线视为自动优化而不是编程负担。幸运的是，大多数程序员不需要手动执行流水线优化，高级语言的编译器会自动执行优化。

> 当硬件使用指令流水线时，重新排列代码序列可以提高处理速度，程序员将重新排序视为一种可以在不影响正确性的情况下提高速度的优化。

5.16　编程、停顿和无操作指令

在某些情况下，程序中的指令无法通过重新排列避免停顿。在这种情况下，程序员可以记录停顿，以便任何阅读代码的人都能理解停顿的发生。如果程序被修改，此类文档特别有用，因为执行修改的程序员可以重新考虑并尝试重新排列指令以防止停顿。

程序员应该如何记录一个停顿？有一种技术是显而易见的：插入解释停顿原因的注释。但是，大多数代码是由编译器生成的，只有在出现问题或需要进行特殊优化时才能被人读取。在这种情况下，可以使用另一种技术：在代码中发生停顿的地方插入额外的指令。额外的指令指示了这样的位置，即插入项可以不影响流水线。当然，额外的指令必须是无害的——它们不能改变寄存器中的值或以其他方式影响程序。在大多数情况下，硬件提供了解决方案：无操作指令（no-op）。也就是说，除了占用时间以外，什么都不做。重点是：

> 大多数处理器都包含无操作指令，这个指令并不会引用数据值、计算结果或以其他方式影响计算机状态。无操作指令可以插入到停顿发生的位置。

5.17　转发

如上所述，一些硬件有特殊的设施来提高指令流水线的性能。例如，算术逻辑运算单元可以使用称为转发的技术来解决连续的算术指令传递结果的问题。

为了理解转发如何工作，考虑操作数 A、B、C、D 和 E 在寄存器中的两条指令的示例：

$$指令\ K：C ← add\ A\ B$$
$$指令\ K+1：D ← subtract\ E\ C$$

我们说这样一个序列导致了流水线处理器的停顿。但是，实现转发的处理器可以通过安排硬件检测依赖关系并自动将 C 的值从指令 K 直接传递到指令 K+1 来避免停顿。也就是说，指令 K 中算术逻辑运算单元的输出副本在指令 K+1 中被直接转发到算术逻辑运算单元的输入端。结果，指令继续填充流水线，并且不会发生停顿。

5.18　操作类型

当计算机架构师讨论指令集时，将指令分成几个基本类别。图 5.7 列出了一个可能的划分。

- 整数运算指令。
- 浮点运算指令。
- 逻辑运算指令（也称为布尔操作）。
- 数据访问和传输指令。
- 有条件和无条件的分支指令。
- 处理器控制指令。
- 图形指令。

图 5.7　用于划分指令类别的示例。通用处理器包含上述所有类别的指令

5.19　程序计数器、取指 – 执行以及分支

回想第 4 章，每个处理器都实现了一个基本的取指 – 执行周期。在这个周期中，处理器中的控制硬件会自动移动指令——一旦它执行完一条指令，处理器就会在取出下一条指令之前自动离开当前指令。为了实现取指 – 执行周期并移动到下一条指令，处理器使用一个称为指令指针或程序计数器（这两个术语是相同的）的专用内部寄存器。

当取指 – 执行周期开始时，程序计数器包含要执行的指令的地址。在获取指令后，程序计数器更新为下一条指令的地址。在每个取指 – 执行周期中更新程序计数器，意味着处理器将自动在存储器的连续指令序列中移动。算法 5.1 指定取指 – 执行周期如何在连续的指令序列中移动。

算法 5.1　取指 – 执行周期

为程序计数器分配一个初始程序地址。不断重复 {

　　取指：从程序计数器给出的位置访问程序的下一步。

　　将一个内部地址寄存器 A 设置为刚获取指令的下一条的地址。

　　执行：执行程序的步骤。

　　将地址寄存器 A 的内容复制到程序计数器。

}

该算法使我们能够理解分支指令如何工作。有两种情况：绝对分支和相对分支。绝对分支计算一个内存地址，该地址指定要执行的下一条指令的位置。通常，绝对分支指令被称为跳转。在执行步骤中，跳转指令计算一个地址并将其加载到算法 5.1 指定的内部寄存器 A 中。在取指 – 执行周期结束时，硬件将该值复制到程序计数器中，这意味着地址将用于获取下一条指令。例如，绝对分支指令

jump　0x05DE

使处理器将 0x05DE 加载到内部地址寄存器中，该寄存器在提取下一条指令之前被复制到程序计数器中。换句话说，下一个要提取的指令将位于内存地址 0x05DE 处。

与绝对分支指令不同，相对分支指令不指定确切的存储器地址。相反，相对分支指令计算相对于程序计数器值的正负增量。例如，指令

br　+8

指定分支到当前位置之后 8 个字节的位置（即大于程序计数器的当前值）。

为了实现相对分支，处理器将分支指令中的操作数和程序计数器值相加，并将结果存放在内部地址寄存器 A 中。例如，如果相对分支计算出 −12，则下一条要执行的指令将在当前指令之前 12 个字节的位置。编译器可能会在短 while 循环中使用相对分支。

大多数处理器还提供调用子程序的指令，通常为 jsr（跳转子程序）。就取指 − 执行周期而言，jsr 指令的操作与分支指令相似，但有一个关键区别：在分支发生之前，jsr 指令保存地址寄存器 A 的值。当执行完成时，子例程返回调用它的程序。为了实现这一操作，子程序执行一条绝对分支，跳转回保存的地址。因此，当子程序结束时，取指 − 执行周期在 jsr 的下一条指令处重新开始。

5.20　子程序调用、参数以及寄存器窗口

高级语言使用子程序调用指令（如 jsr）来实现子程序或函数调用。调用程序提供了一组参数供子程序计算时使用。例如，函数调用 cos（3.14159）将浮点常量 3.14159 作为参数。

处理器之间的主要区别之一在于底层硬件将参数传递给子程序的方式。一些体系结构使用内存——在调用之前参数存储在内存的堆栈中，子程序在引用时从堆栈中取值。在其他体系结构中，处理器使用通用寄存器或专用寄存器来传递参数。

使用专用寄存器或通用寄存器传递参数比在存储器中使用堆栈要快得多，因为寄存器是处理器中本地存储的一部分。由于很少有处理器提供专用寄存器用于参数传递，所以通常使用通用寄存器。不幸的是，通用寄存器不能独占地用于传递参数，因为它们也需要用于其他计算（例如，保存用于算术运算的操作数）。因此，程序员需要权衡：使用通用寄存器传递参数可以提高子程序调用的速度，但使用寄存器来保存数据值可以提高一般计算的速度。因此，程序员必须选择哪些参数保存在寄存器中，哪些存储在内存中[⊖]。

一些处理器包含参数传递优化，称为寄存器窗口。尽管处理器具有大量的通用寄存器，但寄存器硬件只能在某一时刻开放寄存器的一个子集。该子集称为窗口。每次调用子程序时，窗口自动移动，并在子程序返回时移回。更重要的是，窗口可用于程序和子程序的重叠——调用程序可见的某些寄存器对子程序同样可见。调用者在调用子程序之前将寄存器中的参数放置在重叠的寄存器中，子程序从这些寄存器中取值。图 5.8 展现了寄存器窗口的概念。

⊖　附录 C 描述了 x86 架构使用的调用顺序，附录 D 解释了 ARM 体系结构如何在寄存器和内存中传递一些参数。

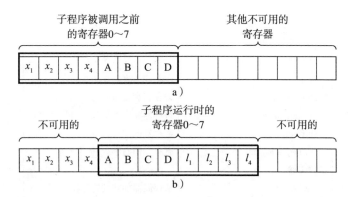

图 5.8 寄存器窗口的示意图：a) 子程序调用之前；b) 在调用期间。A、B、C 和 D 对应于传递的参数

图 5.8 中，硬件有 16 个寄存器，但任何时候只有 8 个寄存器可用，其他寄存器不可用。程序一直可以引用编号为 0 到窗口大小减 1 之间的寄存器（在本例中为 0 到 7）。当调用子程序时，硬件通过滑动窗口来更改可见的寄存器组。在这个例子中，调用前，可见的是编号为 4 到 7 的寄存器，调用后，可见的是编号为 0 到 3 的寄存器。因此，调用程序将参数 A 到 D 放入寄存器 4 到 7 中，而子程序在寄存器 0 到 3 中查找参数。值为 x_i 的寄存器仅对调用程序可见。寄存器窗口方法的优点是不在当前窗口寄存器中保留它们的值。所以，当被调用子程序返回时，窗口将会回退，并且具有值 x_i 的寄存器将与调用之前的完全相同。

图 5.8 使用一个小窗口（8 个寄存器）来简化示意图。实际上，使用寄存器窗口的处理器通常具有更大的窗口。例如，Sparc 架构有 128 或 144 个物理寄存器，窗口大小为 32 个寄存器；然而，窗口中只有 8 个寄存器重叠（即只有 8 个寄存器可用于传递参数）。

5.21 一个示例指令集

示例指令集将有助于阐明上述概念。我们选择 MIPS 处理器作为例子有两个原因。首先，MIPS 处理器在嵌入式系统中很受欢迎。其次，MIPS 指令集是 RISC 处理器提供的指令集的典型例子。图 5.9 列出了 MIPS 指令集中的指令。

指令	含义
算术	
add	整数加法
subtract	整数减法
add immediate	整数加法（寄存器 + 常量）
add unsigned	无符号整数加法
subtract unsigned	无符号整数减法
add immediate unsigned	无符号和常数加法
move from coprocessor	访问协处理器寄存器
multiply	整数乘法
multiply unsigned	无符号整数乘法
divide	整数除法
divide unsigned	无符号整数除法
move from Hi	访问高位寄存器
move from Lo	访问低位寄存器

图 5.9 一个示例指令集，列出了由 MIPS 处理器提供的说明

指令	含义
逻辑（布尔运算）	
and	逻辑与（两个寄存器）
or	逻辑或（两个寄存器）
and immediate	寄存器和常量的与
or immediate	寄存器和常量的或
shift left logical	寄存器向左移 N 位
shift right logical	寄存器向右移 N 位
数据传输	
load word	从存储器加载到寄存器
store word	将寄存器的值存入内存
load upper immediate	将常数放在寄存器的高 16 位中
move from coproc. register	从协处理器中获取一个值
条件分支	
branch equal	如果两个寄存器的值相同则分支
branch not equal	如果两个寄存器的值不同则分支
set on less than	比较两个寄存器
set less than immediate	比较寄存器和常数
set less than unsigned	比较无符号寄存器
set less than immediate	比较无符号寄存器和常数
非条件分支	
jump	跳转到目标地址
jump register	跳转到寄存器存储的地址
jump and link	程序调用

图 5.9 （续）

MIPS 处理器包含 32 个通用寄存器，大多数指令要求操作数和结果存放在寄存器中。例如，加法指令需要三个操作数，用寄存器存储——该指令将前两个寄存器的内容相加并将结果放入第三个寄存器。

除了图 5.9 中列出的整数指令之外，MIPS 体系结构还为单精度（即 32 位）和双精度（即 64 位）浮点值定义了一组浮点指令。硬件提供了一组 32 个浮点寄存器。虽然它们的编号从 0 到 31，但浮点寄存器完全独立于通用寄存器。

为了处理双精度值，浮点寄存器成对运行。也就是说，浮点指令中只能指定偶数浮点寄存器作为操作数或目标——硬件将指定的寄存器和下一个奇数寄存器作为组合存储单元来保存双精度值。图 5.10 总结了 MIPS 浮点指令集。

指令	含义
算术	
FP add	浮点加法
FP subtract	浮点减法
FP multiply	浮点乘法
FP divide	浮点除法
FP add double	双精度加法

图 5.10 由 MIPS 架构定义的浮点（FP）指令，双精度值占用两个连续的浮点寄存器

指令	含义
FP subtract double	双精度减法
FP multiply double	双精度乘法
FP divide double	双精度除法
数据传输	
load word coprocessor	将值加载到 FP 寄存器中
store word coprocessor	将 FP 寄存器的值存储到内存中
条件分支	
branch FP true	如果 FP 条件为真则分支
branch FP false	如果 FP 条件为假则分支
FP compare single	比较两个 FP 寄存器
FP compare double	比较两个双精度值

图 5.10　（续）

5.22　极简化的指令集

看起来图 5.9 中列出的说明不够充分，需要额外的说明。例如，MIPS 架构不包括将寄存器内容复制到另一个寄存器的指令，也不包括可以将内存值与寄存器内容相加的指令。要理解这些选择，了解 MIPS 指令集支持的两个原则非常重要：速度和极简主义。首先，基本指令集经过精心设计以确保高速运行（即使用流水线时，体系结构具有每个时钟周期都能完成一条指令的特性）。其次，指令集是极简的——它包含处理标准计算的尽可能少的指令。限制指令数量是设计的关键点，选择 32 条指令意味着一个操作码只需要 5 位，并且不会浪费这些位的组合。

MIPS 架构的一个特征（也被用于其他 RISC 处理器）有助于实现极简主义——快速访问零值。在 MIPS 的情况下，寄存器 0 提供了寄存器被保留并且值始终是零的机制。

因此，为了测试寄存器是否为零，可以将该值与寄存器 0 进行比较。同样，寄存器 0 可以用于任何指令。例如，要将一个值从一个寄存器复制到另一个寄存器，可以使用加法指令，其中两个操作数中的一个为寄存器 0。

5.23　正交性原则

除了上面讨论的指令集的技术方面之外，架构师还必须考虑设计的美学。特别是，架构师追求优雅。优雅与人类的认知有关：指令集对程序员来说如何？指令如何组合起来处理常见的编程任务？指令是否平衡（如果该组包括右移，是否也包括左移）？优雅需要主观判断。然而，使用指令集的经验往往可以帮助工程师和程序员认识和欣赏优雅。

优雅的一个特别方面（即正交性），专注于消除指令之间不必要的重复和重叠。我们说如果每条指令执行一个独特的任务，则指令集是正交的。正交指令集对于程序员来说具有重要优势：正交指令更容易理解，并且程序员不需要在执行相同任务的多条指令中进行选择。正交性非常重要，已成为处理器设计的一般原则。总结一下：

> 正交性原则规定每条指令应该执行一个独特的任务，而不复制或重叠其他指令的功能。

5.24 条件码和条件分支

在许多处理器上，执行一条指令生成一个状态，状态会存储在一个内部的硬件装置中。之后的指令可以使用这些状态来决定如何继续。例如，当它执行算术指令时，ALU 设置一个内部寄存器，称为条件码，包含记录结果是正数、负数、零还是发生算术溢出的位。在算术运算之后的条件分支指令可以测试一个或多个条件码位，并使用结果确定是否分支。

我们用一个例子来阐明如何使用条件码机制[⊖]。为了理解这个范例，考虑用于测试两个值是否相等的程序。为简单起见，假设目标是，如果寄存器 4 的内容不等于寄存器 5 的内容，则将寄存器 3 设置为零。图 5.11 包含示例代码。

```
    cmp  r4, 5  # 比较寄存器 4 和 5，并设置条件码
    be   lab1   # 如果条件码相等分支到 lab1
    mov  r3, 0  # 将 0 存入寄存器 3 中
lab1:…程序在这个位置继续
```

图 5.11　使用条件码的例子。ALU 操作设置条件码，后面的条件分支指令测试条件码

5.25　小结

每个处理器定义一个指令集，该集合由处理器所支持的操作组成，其选择是程序员的便利性和硬件效率之间的折中。在一些处理器中，每条指令的长度相同，而另一些处理器的指令长度不同。

大多数处理器都包含少量通用寄存器组，它们是高速存储机制。要使用寄存器编程，需要将内存中的值加载到寄存器中，执行计算，并将寄存器的结果存储到内存中。为了优化性能，程序员把将再次使用的值保留在寄存器中。在某些体系结构中，寄存器被分为多个存储体，程序员必须确保每条指令的操作数来自不同的存储体。

处理器可以分为 CISC 和 RISC 两大类，取决于它们是否包含许多复杂的指令或一组最简单的指令。RISC 体系结构使用指令流水线确保每个指令都可以在一个时钟周期内完成。程序员可以通过重新编排代码来优化性能，以避免流水线停顿。

为了实现条件执行（例如，if-then-else），许多处理器依赖于条件码机制——ALU 指令设置条件码，并且之后的指令（条件分支）测试条件码。

习题

5.1　在调试程序时，程序员使用一个工具来显示内存的内容。当程序员将工具指向存放指令的内存位置时，该工具将打印三个带有标签的十六进制值：

$$OC=0x43 \quad OP1=0xff00 \quad OP2=0x0324$$

这些标签（OC、OP1、OP2）的缩写是什么？

5.2　如果计算机上的算术硬件要求操作数在不同的（寄存器）存储体中，那么需要什么指令序列来计算以下内容？

```
A  ←  B - C
Q  ←  A * C
W  ←  Q + A
Z  ←  W - Q
```

⊖ 第 9 章介绍了使用条件码进行编程并提供了更多示例。

5.3 假设你正在为一台计算机设计一个指令集，可以执行布尔与、或、非和异或操作。分配操作码并指出每条指令的操作数。当你的指令被存储在内存中时，需要多少位来保存操作码？

5.4 如果计算机可以对 16 位整数、32 位整数、32 位浮点值和 64 位浮点值进行加、减、乘、除，则需要多少个不同的操作码？（提示：假定为每个操作和每个数据大小设置一个操作码。）

5.5 一名计算机设计师吹嘘说能够设计一台计算机，其中每条指令都占 32 位。这种设计的优点是什么？

5.6 将 ARM 公司拥有的 ARM 体系结构、Oracle 公司拥有的 SPARC 体系结构和英特尔公司拥有的英特尔架构分类为 CISC 或 RISC。

5.7 考虑一个 N 段流水线，假设流水段 i 用时为 t_i，流水段之间没有延迟，那么流水线花费在处理单个指令上的总时间（从头到尾）是多少？

5.8 在下面的代码中插入 nop 指令来消除流水线停顿（假设流水线如图 5.5 所示）。

```
loadi    r7, 10        # 把 10 放在寄存器 7 中
loadi    r8, 15        # 将 15 放入寄存器 8
loadi    r9, 20        # 把 20 放在寄存器 5 中
addrr    r10, r7, r8   # 寄存器 7 与 8 相加，把结果放在寄存器 10 中
movr     r12, r9       # 将寄存器 9 复制到寄存器 12
movr     r11, r7       # 将寄存器 7 复制到寄存器 11
addri    r14, r11, 27  # 27 与寄存器 11 相加，把结果放在寄存器 14 中
addrr    r13, r12, r11 # 寄存器 11 与 12 相加，把结果放在寄存器 13 中
```

## 第 6 章

Essentials of Computer Architecture, Second Edition

数据通路和指令执行

6.1 引言

第 2 章介绍了数字逻辑并描述用于创建数字系统的基本硬件构建块。该章涵盖了基本逻辑门，并展示了如何用晶体管构造逻辑门。该章还介绍了时钟的重要概念，并演示了时钟如何允许数字电路执行一系列操作。接下来的章节描述了数据如何用二进制表示，并涵盖了处理器和指令集的介绍。

本章介绍如何将数字逻辑电路组合起来构建计算机。本章回顾了一些功能单元，例如算术逻辑单元和存储器等，并展示了这些单元是如何相互连接的。最后，本章将解释不同单元如何相互作用来执行计算。本书后续章节将扩展讨论，更详细地研究处理器和内存系统。

6.2 数据通路

如何组织硬件设计可编程计算机的主题非常复杂。架构师并没有关注大型设计的所有细节，而是首先描述主要硬件部件及其互连。在较高的层面上，我们只关心如何从内存中读取指令以及如何执行指令。因此，高层描述忽略了许多细节，并且只显示了执行指令时数据项移动的互连。比如，当我们考虑加法操作时，我们将看到两个操作数传送到 ALU 的数据通路，以及将结果传送到另一个单元的数据通路。我们的示意图不会显示其他细节，例如电源和接地连接或控制连接。计算机架构师使用术语数据通路来描述这种思想，数据通路图用于形象地描述数据通路。

为了清晰地讨论数据通路，我们将考虑一个简化的计算机。简化内容包括：
- 我们的指令集只包含四条指令。
- 我们假设程序已经加载到内存中。
- 我们忽略启动并假定处理器正在运行。
- 我们假定每个数据项和每条指令占用的都是 32 位。
- 我们只考虑整数运算。
- 我们完全忽略错误条件，例如算术溢出。

尽管示例计算机非常简单，但我们所讨论的基本硬件单元与传统计算机完全相同。因此，该示例足以说明主要硬件部件，示例互连足以说明如何设计数据通路。

6.3 示例指令集

如前一章所述，新的计算机设计必须从指令集的设计开始。一旦指定了详细的指令，计算机架构师就可以设计执行每条指令的硬件。为了说明硬件是如何组织的，我们将考虑具有以下属性的设想计算机：
- 一组 16 个通用寄存器[⊖]。

⊖ 硬件工程师通常使用术语寄存器文件来指代一个硬件单元，它实现了一组寄存器；我们将简单地将它们称为寄存器。

- 存放指令的存储器（即程序）。
- 保存数据项的单独内存。

每个寄存器可以保存 32 位整数值。指令存储器包含一系列要执行的指令。如上所述，我们忽略启动步骤，并假定程序已被放入指令存储器。数据存储器保存数据值。我们还假定计算机上的两个存储器都是按字节寻址的，这意味着为存储器的每个字节分配了一个地址。

图 6.1 列出了设想的计算机实现的四条基本指令。

指令	含义
add	将两个寄存器中的整数相加并将结果放在第三个寄存器中
load	将数据存储器中的整数加载到寄存器中
store	将寄存器中的整数存储到数据存储器中
jump	跳转到指令存储器中的新位置

图 6.1 四条示例指令，各自使用的操作数以及指令的含义

加法（add）指令是最容易理解的——指令从两个寄存器获取整数值，将这些值相加，并将结果存入第三个寄存器。例如，考虑加法指令，其指定寄存器 2 和寄存器 3 的内容相加并将结果存入寄存器 4。如果寄存器 2 包含 50，寄存器 3 包含 60，那么这样的加法指令将把 110 存入寄存器 4 中（即，寄存器 2 和寄存器 3 中的整数之和）。

在汇编语言中，通过给出指令名称，接着给出操作数来指定这样的指令。例如，程序员可以编写前一段中描述的加法指令：

```
add    r4, r2, r3
```

其中符号 rX 用于指定寄存器 X。第一个操作数指定目的寄存器（结果存放的位置），另外两个指定源寄存器（指令获取用于相加的值）。

加载（load）和存储（store）指令将数值在数据存储器和寄存器之间移动。像许多商业处理器一样，设想处理器要求加法指令的两个操作数都在寄存器中。与商用计算机一样，设想处理器具有大量数据存储器，但只有少数寄存器。因此，要将两个内存中的整数相加，这两个值必须加载到寄存器中。加载指令复制内存中的一个整数，并将副本放入一个寄存器中。存储指令以相反的方向移动数据：它将当前在寄存器中的值复制到内存中成为整数。

加载或存储指令的一个操作数指定寄存器，用于存储或读取值。另一个操作数更有趣，因为它展示了许多商用处理器上的一个特性：单个操作数结合了两个值。内存操作数不是使用单个常量来指定内存地址，而是包含两个部分。一部分指定一个寄存器，另一部分指定一个常被称为偏移量的常量。当指令执行时，处理器从指定寄存器读取当前值，与偏移量相加，并将结果用作存储器地址。

一个例子将解释这个思路。考虑从内存中读取值到寄存器 1 的加载指令。这样的指令可以写成：

```
load    r1, 20(r3)
```

其中第一个操作数指定读取的值要存入寄存器 1。第二个操作数指定存储器地址，这个地址通过将偏移量 20 和寄存器 3 的当前内容相加计算得到。

为什么处理器设计成使用指定寄存器加上偏移量来指定操作数？使用这种形式可以轻松高效地遍历数组。第一个元素的地址放在一个寄存器中，元素的字节大小可以通过使用操作数的常量部分来访问。要移动到数组的下一个元素，寄存器会增加一个元素字节大小。目前，我们只需要了解使用这些操作数，并考虑如何设计实现它们的硬件。

举例来说，假设寄存器 3 包含值 10 000，并且上面所示的加载指令指定偏移量 20。当执行指令时，硬件将 10 000 和 20 相加，结果作为存储器地址，将 10 020 位置的整数读入寄存器 1。

第四条指令，跳转（jump）指令通过给处理器一个指令存储器中的地址来控制执行流程。通常，设想处理器就像普通的处理器一样，通过执行指令然后自动移动到内存中的下一条指令。但是，当它遇到跳转指令时，处理器不会移动到下一条指令。相反，处理器使用跳转指令中的操作数来计算内存地址，然后开始在该地址执行。

像加载和存储指令一样，跳转指令允许在其操作数中指定寄存器和偏移量。例如，指令

```
jump    60(r11)
```

指定处理器应该获得寄存器 11 的内容，加上 60，将结果作为指令存储器中的地址，并使该地址成为执行指令的下一个位置。现在理解处理器为什么包含跳转指令并不重要——你只需要了解硬件如何处理在程序中移动到新位置。

6.4　内存中的指令

设想的计算机上的指令存储器包含处理器执行的指令集，每条指令占用 32 位。计算机设计者通过指定每个位的含义来指定每条指令的确切格式。图 6.2 显示了设想计算机的指令格式。

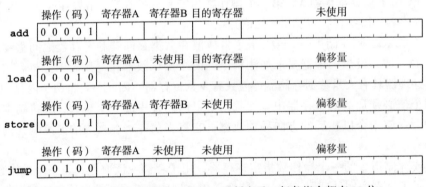

图 6.2　四条指令（见图 6.1）的二进制表示，每条指令都有 32 位

仔细查看每条指令中使用的字段。尽管某些指令中不需要某些字段，但每个指令的格式完全相同。统一的格式可以很容易地设计从指令中提取字段的硬件。

指令中的操作字段（有时称为操作码（opcode）字段）包含一个用于指定操作的值。在我们的例子中，加法指令将操作字段设置为 1，加载指令将操作字段设置为 2，依此类推。因此，当它提取指令时，硬件可以使用操作字段来决定执行哪个操作。

含有寄存器的三个字段以其名称指定三个寄存器。只有加法指令需要全部三个寄存器；在其他指令中，有一个或两个寄存器字段没有使用。除加法指令之外，执行其他指令时，硬件会忽略未使用的字段。

指令中操作数的顺序可能看起来出乎意料，和上述代码不一致。例如，加法指令的代码在左边有目的寄存器（包含结果的寄存器），在右边有两个寄存器。在指令中，指定要相加的两个寄存器的字段位于指定目标字段之前。图 6.3 显示了一个程序员写的语句，以及当它转换为内存中的位时的指令。我们可以总结一下：

汇编语言程序中操作数的顺序为方便程序员而设计；存储器中的指令操作数顺序以使硬件高效为目标。

$$\boxed{\texttt{add r4, r2, r3}}$$
a)

操作	寄存器A	寄存器B	目的寄存器	偏移量
0 0 0 0 1	0 0 1 0	0 0 1 1	0 1 0 0	0 0 0 0 0 0 0 0 0 0 0 0 0 0 0 0 0 0 0

b)

图 6.3　a）程序员看到的加法指令的例子；b）存储在内存中的对应指令

在图 6.3 中，标记为寄存器 A 的字段包含 2 以指定寄存器 2，标记为寄存器 B 的字段包含 3 以指定寄存器 3，并且标记为目的寄存器的字段包含 4 以指定结果应放置在寄存器 4 中。

当我们研究硬件时，我们会看到用于指令的二进制表示法并非没有规律可循——这种格式为了简化硬件而设计。例如，如果一条指令具有一个指定存储器地址的操作数，则操作数中的寄存器总是分配给标记为寄存器 A 的字段。因此，如果硬件必须将偏移量添加到寄存器，则寄存器总是在字段寄存器 A 中找到。同样，如果一个结果值必须放在一个寄存器中，该寄存器可在字段目的寄存器中找到。

6.5　移到下一条指令

第 2 章说明了如何使用时钟来控制固定序列步骤的时序。构建计算机需要一个额外的转折：一个计算机是可编程的，而不是一个固定的步骤序列，这意味着尽管计算机有硬件来执行每一条可能的指令，但执行的指令的确切顺序不是预定的。相反，程序员在内存中存储程序，处理器在内存中遍历，每次获取并执行一条后续的指令。接下来将说明如何利用数字逻辑电路来实现可编程性。

需要哪些硬件来执行内存指令？一个关键元素称为指令指针。指令指针由一个处理器的寄存器（即一组锁存器）组成，该寄存器保存要执行的下一条指令的存储器地址。例如，我们想象一台具有 32 位内存地址的计算机，指令指针将保存 32 位值。为了执行指令，硬件重复以下三个步骤。

- 使用指令指针作为内存地址，并获取一条指令。
- 使用指令中的位来控制执行操作的硬件。
- 将指令指针移至下一条指令。

移动到下一条指令的机制是可以执行指令的处理器的重要组成部分。在从指令存储器中提取指令后，处理器必须计算紧接着的下一条指令的存储器地址。因此，一旦给定指令已经执行，处理器就准备好执行下一个顺序指令。

在我们的示例计算机中，每条指令占用内存中的 32 位。但是，内存是字节寻址的，这意味着在执行指令后，硬件必须将指令指针增加四个字节（32 位）才能移动到下一条指令。本质上，处理器必须在指令指针中加 4，并将结果写回指令指针。为了执行计算，将常数 4 和当前指令指针值传递给 32 位加法器。图 6.4 说明了用于递增指令指针的基本部件，并显示了部件如何互连。

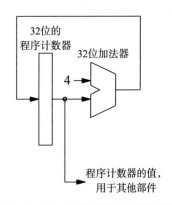

图 6.4 中的电路似乎是一个无限循环，它将持续不断地增加程序计数器。为了理解电路的工作原理，回想一下时钟用于控制和同步数字电路。对于程序计数器，时钟只允许在执行指令后递增。尽管没有显示时钟，但我们将假定电路的每个部件都连接到时钟，而部件仅根据时钟动作。因此，加法器将立即计算一个新的值，但程序计数器在时钟脉冲到来之前不会更新。在我们的讨论中，将假设每条指令产生一次时钟脉冲。

图 6.4 中的每一条线表示由多根平行线组成的数据通路。在该图中，每个数据通路是 32 位宽。也就是

图 6.4　用于递增程序计数器的硬件

说，加法器需要两个输入，这两个输入都是 32 位。指令指针的值很明显，因为指令指针有 32 位。另一个输入，用标号 4 标记，代表一个 32 位常数，数值为 4。也就是说，我们可以想象三十二根导线中，除了第三根导线之外，其余都是零。加法器计算总和，并产生 32 位结果。

6.6　取指令

构建计算机的下一步包括从内存中获取指令。举个简单的例子，我们假设一个专用的指令存储器存储要执行的程序，存储器硬件单元将地址作为输入，从存储器中的指定位置提取 32 位数据值。也就是说，我们将存储器想象成一个具有一组输入线和一组输出线的字节阵列。无论何时，存储器都会将输入线上的数据用作解码器的输入，选择适当的字节，并将输出线设置为字节中的值。图 6.5 说明了如何使用程序计数器中的值作为指令存储器的地址。

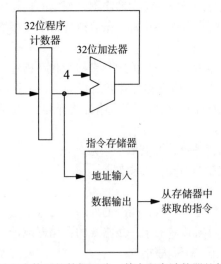

图 6.5　取指令过程中使用的数据通路，其中程序计数器的值用作存储器地址

6.7 解码指令

当一条指令从内存中取出时，它有 32 位。执行中的下一个概念上的步骤由指令解码组成。也就是说，硬件分离指令的各个字段，比如操作码、指定的寄存器和偏移量。回想一下图 6.2 中的指令位是如何组织的。由于我们对每个部分使用不同的位字段，所以指令解码是很容易的——硬件只是简单地分离操作字段所属、三个寄存器字段和偏移量字段所属的位。图 6.6 说明了如何将指令存储器的输出提供给指令解码器。

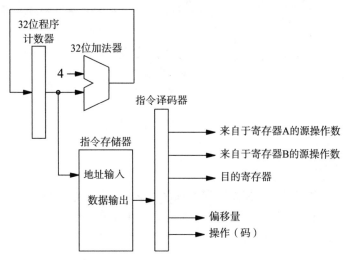

图 6.6   连接到指令存储器输出的指令译码器的示意图

在图 6.6 中，来自指令解码器的各个输出不全都具有 32 位。操作码字段由 5 位构成，寄存器的输出每个由 4 位组成，标记为偏移量的输出由 15 位组成。因此，我们可以将数据通路图中的一条线想象为表示一个或多个数据位。

理解解码器如何将指令中各字段解码输出很重要。例如，标有偏移量的路径包含来自指令的 15 个偏移位。同样，标注为寄存器 A 的数据通路仅包含指令中寄存器 A 字段的四位。关键在于，寄存器 A 的数据只指定要使用哪个寄存器，并且不包含当前寄存器中的值。我们可以总结一下：

> 我们的示例指令解码器仅从指令中提取各字段位而不解释字段。

与设想的计算机不同，真正的处理器可能有多种指令格式（例如，算术指令中的字段可能与存储器访问指令中的字段位于不同的位置）。此外，真正的处理器可能具有可变长度指令。因此，指令解码器可能需要根据操作来决定字段的位置。尽管如此，这个原则仍然适用：解码器从指令中提取字段并将每个字段传递给数据通路。

6.8 连接到寄存器单元

指令的寄存器字段用于选择指令中使用的寄存器。在我们的例子中，跳转指令使用一个寄存器，加载或存储指令使用两个，而一个加法指令使用三个。因此，如图 6.7 所示，三个可能的寄存器字段都必须连接到寄存器存储单元。

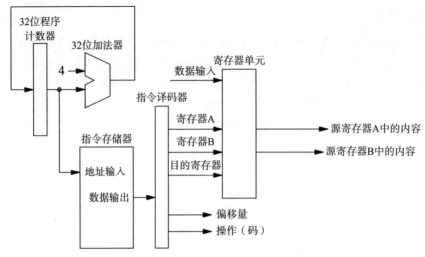

图 6.7   连接到指令解码器的寄存器单元的示意图

6.9   控制和协调

尽管所有的 3 个寄存器字段都连接到了寄存器单元，但寄存器单元并不总是用到所有这 3 个寄存器字段。相反，寄存器单元包含一个逻辑，用于确定给定指令是从寄存器读取现有值还是将数据写入其中一个寄存器。特别是，加载和加法指令每个都将结果写入寄存器，但跳转和存储指令不会。

看起来指令的操作（码）部分应该被传递给寄存器单元，让它知道如何处理。为了理解为什么图 6.7 中没有显示指令剩余字段和寄存器单元之间的连接，请记住，我们只是在探讨数据通路（即数据可以流动的硬件路径）。在实际的计算机中，图中所示的每个单元会具有传送控制信号的附加连接。例如，每个单元必须接收一个时钟信号，以确保在正确的时间采取行动（例如，确保数据存储器在计算出正确的地址之前不存储数据）。

实际上，大多数计算机使用附加的硬件单元（称为控制器）来协调整体数据移动和每个功能单元。控制器必须和其他的每一个单元有一个或多个连接，并且必须使用指令的操作字段来确定每个单元如何操作以执行指令。例如，在示意图中，控制器和寄存器单元之间的连接将用于指定寄存器单元是否应该获取一个或两个寄存器的值，以及该单元是否应接受要放入寄存器的数据。现在，我们将假设有一个控制器来协调所有单元的操作。

6.10   算术运算和复用

我们的示例指令集说明了一个重要原则：硬件的设计目标是重用功能单元。比如算术运算，只有加法指令直接显式地进行算术运算。一个真正的处理器会有几个算术运算和逻辑运算指令（例如，减法、移位、逻辑和等），并且将使用指令中的操作字段来决定应该执行哪个算术逻辑运算单元。

我们的指令集还有一个与加载、存储和跳转指令相关的隐式算术运算。在执行这些指令时都需要执行加法操作。即，处理器必须将在指令中得到的偏移值和寄存器的值相加，然后将得到的和作为内存地址。

问题是：处理器是需要单独的硬件单元来计算地址，还是应该将单个算术逻辑运算单元同时用于算术计算和地址计算？这样的问题是处理器设计的基础。单独的功能单元具有速度和易于设计的优点，实现多种功能的重用单元具有耗电少的优点。

我们的设计阐述了重用模式。像许多处理器一样，我们的设计包含一个执行所有算术运算⊖的算术逻辑单元（ALU）。在示例指令集中，算术逻辑单元的输入可以有两个来源：一对寄存器，或一个寄存器和一个指令的偏移量字段。硬件单元如何在多个输入源中进行选择？适应两种可能输入的机制称为多路复用器。其基本思想是多路复用器具有 K 个数据输入，一个数据输出和用于选择输入源的一组控制线。要理解如何使用多路复用器，见图 6.8，它显示了寄存器单元和算术逻辑单元之间的多路复用器。查看该图时，请记住，图中的每一条线代表一个包含 32 位的数据通路。因此，多路复用器的每个输入与输出一样包含 32 位。多路复用器从两个输入中选择其一，选中它的全部 32 位并将它们发送到输出。

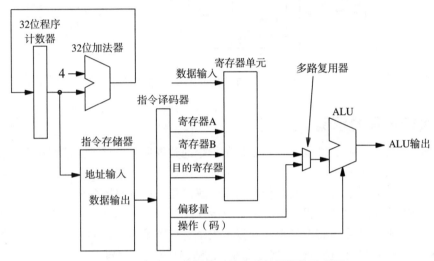

图 6.8　为 ALU 选择输入的多路复用器的示意图

在图 6.8 中，多路复用器的输入来自寄存器单元和指令中的偏移量字段。多路复用器如何选择输入？回想一下，我们的图只显示数据通路。另外，处理器包含一个控制器，所有单元都连接到控制器。当处理器执行加法指令时，控制器发信号通知多路复用器选择来自寄存器单元的输入。当处理器执行其他指令时，控制器指定多路复用器选择来自指令中偏移量字段的输入。

注意指令的操作字段被传给算术逻辑单元。这样可以让算术逻辑单元知道要执行哪个操作。在算术或逻辑指令（例如，加、减、右移、逻辑和）的情况下，算术逻辑单元根据操作执行相应的动作。在其他指令的情况下，算术逻辑单元执行加法。

6.11　涉及存储器中数据的操作

当执行加载或存储操作时，计算机必须引用数据存储器中的内容。执行这些操作时，算术逻辑单元将指令中的偏移量和一个寄存器的值相加，并将结果用作内存地址。在我们的简化设计中，用于存储数据的存储器与用于存储指令的存储器是分开的。图 6.9 说明了用于连接数据存储器的数据通路。

　　⊖　增加程序计数器的值是一种特殊情况。

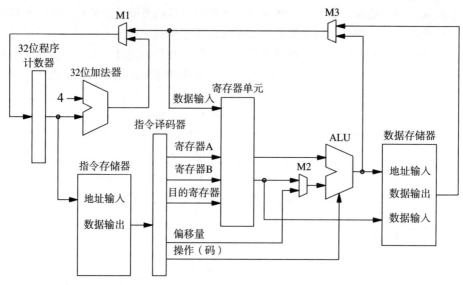

图 6.9   包含数据存储器的数据通路示意图

6.12   执行过程的示例

要理解计算如何进行，需要考虑用于每条指令的数据通路。接下来解释这个过程。在每种情况下，程序计数器都会给出一条指令的地址，该指令被传递给指令存储器。指令存储器从存储器阵列中取出值，并将所有位传递给指令解码器。该解码器分离指令的各个字段并将它们传递给相应单元。其余的操作取决于对应指令。

加法。对于加法指令，寄存器单元获得了三个寄存器编号，它们沿着标有寄存器 A、寄存器 B 和目的寄存器的路径传递。寄存器单元获取前两个寄存器中的值，并将其传递给算术逻辑单元（ALU）。寄存器单元也准备写入第三个寄存器。ALU 使用操作码来确定是否需要相加。为了允许寄存器单元中寄存器 B 的输出到达 ALU，控制器（未示出）必须设置多路复用器 M2 传递来自寄存器 B 的值，并忽略来自指令解码器的偏移值输入。控制器必须设置多路复用器 M3 将来自 ALU 的输出传送到寄存器单元的数据输入端，并且必须将多路复用器 M1 设置为忽略来自 ALU 的输出。一旦 ALU 的输出连接到寄存器单元的输入端上，寄存器单元将该值存储在标有目的寄存器的路径所指定的寄存器中，操作完成。

存储。从存储器中取出存储指令并解码后，寄存器单元获取寄存器 A 和 B 的值，并将它们放置在其输出线上。多路复用器 M2 设置为将偏移量字段传递给 ALU 并忽略寄存器 B 的值。控制器指示 ALU 执行加法，该加法将寄存器 A 的内容和偏移量相加。所产生的和作为地址传递到数据存储器。同时，寄存器 B 的值（寄存器单元的第二个输出）被传送到数据存储器的数据输入端。控制器指示数据存储器执行写操作，写操作将寄存器 B 的值写入由地址线上的值指定的位置，操作完成。

加载。在读取并解码出加载指令后，控制器设置多路复用器 M2，以便 ALU 从指令中接收寄存器 A 的内容和偏移量字段。与存储操作一样，控制器指示 ALU 执行加法，结果作为地址传递到数据存储器。控制器发信号通知数据存储器执行读取操作，这意味着数据存储器的输出是地址输入给定位置处的值。控制器必须将多路复用器 M3 设置为忽略 ALU 的输出，沿着寄存器单元的路径传递数据存储器的输出数据。控制器发信号通知寄存器单元将其输入值存储在目的寄存器指定的寄存器中。一旦寄存器单元存储该值，指令的执行就完成了。

跳转。在跳转指令被取出并解码之后，控制器设置多路复用器 M2 从指令中传递偏移量字段，并指示 ALU 执行加法。ALU 将偏移量与寄存器 A 的内容相加。要将结果用作地址，控制器会将多路复用器 M3 设置为传递 ALU 的输出并忽略数据存储器的输出。最后，控制器设置多路复用器 M1 将来自 ALU 的值传递给程序计数器。因此，ALU 的结果成为 32 位程序计数器的输入。程序计数器接收并存储该值，该指令完成。回想一下，程序计数器总是指定下一条指令的内存地址。因此，当执行下一条指令时，将从前一条指令中计算的地址中提取出来（即程序将跳转到新的位置）。

6.13　小结

计算机系统是可编程的，这意味着计算机不是将整个操作序列硬连线成数字逻辑，而是执行来自存储器的指令。可编程性提供了强大的计算能力和灵活性，允许通过将新程序加载到内存中来改变计算机的功能。虽然执行指令的计算机的总体设计很复杂，但基本部件并不难理解。

计算机由多个硬件部件组成，如程序计数器、存储器、寄存器单元和 ALU。部件之间的连接构成计算机的数据通路。我们研究了一系列足以执行基本指令的部件，并探讨指令取指、译码和执行步骤的硬件，包括寄存器和数据访问。指令编码以硬件设计更容易作为目标——指令字段被提取并传递到每个硬件单元。

除了数据通路外，控制器还连接着每个硬件单元。多路复用器是允许控制器在硬件单元之间切换传送数据的重要机制。实质上，每个多路复用器都可以作为一种开关，允许将来自多个源之一的数据发送到给定的输出。当指令执行时，控制器使用指令字段确定在执行过程中如何设置多路复用器。多路复用器允许单个 ALU 计算地址偏移量以及计算算术操作。

我们讨论了基本指令的执行情况，并了解了计算机中数据通路上的多路复用器如何控制哪些值传递给给定的硬件单元。例如，我们看到，多路复用器可以选择程序计数器加 4 以移动到下一条指令，还是用 ALU 的输出取代该值（执行跳转）。

习题

6.1　示例系统是否遵循冯·诺依曼体系结构？请给出理由。

6.2　请参考图 6.3，写出下列指令存储在内存中的每一位：

```
add  r1, r14, r9
```

6.3　请参考图 6.3，写出下列指令存储在内存中的每一位：

```
load  r7, 43(r15)
```

6.4　为什么下面的指令无效？

```
jump  40000(r15)
```

提示：考虑将指令存储在内存中。

6.5　本章介绍的例子使用四条指令。给定图 6.2 中的二进制表示，可以创建多少条指令（操作码）？

6.6　解释为什么图 6.5 中的电路不仅仅是一个疯狂运行的无限循环。

6.7　当执行跳转指令时，ALU 执行什么操作？

6.8 数据通路图（如图 6.9 中的图表）隐藏了许多细节。如果改变这个例子，每条指令都是 64 位长，那么图中必须做哪些微小的改变？

6.9 制作所有指令的表格，并说明在执行指令时如何设置每个多路复用器。

6.10 修改示例系统以包含额外的操作——右移和减法。

6.11 在图 6.9 中，在加法指令期间，哪个输入没有使用多路复用器 M1 传递？

6.12 在图 6.9 中，哪条指令使用多路复用器 M3 选择来自 ALU 的输入？

6.13 重新设计图 6.9 中的计算机系统以包含相对分支指令。假定偏移量字段包含一个有符号的值，并将该值添加到当前程序计数器，以产生程序计数器的下一个值。

6.14 图 6.9 中的系统可以处理乘法吗？请给出理由。

操作数寻址和指令表示

7.1 引言

前面的章节讨论处理器的类型并考虑处理器指令集。本章重点介绍与指令有关的两个细节：指令在内存中的表示方式以及操作数的指定方式。我们将看到，操作数的形式与程序员格外相关。我们也将理解指令表示如何确定可能的操作数形式。

下一章将通过解释如何操作中央处理单元（CPU）来继续讨论处理器。我们将看到 CPU 如何将我们已经讨论过的许多功能组合到一个大型的统一系统中。

7.2 零、一、二或三地址设计

我们说一条指令通常存储为一个操作码后面跟零个或多个操作数。需要多少操作数？第 5 章的讨论假定操作数的数量由正在执行的操作决定。因此，加法（add）指令至少需要两个操作数，因为加法涉及至少两个数。同样，布尔非（not）指令只需要一个操作数，因为逻辑反转只涉及一个数。但是，第 5 章中介绍的 MIPS 指令示例在每条指令上使用了一个额外的操作数，用于指定结果的位置。因此，在示例指令集中，add 指令需要三个操作数：两个指定要相加的值，另一个指定结果的位置。

尽管处理器的直观吸引力在于每个指令可以有任意数量的操作数，但许多处理器不允许这种方案。要理解为什么，我们必须考虑底层硬件。首先，因为任意数量的操作数意味着可变长度指令，读取和解码指令比使用固定长度指令效率低。其次，因为获取任意数量的操作数需要花费时间，处理器的运行速度比操作数固定的处理器慢。

似乎并行硬件可以解决一些低效率问题。想象一下，例如，每个并行硬件单元获取指令的一个操作数。如果一个指令有两个操作数，则两个单元同时操作；如果指令有四个操作数，则四个单元同时操作。然而，并行硬件在芯片上占用更多空间并需要额外的功率。另外，芯片上的引脚数量限制了可以并行访问芯片外部的数据量。因此，在许多情况下并行硬件不是一个有吸引力的选择（例如，使用电池供电的便携式电话中的处理器）。

一个指令集可以设计成不允许任意操作数吗？如果是这样，那么对于通用计算应该使用的最小操作数是多少？早期的计算机每条指令只有一个操作数。后来计算机引入了指令集，将每个指令限制为两个操作数。令人惊讶的是，计算机也存在本身没有操作数的指令。最后，正如我们在前一章中看到的，一些处理器将指令限制为三个操作数。

7.3 每指令零操作数

指令没有操作数的架构称为 0- 地址架构。体系结构如何允许不指定任何操作数的指令？答案是操作数必须是隐式的。也就是说，操作数的位置是已知的。0- 地址架构也称为堆栈架构，因为操作数保存在运行时堆栈中。例如，add 指令从堆栈顶部取两个值，将它们相加，然后将结果放回堆栈。当然，也有一些例外，堆栈计算机中的一些指令允许程序员指定一个操作数。例如，大多数 0- 地址架构包括一条在堆栈顶部插入一个新值的 push 指令，一条从堆栈顶部移出值并存入内存的 pop 指令。因此，在堆栈机器上，要给变量 X 加 7，可以使用类似于图 7.1 中示例的一系列指令。

```
push X
push 7
add
pop X
```

图 7.1　堆栈计算机上用于向变量 X 加 7 的指令示例。该架构称为 0- 地址架构，因为可以在堆栈中找到指令（例如 add 指令）的操作数

堆栈架构的主要缺点源于对内存的使用——从内存中获取操作数所用的时间比从处理器的寄存器中获取操作数要长得多。后面的部分讨论这个概念；现在，理解计算机行业为什么已经摆脱堆栈架构就足够了。

7.4　每指令单操作数

将每条指令限制为单个操作数的架构归类为 1- 地址设计。本质上，1- 地址设计依赖于每个指令的一个隐式操作数——称为累加器的特殊寄存器[⊖]。指令中有一个操作数，处理器使用累加器的值作为第二个操作数。一旦操作完成，处理器将结果放回累加器。我们将一条指令看作是对累加器中的值进行操作。例如，考虑算术运算。假设加法指令有一个操作数 X：

$$\text{add}\quad X$$

当它遇到该指令时，处理器执行以下操作：

$$\text{累加器} \leftarrow \text{累加器} + X$$

当然，1- 地址处理器的指令集包括允许编程人员将常数值或来自于存储器的值加载到累加器，或将累加器的当前值保存到一个存储器位置的指令。

7.5　每指令两操作数

虽然 1- 地址设计适用于算术或逻辑运算，但它不允许指令指定两个值。例如，考虑将值从一个存储位置复制到另一个存储位置。1- 地址设计需要两条指令将值加载到累加器中，然后将值存储在新位置。对于在显示内存中移动图形对象的系统，这种设计尤其效率低下。

为了克服 1- 地址系统的局限性，设计人员发明了允许每条指令具有两个地址的处理器。这种方法称为 2- 地址架构。对于 2- 地址处理器，可以将操作应用于指定的值，而不仅仅应用于累加器。因此，在 2- 地址处理器中，

$$\text{add}\quad X\quad Y$$

指定将 X 的值添加到 Y 的当前值：

$$Y \leftarrow Y + X$$

因为它允许指令指定两个操作数，所以 2- 地址处理器可以提供数据移动指令，将操作

　⊖　可以认为第 5 章讨论的通用寄存器是原始累加器概念的扩展。

数视为源和目标。例如，2- 地址指令可以将数据从位置 Q 直接复制到位置 R[⊖]：

$$\text{move} \quad \text{Q} \quad \text{R}$$

7.6 每指令三操作数

尽管 2- 地址设计可以处理数据移动，但是可以进一步优化，特别是对于具有多个通用寄存器的处理器，允许每条指令指定三个操作数。与 2- 地址设计不同，3- 地址架构的关键动机不是来自需要三个输入值的操作。相反，主要是第三个操作数可以指定一个目标。例如，加法操作可以指定要相加的两个值以及结果的目标位置：

$$\text{add} \quad \text{X} \quad \text{Y} \quad \text{Z}$$

指定了一个赋值：

$$\text{Z} \leftarrow \text{X} + \text{Y}$$

7.7 操作数来源和立即数

上面的讨论集中在每条指令可以具有的操作数的数量，而没有指定操作数的确切细节。我们知道，一条指令对每个操作数都有一个位字段，但是问题在于如何解释这些位。指令中每种类型的操作数是如何表示的？所有的操作数都使用相同的表示吗？一种给定表示有什么语义吗？

要理解这个问题，请注意用作操作数的数据值可以通过多种方式获得。图 7.2 列出了 3- 地址处理器中操作数的一些可能性[⊖]。

如图 7.2 所示，大多数体系结构允许操作数为常量。尽管操作数字段很小，但显式常量很重要，因为程序经常使用小的常量（例如，将循环索引增加 1）。在指令中编码一个常量更快，并且需要更少的寄存器。

我们使用术语"立即数"来指代一个常量操作数。一些体系结构将立即数解释为有符号数，一些则将其解释为无符号数，其他的一些则允许程序员指定值是有符号数还是无符号数。

> **操作数作为源（在操作中使用的项）**
> - 指令中的一个有符号常量。
> - 指令中的一个无符号常量。
> - 一个通用寄存器的内容。
> - 一个内存位置的内容。
>
> **操作数作为目标（用于保存结果的位置）**
> - 一个通用寄存器。
> - 一对连续的通用寄存器。
> - 一个内存位置。

图 7.2 在 3- 地址处理器中操作数可以引用的来源示例。源操作数指定一个值，目标操作数指定一个位置

7.8 冯·诺依曼体系结构的瓶颈

回想一下，在内存中存储程序和数据的传统计算机归类为冯·诺依曼体系结构。操作数寻址暴露了冯·诺依曼体系结构的核心弱点：内存访问可能成为瓶颈。也就是说，由于指令存储在内存中，处理器必须每条指令至少产生一次内存引用。如果一个或多个操作数指定了内存中的项，那么处理器必须产生额外的内存引用以读取或写入值。为了优化性能并避免瓶

⊖ 一些架构师保留术语 2- 地址来表示两个操作数均指定内存位置的指令，对于其中一个操作数在内存中而另一个操作数在寄存器中的情况，使用术语 "$1\frac{1}{2}$- 地址"。

⊖ 为了提高性能，现代 3- 地址架构通常限制操作数，使得给定指令中的至多一个操作数指的是内存中的某个位置，另外两个操作数必须指定寄存器。

颈，操作数必须取自寄存器而不是内存。

要点在于：

> 在遵循冯·诺依曼体系结构的计算机上，访问内存的时间会限制整体性能。架构师使用术语冯·诺依曼瓶颈来描述该情况，并通过选择在寄存器中找到操作数的设计来避免瓶颈。

7.9 显式和隐式操作数编码

操作数应该如何在指令中表示？该指令为每个操作数包含一个位字段，但是架构师必须明确指出这些位的含义（例如，它们是否包含立即数、寄存器编号或存储器地址）。计算机架构师对操作数有两种解释：隐式和显式。接下来将介绍每种方法。

7.9.1 隐式操作数编码

隐式操作数编码最容易理解：操作码指定操作数的类型。也就是说，使用隐式编码的处理器，同一个给定的操作包含多个操作码——每个操作码对应于一个可能的操作数组合。例如，图 7.3 列出了可能由使用隐式操作数编码的处理器提供的三条加法指令。

操作码	操作数	含义
Add register	R1 R2	R1 ← R1 + R2
Add immediate signed	R1 I	R1 ← R1 + I
Add immediate unsigned	R1 UI	R1 ← R1 + UI
Add memory	R1 M	R1 ← R1 + memory[M]

图 7.3   使用隐式操作数编码的 2-地址处理器的加法指令示例。每个可能的操作数组合使用一个单独的操作码

如图 7.3 所示，并非所有的操作数都需要具有相同的解释。例如，考虑 add immediate signed 指令。该指令需要两个操作数：第一个操作数解释为一个寄存器编号，第二个解释为一个有符号整数。

7.9.2 显式操作数编码

隐式编码的主要缺点在图 7.3 中很明显：一个给定操作需要多个操作码。事实上，每个操作数组合都需要一个单独的操作码。如果处理器使用许多类型的操作数，那么这组操作码可能非常大。作为替代，显式操作数编码会将类型信息与每个操作数关联起来。图 7.4 说明了使用显式操作数编码的体系结构的两条加法指令的格式。

操作码	操作数1		操作数2	
加法操作	寄存器	1	寄存器	2

操作码	操作数1		操作数2	
加法操作	寄存器	1	有符号整数	–93

图 7.4   使用显式编码的体系结构上的操作数示例。每个操作数都指定一个类型和一个值

如图 7.4 所示，操作数字段分为两个子字段：一个指定操作数的类型，另一个指定一个值。例如，引用寄存器的操作数以类型字段开头，该字段指定其余位将被解释为寄存器编号。

7.10　组合多个值的操作数

上面的讨论意味着每个操作数由从寄存器、存储器或指令本身提取的单个值组成。有些处理器确实将每个操作数限制为单个值。但是，其他处理器提供的硬件可以通过提取并组合多个来源的值来计算操作数值。通常，硬件计算几个值的总和。

一个例子将有助于阐明硬件如何处理由多个值组成的操作数。一种方法称为寄存器 – 偏移量机制。这个想法很简单：每个操作数不是由类型和值两个子字段组成，而是由三个字段组成，分别指定寄存器 – 偏移量类型、寄存器和偏移量。当它提取一个操作数时，处理器将偏移量字段的内容加到指定寄存器的内容中以获得一个值，然后将该值用作操作数。图 7.5 显示了带寄存器 – 偏移量操作数的加法指令例子。

操作码	操作数1			操作数2		
加法操作	寄存器–偏移量	2	-17	寄存器–偏移量	4	76

图 7.5　一个加法指令的例子，其中每个操作数由一个寄存器和一个偏移量组成。在操作数提取期间，硬件将偏移量加到指定的寄存器以获取操作数的值

在图 7.5 中，第一个操作数指定寄存器 2 的内容减去常数 17，第二个操作数指定寄存器 4 的内容加常数 76。当我们讨论内存时，我们会看到，在引用一个数据聚合类型（如 C 语言的结构体）时，允许通过指定一个寄存器加上一个偏移量形成一个操作数特别有用，因为指向该结构的指针可以留在寄存器中，偏移量用于引用单个项。

7.11　权衡操作数的选择

上面的讨论并不令人满意——我们似乎列出了许多设计可能性，但没有关注采用哪种方法。事实上，没有最好的选择，我们讨论的每种操作数风格都被用于实践。为什么没有一种特定的风格成为最佳？答案很简单：每种风格都代表了编程简易性、代码大小、处理速度和硬件复杂性之间的权衡。接下来的段落讨论几个潜在的设计目标，并解释其与操作数的选择有何关系。

易于编程。复杂形式的操作数使编程变得更加简单。例如，我们说允许一个操作数指定一个寄存器加上一个偏移量，使得数据聚合引用变得简单。类似地，3- 地址方法提供了显式指定目标的手段，程序员不需要编写单独的指令来将结果复制到其最终目的地。当然，为了优化编程的简易性，架构师需要权衡其他方面。

更少的指令数量。增加操作数的表达能力可以减少程序中的指令数量。例如，允许操作数指定一个寄存器和一个偏移量意味着程序不需要使用额外的指令实现偏移量与寄存器值的相加。增加每条指令的地址数量也会降低指令的数量（例如，3- 地址处理器比 2- 地址处理器需要更少的指令）。不幸的是，更少的指令需要权衡更大的指令长度。

更小的指令长度。限制操作数的数量、操作数类型的集合或操作数的最大长度使每条指令长度保持较小，因为需要更少的位来标识操作数类型或表示操作数值。特别是，只指定寄

存器的操作数的位将小于指定寄存器和偏移量的操作数的位。因此，一些最小的、功能最少的处理器将操作数限制为寄存器——除了加载和存储操作外，程序中使用的每个值必须来自寄存器。不幸的是，使每条指令减小会降低表达能力，因此会增加所需的指令数量。

更大范围的立即数值。回想第 3 章，一串 k 位可以容纳 2^k 个可能的值。因此，分配给操作数的位数决定了可以指定的立即数的数值范围。增加立即数的范围会产生更长的指令。

更快的操作数取指和解码。限制操作数的数量和每个操作数的可能类型，允许硬件更快地运行。例如，为了最大限度地提高速度，架构师避免了寄存器 - 偏移量设计，因为硬件从一个寄存器获取操作数的速度远快于计算寄存器加偏移量之后获取操作数的速度。

降低硬件尺寸和复杂性。集成电路上的空间有限，架构师必须决定如何使用该空间。解码复杂形式的操作数比解码更简单的形式需要更多的硬件。因此，限制操作数的类型和复杂性会减小所需电路的大小。当然，选择代表一种权衡：程序会更大。

要点是：

> 处理器架构师已经创建了各种操作数样式。没有单一形式对所有处理器都是最佳的，因为这种选择代表了功能、程序大小、获取值所需硬件的复杂度、性能和编程简便性之间的妥协。

7.12   内存中的值和间接引用

处理器必须提供一种访问内存中值的方法。也就是说，至少有一条指令必须有一个操作数，硬件将其解释为内存地址（本书的第三部分描述了内存和内存寻址）。访问内存中的值比访问寄存器中的值要昂贵得多。虽然它可能会使编程更容易，但每个指令引用内存的设计通常会导致性能下降。因此，程序员通常会构造代码将常用值保留在寄存器中，并仅在需要时引用内存。

有些处理器通过允许各种形式的间接寻址来扩展内存引用。例如，指定通过寄存器 6 进行间接寻址的操作数会导致处理器执行两个步骤：

- 获取 A，即寄存器 6 中的当前值。
- 将 A 解释为内存地址，并从内存中获取操作数。

操作数的一种极端形式涉及双重间接引用，或通过内存位置间接寻址。也就是说，处理器将操作数解释为内存地址 M。但是，处理器不是将值读入或存储到地址 M，而是假定 M 包含指定值的内存地址。在这种情况下，处理器执行以下步骤：

- 获取 M，即操作数本身的值。
- 将 M 解释为内存地址，并从内存中获取值 A。
- 将 A 解释为另一个内存地址，并从内存中获取操作数。

当程序必须追踪内存中的链表时，使用双向间接引用通过一个内存位置到另一个内存位置会非常有用，但是，开销非常高（执行单个指令需要多次内存引用）。

7.13   操作数寻址模式的示例

处理器通常包含一个特殊的内部寄存器，称为指令寄存器，用于在指令解码时保存指令。可以通过考虑操作数位置和获取该值所需的引用，设想每种操作数地址的类型和成本。立即数是最廉价的，因为该值位于指令寄存器中（即，在指令本身中）。通用寄存器引用比立即数的开销稍大。对存储器的引用比对寄存器的引用要更昂贵。最后，需要两次内存引用的双重间接引用是最昂贵的。图 7.6 列出了可能情况，并说明了解决这些问题的硬件单元。

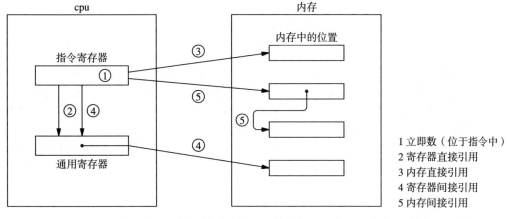

图 7.6　在各种寻址模式下获取操作数时访问的硬件单元的示意图。间接引用需要比直接引用更长的时间

在图 7.6 中，模式 3 和模式 5 都要求指令包含一个内存地址。虽然它们在早期的计算机上可用，但这种模式已变得不受欢迎，因为它们需要相当长的指令。

7.14　小结

设计处理器时，架构师会为每条指令选择操作数的数量和可能的类型。为了使操作数处理高效，许多处理器将给定指令的操作数限制为 3 个或更少。

立即操作数指定一个常数值，其他可能操作数包括指定使用寄存器的内容或内存中的值。间接引用允许寄存器包含操作数的内存地址。双重间接引用意味着操作数指定一个内存地址，并且地址处的值是指向保存该值的另一个内存位置的指针。操作数的类型可以隐式编码（即，在操作码中）或显式编码。

存在许多变体，因为操作数数量和类型的选择代表了功能性、编程简易性和工艺细节（如处理速度）之间的权衡。

习题

7.1　假设一位计算机架构师正在为内存极其缓慢的计算机设计处理器。架构师会选择 0- 地址架构吗？请说明理由。

7.2　考虑内存中指令的大小。如果体系结构允许立即操作数具有较大的数值，则指令会占用更多的空间。为什么？

7.3　假设堆栈机器将堆栈保存在内存中。同时，假设变量 p 存储在内存中。需要多少次内存引用才能将 p 增加 7 ？

7.4　假设两个整数 x 和 y 存储在内存中，并考虑将 z 设置为 x 与 y 之和的指令。在 2- 地址架构上需要多少次内存引用？提示：请记住包含取指令。

7.5　如果每个操作数指定内存间接引用，则需要多少次内存操作才能在 3- 地址架构上执行一次加法操作？

7.6　如果程序员要将一个变量与一个常数相加，而该常数的值超过了立即数的最大值，一个优化的编译器可能会生成两条指令。例如，在只允许 127 或更小的立即数的计算机上，将变量 x 递增 140 会产生如下序列：

```
load  r7, x
add_immediate r7, 127
add_immediate t7, 13
store  r7, x
```

为什么编译器不将值 140 存储在内存中，然后将值加到寄存器 7 上？

7.7　假定一个内存引用需要的时间开销是一个寄存器引用时间开销的 12 倍，并且假定一个程序在一个 2-地址架构上执行 N 条指令。请比较所有操作数都在寄存器中时程序的运行时间与所有操作数在内存中时程序的运行时间。提示：取指令需要内存操作。

7.8　考虑图 7.6 所示的每种类型的操作数，并创建一个表，写出表示操作数所需的位数的表达式。提示：表示从 0 到 N 的值所需的位数是

$$\lfloor \log_2 N \rfloor$$

7.9　指出每条指令使用更多地址的一个优点。

7.10　考虑一个使用隐式操作数的 2-地址计算机。假设两个操作数中的一个可以是图 7.6 中的五种操作数类型中的任何一个，另一个可以是除立即数外的任何操作数类型。列出计算机所需的所有加法指令。

7.11　大多数编译器都包含优化模块，它们选择将常用变量保存在寄存器中，而不是将它们写回内存。这个优化模块试图克服的问题是什么？

CPU：微码、保护和处理器模式

8.1 引言

前面的章节考虑处理器的两个关键方面——指令集和操作数，解释了可行的方法，并讨论每种方法的优缺点。本章考虑一大类通用处理器，并说明前几章中的许多概念的应用。下一章将考虑与处理器一起使用的低级编程语言。

8.2 中央处理器

在计算机历史的早期，集中化就成为一种重要的架构方法——将尽可能多的功能集中到单一处理器中。该处理器被称为中央处理器（CPU），可控制整个计算机，包括计算和 I/O。

与早期设计相比，现代计算机系统采用去中心化的方法。该系统包含多个处理器，其中许多处理器专用于特定功能或硬件子系统。例如，我们将看到，一个 I/O 设备（如磁盘）可以包含处理磁盘传输的处理器。

尽管模式发生了变化，但由于有一个芯片包含用于执行大多数计算、协调和控制其他处理器的硬件，所以术语 CPU 仍然存在。本质上，CPU 管理整个系统，告诉其他处理器何时开始、何时停止以及如何操作。在讨论 I/O 时，我们会看到 CPU 如何控制外围设备和处理器的操作。

8.3 CPU 的复杂性

因为必须处理各种各样的控制和处理任务，所以现代 CPU 非常复杂。例如，英特尔制造了一个含有 25 亿个晶体管的 CPU 芯片。为什么 CPU 会如此复杂？为什么需要这么多晶体管？

多个核心。事实上，现代 CPU 芯片不仅包含一个处理器。相反，它们包含多个称为核的处理器。核全部并行工作，允许多个计算同时进行。高性能需要使用多核设计，因为单个内核并不能以任意高速时钟脉冲运行。

多重角色。CPU 复杂性的一个方面是因为 CPU 必须承担多个主要角色：运行应用程序，运行操作系统，处理外部 I/O 设备，启动或停止计算机，以及管理内存。没有哪个单一指令集对所有角色都是最佳的，因此 CPU 通常包含许多指令。

保护和特权。大多数计算机系统都包含一个保护系统，使得某些子系统比其他系统具有更高的权限。例如，硬件可以防止应用程序直接与 I/O 设备交互，并且可以防止操作系统代码被无意或故意改变。

硬件优先级。CPU 使用一种优先级方案，其中某些操作被赋予比其他操作更高的优先级。例如，我们将看到，I/O 设备的运行优先级高于应用程序——如果 CPU 正在运行应用程序，在一个 I/O 设备需要服务时，CPU 必须停止运行应用程序并处理该设备。

通用性。CPU 被设计为支持各种各样的应用程序。因此，CPU 指令集通常包含用于每种类型应用的指令（即 CISC 设计）。

数据长度。为了加速处理，CPU 设计用于处理长数据值。回想一下第 2 章中的数字逻辑门，每个门都在一位数据上进行操作，并且必须复制门以处理整数。因此，为了操作由 64 位构成的值，CPU 中的每个数字电路必须具有每个门的 64 个副本。

高速。最终也可能是最重要的，CPU 的复杂性源于对速度的期望。回想一下前面讨论的重要概念：

> 并行是用于创建高速硬件的基本技术。

也就是说，要达到最高性能，必须复制 CPU 中的功能单元，并且设计必须允许复制单元同时运行。需要大量并行硬件使现代 CPU 以最高速度运行，这也意味着 CPU 需要许多晶体管。我们将在本章后面看到进一步的解释。

8.4 执行模式

上面列出的功能可以组合或单独实施。例如，可以授予一个给定的核有或没有更高的优先权去访问存储器的其他部分。CPU 如何容纳所有功能，让程序员能够理解和使用它们而不会感到困惑？

在大多数 CPU 中，硬件使用一组参数来处理复杂性和控制操作。我们说硬件有多种执行模式。在任何给定时间，当前的执行模式决定了 CPU 如何操作。图 8.1 列出了通常与 CPU 执行模式相关的项。

- 有效的指令子集。
- 数据项的大小。
- 可以访问的内存区域。
- 可用的功能单元。
- 特权的数量

图 8.1　通常由 CPU 执行模式控制的项。当模式改变时，CPU 的特性会发生显著变化

8.5 向后兼容性

执行模式可以引入多少变化？原则上，CPU 上可用的模式不需要共享太多共同点。作为一种极端情况，某些 CPU 具有与之前型号向后兼容的模式。向后兼容性允许供应商销售具有新功能的 CPU，但也允许客户使用 CPU 运行旧软件。

英特尔的处理器系列（即 8086、186、286…）例证了如何使用向后兼容性。当英特尔首次推出以 32 位整数运行的 CPU 时，其中包含兼容模式，该模式实现了来自英特尔之前的 CPU 的 16 位指令集。除了使用不同大小的整数外，这两种架构还有不同数量的寄存器和不同的指令。这两种架构差别很大，因此最简单的方法是将设计看作具备执行模式的两个独立的硬件，可以随时决定使用哪一个。

我们可以总结一下：

> CPU 使用一种执行模式来确定当前的操作特性。在一些 CPU 中，模式的特性差别很大，我们认为 CPU 具有独立的硬件子系统，模式决定了当前使用哪些硬件。

8.6 改变模式

CPU 如何改变执行模式？有两种方法：

- 自动（由硬件启动）。

- 手动（在程序控制下）。

自动的模式改变。外部硬件可以改变 CPU 的模式。例如，当 I/O 设备请求服务时，硬件会通知 CPU。在服务该设备之前，CPU 中的硬件会自动改变模式（并跳转到操作系统代码）。当我们考虑 I/O 如何工作时，可以学到更多。

手动的模式改变。实质上，手动改变是在运行程序的控制下发生的。大多数情况下，该程序是操作系统，它在执行一个应用程序之前更改模式。但是，某些 CPU 还提供了应用程序可以使用的多种模式，并允许应用程序在这些模式之间切换。

什么机制可用来改变模式？目前已有三种方法。在最简单的情况下，CPU 包含设置当前模式的指令。在其他情况下，CPU 包含一个专用模式寄存器来控制模式。为了改变模式，程序将一个值存入模式寄存器。请注意，模式寄存器在正常意义上不是存储单元。相反，它由一个硬件电路组成，通过改变工作模式来响应存储命令。最后，模式改变可以作为另一条指令的副作用发生。例如，在大多数 CPU 中，指令集包含一条指令，应用程序使用它产生操作系统调用。每当指令执行时，模式改变自动发生。

为了适应模式的重大变化，可能需要额外的设施来准备新模式。例如，考虑这样一种情况，两种执行模式不共享通用寄存器（例如，在一种模式下，寄存器包含 16 位，在另一种模式下，寄存器包含 32 位）。在更改模式和使用寄存器之前，将值放入备用寄存器可能是必要的。在这种情况下，CPU 提供特殊指令，允许软件在更改模式之前创建或修改值。

8.7　特权和保护

执行模式与 CPU 设施的特权和保护关联。也就是说，当前模式的一部分指定了 CPU 的特权级别。例如，当它为 I/O 设备提供服务时，CPU 必须允许操作系统中的设备驱动程序软件与设备交互并执行控制功能。但是，必须防止任意应用程序意外或恶意地向硬件发出命令或执行控制功能。因此，在执行应用程序之前，操作系统会更改模式以降低权限。当以较低特权模式运行时，CPU 不允许直接控制 I/O 设备（即，CPU 将特权操作视为无效指令）。

8.8　多级保护

需要多少级别的特权？每个级别应该允许哪些操作？多年来，硬件架构师和操作系统设计师一直在讨论这个问题。他们已经发明了无保护的 CPU，以及提供 8 个保护级别的 CPU，每个级别都比前一级具有更高的权限。保护的想法有助于防止问题的发生，它基于任何时候都仅使用最小数量的必要特权这一原则。我们可以总结一下：

> 通过使用保护机制来限制允许的操作，CPU 可以检测到执行未授权操作的企图。

图 8.2 说明了两个特权级别的概念。

尽管没有一种保护方案可适用于所有 CPU，但设计人员通常认为对于运行应用程序的 CPU 至少具备两个特权级别：

> 运行应用程序的 CPU 至少需要两级保护：操作系统必须以完全权限运行，但应用程序可以以有限的权限运行。

讨论内存时，我们会看到保护和内存访问的问题是交织在一起的。更重要的是，我们将看到作为 CPU 模式一部分的内存访问机制如何提供其他形式的保护。

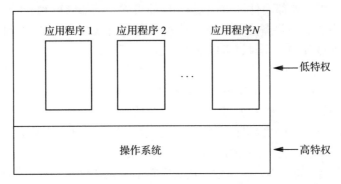

图 8.2 提供两级保护的 CPU 示意图。操作系统以最高权限执行，应用程序以较低权限执行

8.9 微码指令

如何实现复杂的 CPU ？有趣的是，用于构建复杂指令集的关键抽象之一来自软件：复杂的指令可以编程实现！也就是说，CPU 不是直接用数字电路来实现指令集，而是由两部分组成。首先，硬件架构师建立一个快速但小型的处理器，称为微控制器[⊖]。其次，为了实现 CPU 指令集（称为宏指令集），架构师为微控制器编写软件。运行在微控制器上的软件称为微码。图 8.3 显示了两级组织，并展示了如何实现每个级别。

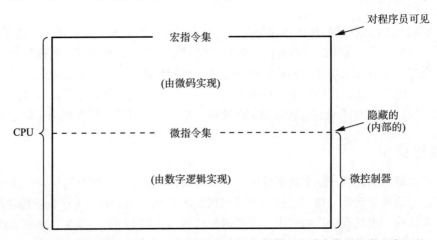

图 8.3 用微控制器实现的 CPU 的示意图，CPU 提供的宏指令集是用微码实现的

考虑微码的最简单方法是设想一组函数，每个函数都实现一条 CPU 宏指令。CPU 在指令执行期间调用微码。也就是说，一旦它获得并解码了宏指令，CPU 就调用与该指令对应的微码程序。

宏观和微观架构可能有所不同。举一个例子，假设 CPU 被设计为对 32 位的数据项进行操作，并且宏指令集包括用于整数加法的 add32 指令。进一步假设微控制器只提供 16 位算术运算。为了实现 32 位加法，微码必须一次加 16 位，并且必须将低位中的进位加到高位中。图 8.4 列出了需要的微码步骤。

⊖ 小型处理器也称为微处理器，但这个术语有点误导。

```
/* 下面的步骤假定两个 32 位操作数位于标记为 R5 和 R6 的寄存器中，
   并且微码必须使用标记为 r0 至 r3 的 16 位寄存器来计算结果。
*/
add32:
    将 R5 的低 16 位移入 r2
    将 R6 的低 16 位移入 r3
    r2 和 r3 相加，将结果放入 r1
    保存进位指示器的值
    将 R5 的高位 16 位移入 r2
    将 R6 的高 16 位移入 r3
    r2 和 r3 相加，结果放在 r0
    将 r0 中的值复制到 r2
    将 r2 和进位位相加，并将结果放入 r0
    检查溢出并设置条件代码
    将 r0 和 r1 的 32 位结果移到所需的目的地
```

图 8.4 使用仅具有 16 位算术运算的微控制器实现 32 位宏加法指令所需的步骤示例，宏观和
微观架构可能有所不同

确切的细节并不重要，图 8.4 说明了微控制器的架构和宏指令集显著不同。还要注意，由于每个宏指令都是由微码程序实现的，因此宏指令可以执行任意处理。例如，单个宏指令可以实现三角函数（如正弦或余弦函数），或将大块数据移动到内存中。当然，为了获得更高的性能，架构师可以选择限制与给定指令对应的微码量。

8.10　微码变体

计算机设计人员已经发明了很多微码基本形式的变体。例如，我们说 CPU 硬件实现了取指 – 执行周期，并为每条指令调用一个微码程序。在某些 CPU 上，微码实现整个取指 – 执行周期——微码解释操作码、提取操作数并执行指定的操作。其优点是更大的灵活性：微码定义了宏系统的所有方面，包括宏指令的格式以及每个操作数的格式和编码。主要缺点是性能较差：CPU 不能在硬件中实现指令流水线。

作为另一种变体，CPU 被设计为只使用微码进行扩展。也就是说，CPU 具有直接用数字电路实现的完整的宏指令集。此外，CPU 还有一小组附加的操作码，这些操作码是用微码实现的。因此，供应商可以制造基本 CPU 的微小变体（例如，具有专门针对实现安全软件的客户的特殊加密指令的版本，或针对实现文本处理软件的客户的特殊模式匹配指令的版本）。如果部分或全部额外指令未在特定版本的 CPU 中使用，供应商可能会插入使其未定义的微码（即，如果未执行未定义的指令，微码会产生错误）。

8.11　微码的优势

为什么使用微码？有三个动机。首先，微码提供了更高的抽象级别，所以构建微码比构建硬件电路更不容易出错。其次，构建微码比构建电路所花的时间更少。第三，改变微码比改变硬件电路容易，所以可以更快地创建 CPU 的新版本。

我们可以总结一下：

> 使用微码的设计不太容易出错，并且可以比不使用微码的设计更新更快。

当然，微码确实有一些缺点，抵消了其带来的一些优点：

- 微码比硬件实现开销更大。
- 它为每个宏指令执行多条微指令，因此微控制器的运行速度要远高于 CPU。
- 宏指令的成本取决于微指令组。

8.12 FPGA 和指令集的改变

由于微控制器是旨在帮助设计人员的一种内部机制，微指令集通常隐藏在最终设计中。微控制器和微码一般与 CPU 的其余部分一起驻留在集成电路上，并且仅在内部使用。只有宏指令集可供程序员使用。有趣的是，一些 CPU 被设计成使得微码对于购买 CPU 的客户来说是动态和可访问的。也就是说，CPU 包含了在芯片制造完成后可以更换底层硬件的设施。

为什么客户想要更换 CPU？动机来自于灵活性和性能：允许客户对 CPU 指令进行一些更改，延缓关于宏指令集的决定，并允许 CPU 的所有者根据特定用途定制指令。例如，一家销售视频游戏的公司可能会添加宏指令来操纵图形图像，而一家制作网络设备的公司可能会创建宏指令来处理数据包头。直接使用底层硬件（例如，使用微码）可以获得更高的性能。

一种支持修改的技术变得特别受欢迎——称为现场可编程门阵列（FPGA），该技术允许在制造芯片之后改变门电路。重新配置 FPGA 是一项耗时的过程。因此，总体思路是重新配置 FPGA 一次，然后使用生成的芯片。FPGA 可以用来保存整个 CPU，或者用作支持一些额外指令的补充。

我们可以总结一下：

> 诸如动态微码和 FPGA 之类的技术允许在购买 CPU 后对 CPU 指令集进行修改或扩展。动机来自于灵活性和更高的性能。

8.13 垂直微码

问题出现了：应该为微控制器使用什么架构？从编写微码的人的角度来看，问题变成：微控制器应该提供什么指令？我们讨论了微码的概念，就好像微控制器由一个传统处理器组成（即一个遵循传统架构的处理器）。我们很快会看到其他设计也是可行的。

事实上，微控制器不能与标准处理器完全相同。由于它必须与 CPU 中的硬件单元进行交互，所以微控制器需要一些特殊的硬件设施。例如，微控制器必须能够访问 ALU 并将结果存储在宏指令集使用的通用寄存器中。同样，微控制器必须能够解码操作数引用和提取值。最后，微控制器必须与其他硬件配合使用，包括内存。

尽管对特殊功能有所要求，但微控制器的设计与传统处理器采用的通用方法相同。也就是说，微控制器的指令集包含常规指令，如加载、存储、加法、减法、分支等。例如，在 CISC 处理器中使用的微控制器可以由一个小型且快速的 RISC 处理器组成。我们说这样的微控制器具有垂直架构，并使用术语"垂直微码"来表征在微控制器上运行的软件。

程序员对垂直微码很熟悉，因为他们对编程接口很熟悉。最重要的是，垂直微码的语义正是程序员所期望的：一次执行一条微指令。下一节讨论垂直微码的替代方案。

8.14 水平微码

从硬件角度来看，垂直微码有点不吸引人。其中一个主要缺点来自性能要求。大多数宏指令需要多个微指令，这意味着以每秒 K 条的速率执行宏指令需要微控制器以每秒 $N \times K$ 条的速率执行微指令，其中 N 是每条宏指令包含的微指令的平均数。因此，与微控制器相关的硬件必须以非常高的速度运行（例如，用于保存微码的存储器必须能够以高速率传送微指令）。

垂直微码的第二个缺点在于垂直技术无法利用底层硬件的并行性。计算机工程师已经发明了一种称为水平微码的替代方案，它克服了垂直微码的一些限制。水平微码具有与硬件配合良好的优点，但不能为程序员提供熟悉的接口。也就是说：

水平微码允许硬件运行得更快，但编程更难。

要理解水平微码，请回顾第 6 章中对数据通路的描述：CPU 由多个功能单元组成，利用数据通路连接它们。必须控制这些单元的运行，并且每个单元都是独立控制的。此外，将数据从一个功能单元移动到另一个功能单元需要明确控制这两个单元：必须指示一个单元跨数据通路发送数据，而另一个单元则接收数据。

我们用一个例子来阐明这个概念。为了让这个例子容易理解，我们将做一些简化的假设，并将讨论限制在六个功能单元中。图 8.5 显示了六个功能单元如何互连。

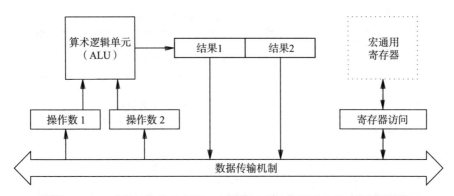

图 8.5　CPU 内部结构的示意图，实线箭头表示数据可以移动的硬件通路

图 8.5 中显示的主要项是一个算术逻辑单元（ALU），它执行加法、减法和移位等操作。其余功能单元提供将 ALU 与系统其余部分连接的机制。例如，标记为操作数 1 和操作数 2 的硬件单元表示操作数存储单元（即，内部硬件寄存器）。ALU 希望在执行操作之前将操作数放置在存储单元中，并将操作结果置于标记为结果 1 和结果 2 的两个硬件单元中[⊖]。最后，寄存器访问单元为通用寄存器提供硬件接口。

在图 8.5 中，箭头表示数据从一个功能单元移动到另一个功能单元时可以通过的路径，每个箭头是并行处理多个位（例如，32 位）的数据通路。大多数箭头连接到数据传输机制，作为功能单元之间的通道（稍后章节将此处描述的数据传输机制称为总线）。

8.15　水平微码的例子

每个功能单元由一组传送命令的线路（即二进制值被硬件解释为命令）控制。尽管图 8.5 没有显示命令线，但我们可以想象，连接到功能单元的命令线的数量取决于单元的类

　⊖ 回想一下，算术运算（如乘法）可以产生比操作数大两倍的结果。

型。例如，标记为结果 1 的单元只需要一条指令线，因为该单元可以由单个二进制值控制：值 0 将导致单元停止与其他单元交互，值 1 将导致单元将当前结果单元的内容发送到数据传输机制。图 8.6 总结了可以传递给示例中每个功能单元的二进制控制值，并给出了每个功能单元的含义。

单元	命令	含义
ALU	000 001 010 011 100 101 110 111	无操作 加法 减法 乘法 除法 左移 右移 继续前一个操作
操作数1	0 1	无操作 从数据传输机制中加载值
操作数2	0 1	无操作 从数据传输机制中加载值
结果1	0 1	无操作 将数据发送到数据传输机制
结果2	0 1	无操作 将数据发送到数据传输机制
寄存器接口	00xxxx 01xxxx 10xxxx 11xxxx	无操作 将寄存器xxxx移至数据传输 将数据移至传输寄存器xxxx 无操作

图 8.6　可能的命令值和每个示例功能单元的含义（对应图 8.5），命令在并行线上传输

如图 8.6 所示，寄存器访问单元是一种特殊情况，因为每个命令都有两个部分：前两位指定一个操作，后四位指定要在操作中使用的寄存器。因此，命令 010011 意味着寄存器 3 中的值应该移至数据传输机制。

现在我们了解了硬件的组织方式，可以看到水平微码的工作原理。想象一下，每条微码指令都包含对功能单元的命令——当它执行一条指令时，硬件会将指令中的位发送给功能单元。图 8.7 说明了在示例中微码指令的位如何对应于命令。

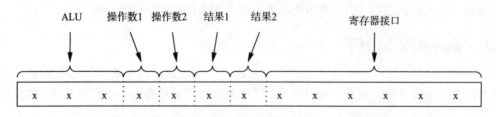

图 8.7　水平微码指令中 13 个位的示意图，对应于六个功能单元的命令

8.16　水平微码程序示例

水平微码如何用于执行一系列操作？本质上，程序员可以随时选择哪些功能单元应该处于活动状态，并将信息编码为微码的各个位。例如，假设程序员需要编写水平微码，实现将通用寄存器 4 中的值与通用寄存器 13 中的值相加，并将结果放入通用寄存器 [4]。

图 8.8 列出了必须执行的操作。

- 将寄存器 4 中的值移至操作数 1 的硬件单元。
- 将值从寄存器 13 移到操作数 2 的硬件单元。
- 安排 ALU 进行加法计算。
- 从结果 2 的硬件单元（结果的低位）将值移至寄存器 4。

图 8.8　功能单元必须执行的序列步骤的例子。实现将通用寄存器 4 和 13 中的值相加，并将结果放入通用寄存器 4 中

在我们的示例系统中，每个步骤都可以表示为单个微指令。该指令中有一些位设置为指定在执行指令时哪些功能单元进行操作。例如，图 8.9 显示了与这四个步骤相对应的微码程序。

指令（编号）	ALU			操作数1	操作数2	结果1	结果2		寄存器接口				
1	0	0	0	1	0	0	0	0	1	0	1	0	0
2	0	0	0	0	1	0	0	0	1	1	1	0	1
3	0	0	1	0	0	0	0	0	0	0	0	0	0
4	0	0	0	0	0	0	1	1	0	0	1	0	0

图 8.9　一个水平微码程序的例子，由四条指令组成，每条指令有 13 位。每条指令对应于图 8.8 中列出的一个步骤

在图 8.9 中，每行对应于一条指令，该指令被划分成各自对应于功能单元的字段。字段包含执行指令时要发送给功能单元的命令。因此，命令决定在每一步操作哪一个功能单元。

仔细考虑图中的代码。第一条指令指定只有两个硬件单元将运行：操作数 1 的单元和寄存器接口单元。与其他四个单元对应的字段包含 0，这意味着这些单元在第一条指令执行时不会运行。第一条指令也使用数据传输机制——数据通过传输机制从寄存器接口单元发送到操作数 1[⊖]单元。也就是说，指令中的字段使寄存器接口通过传输机制发送一个值，并使操作数 1 单元接收该值。

8.17　需要多个周期的操作

时序是水平微码最重要的方面之一。某些硬件单元比其他硬件单元运行时间更长。例

　⊖　为了简化这个例子，我们假设数据传输机制总是运行并且不需要任何控制。

如，乘法可能需要比加法更长的时间。也就是说，当一个功能单元被给定一个命令时，结果不会立即出现。相反，程序在访问功能单元的输出之前必须延迟。

编写水平微码的程序员必须确保每个硬件单元都有正确的时间完成任务。图 8.9 中的代码假设每个步骤都可以在一个微指令周期内完成。但是，对于某些硬件单元来说，微循环可能太短而无法完成任务。例如，一个 ALU 可能需要两个微指令周期来完成一次加法。为了适应更长的计算，可以在第三条指令之后插入额外的指令。额外的指令只是规定 ALU 应该继续以前的操作，没有其他单元受到影响。图 8.10 说明了一个额外的微码指令，可以插入该指令以创建必要的延迟。

ALU			操作数1	操作数2	结果1	结果2			寄存器接口			
1	1	1	0	0	0	0	0	0	0	0	0	0

图 8.10 可插入的指令的例子，用于添加延迟以等待 ALU 完成操作。时序和延迟是水平微码的关键方面

8.18 水平微码和并行执行

现在我们已经对硬件的操作以及关于水平微码的一般概念有了基本的了解，我们可以看到一个重要的特性——并行性的使用。并行性是可行的，因为底层硬件单元独立运行。程序员可以指定并行操作，因为指令包含单独的字段，每个字段控制一个硬件单元。

举一个例子，考虑一个具有 ALU 和独立硬件单元来保存操作数的架构。假设 ALU 需要多个指令周期才能完成一个操作。由于 ALU 在第一个周期内访问操作数，因此用于保存操作数的硬件单元在连续的周期内保持不用。因此，程序员可以在 ALU 操作继续时插入一条指令，该指令可以同时将新值写入操作数单元。图 8.11 说明了这样一条指令。

ALU			操作数1	操作数2	结果1	结果2			寄存器接口			
1	1	1	1	0	0	0	0	1	0	1	1	1

图 8.11 一个示例指令，它在继续 ALU 操作的同时将寄存器 7 中的值加载到操作数硬件单元中。水平微码使并行性易于指定

重点是：

> 由于水平微码指令包含单独字段，每个字段分别控制一个硬件单元，因此水平微码可以轻松指定硬件单元的同时并行操作。

8.19 前瞻性和高性能执行

实际上，CPU 中使用的微码比本章中的简单例子要复杂得多。希望实现高性能是导致复杂性的一个最重要原因。由于硅技术允许制造商在单个芯片上集成数十亿个晶体管，因此 CPU 可能包含许多功能单元，这些功能单元都可以同时工作。

后面的章节将考虑使并行硬件对编程人员可见的体系结构。目前，我们将考虑一个体系结构的问题：是否可以使用多个功能单元来提高性能而不改变宏指令集？特别是，是否可以

安排 CPU 的内部组织检测和利用并行执行以产生更高的性能？

我们已经看到了一个优化的简单例子：图 8.11 显示了水平微码允许一个 ALU 操作继续的同时，将一个数据值传送到持有操作数的硬件单元。但是，我们的示例要求程序员在创建微码时显式地编写并行行为。

为了理解 CPU 如何自动利用并行性，设想一个包含智能微控制器和多个功能单元的系统。不用一次处理一条宏指令，智能控制器可以访问许多宏指令。控制器前瞻性地查看指令，找到即将需要的值，并指示功能单元开始读取或计算值。例如，假设智能控制器在 3-地址架构上查找到以下四条指令：

```
add       R1, R3, R7
sub       R4, R4, R6
add       R9, R5, R2
shift     R8, 5
```

我们说智能控制器通过为功能单元分配必要的工作来调度指令。例如，控制器可以将每个操作数分配给一个功能单元，该单元提取和准备操作数值。一旦操作数值可用于指令，控制器就会将指令分配给执行操作的功能单元。上面列出的指令可以分别分配给一个 ALU。最后，当操作完成时，控制器可以为功能单元分配一项任务，实现将结果移到适当的目的寄存器。重点是：如果 CPU 包含足够的功能单元，智能控制器可以安排所有四条宏指令同时执行。

8.20 并行和执行顺序

我们对智能微控制器的描述忽略了一个重要的细节：宏指令集的语义。本质上，控制器必须确保并行计算出的值不会改变程序的含义。例如，请考虑以下指令序列：

```
add       R1, R3, R7
sub       R4, R4, R6
add       R9, R1, R2
shift     R8, 5
```

与前面的例子不同，操作数重叠。特别是，第一条指令将寄存器 1（R1）指定为目的，第三条指令将寄存器 1 指定为操作数。宏指令集语义决定了指令的顺序处理，这意味着第一条指令将在第三条指令引用该值之前在寄存器 1 中放置一个值。为了保持顺序语义，智能控制器必须理解和适应这种重叠。实质上，控制器必须在两个目标之间进行平衡：最大化并行执行的数量，同时保留原始（即顺序）的语义。

8.21 乱序指令执行

控制器如何调度并行活动处理这种场景，即一条指令中的一个操作数依赖于前一条指令的结果？控制器使用称为记分牌的机制来跟踪每个正在执行的指令的状态。具体而言，记分牌保存指令之间的依赖关系信息以及原始宏指令序列执行的信息。因此，控制器可以使用记分牌来决定何时取出操作数、何时继续执行以及何时完成指令。简而言之，记分牌方法允许控制器乱序执行指令，然后重新排序结果以反映代码指定的顺序。

> 为了达到最高速度，现代 CPU 包含多个功能单元副本，允许同时执行多条指令。智能控制器使用记分牌机制按照保持顺序处理的次序安排执行。

8.22　条件分支和分支预测

条件分支引起并行执行的另一个问题。例如，请考虑以下计算：

```
Y  ←  f(X)
if (Y > Z) {
        Q
} else {
        R
}
```

当翻译成机器指令时，计算包含一个条件分支，该条件分支将执行指向 Q 或 R 的代码。条件取决于在第一步中计算出的 Y 值。现在考虑在使用并行执行指令的 CPU 上运行代码。理论上，一旦达到条件分支，CPU 必须等待比较的结果——直到知道将选择哪一个，CPU 才开始为 R 或 Q 调度代码。

实际上，有两种处理条件分支的方法。第一种方法称为分支预测，它基于测量，发现在大多数代码中，分支发生约占 60%。因此，构建沿分支路径调度指令的硬件，比沿非分支路径调度指令的硬件更优。当然，假设分支发生可能会导致错误——如果 CPU 最终确定不应该采用分支，则必须丢弃分支路径的结果，并且必须遵循另一条路径。第二种方法简单地同时遵循两条路径。也就是说，CPU 调度条件分支的两条路径的指令。与分支预测一样，CPU 必须最终决定哪个结果是有效的。也就是说，CPU 继续执行指令，但在内部保存结果。一旦知道了条件的值，CPU 将丢弃无效路径的结果，然后继续将正确的结果移到适当的目标中。当然，下次条件分支可以出现在 Q 或 R 中；记分牌机制处理所有细节。

重点是：

> 提供并行指令执行的 CPU 可以通过在一个或两个分支上预先计算值，以及稍后在分支条件计算完成后，选择使用哪些值来处理条件分支。

后来计算值被丢弃，这对于 CPU 来说看起来是一种浪费。但是，目标是更高的性能，而不是简洁。我们还可以观察到，如果一个 CPU 被设计为等待一个条件分支值已知，那么硬件将仅仅处于空闲状态。因此，高速 CPU（例如 Intel 和 AMD 生产的 CPU）采用并行功能单元和复杂的记分牌机制。

8.23　对程序员的影响

理解 CPU 的构造将有助于程序员编写更快的代码吗？在某些情况下，是的。假设 CPU 被设计为使用分支预测，并且 CPU 假设分支发生。程序员可以通过排列代码来优化性能，比如最常见的情况下采用分支发生。例如，如果程序员知道 Y 比 Z 小更常见，而不是 Y 大于 Z，则程序员可以重写代码来测试 Y ≤ Z。

8.24　小结

现代 CPU 是一个复杂的处理器，它使用多种执行模式来处理一些复杂性。执行模式决定操作参数，例如允许的操作和当前特权级别。大多数 CPU 至少提供两级特权和保护：一个用于操作系统，另一个用于应用程序。

为了减少内部复杂性，CPU 通常内置两个抽象层：一个微控制器用数字电路实现，一个宏指令集通过添加微码来创建。

有两大类微码。使用垂直微码的微控制器类似于传统的 RISC 处理器。通常，垂直微码由一组程序组成，每个程序对应一条宏指令；CPU 在取指 – 执行周期中运行相应的微码。水平微码允许程序员调度功能单元以在每个周期上运行，这些微码组成指令，其中指令的每个位字段对应于功能单元。第三种选择使用现场可编程门阵列（FPGA）技术来创建底层系统。

高级 CPU 通过在多个功能单元之间安排一组指令来扩展并行执行。CPU 使用记分牌机制来处理一条指令的结果被后续指令使用的情况。这个想法可以扩展到条件分支，允许对每个路径的进展进行并行评估，然后，一旦条件已知，则丢弃未采用路径上的值。

习题

8.1　如果一个四核 CPU 芯片包含 20 亿个晶体管，单个核大约需要多少个晶体管？

8.2　列出现代 CPU 复杂的七个原因。

8.3　书中说，一些 CPU 芯片包含向后兼容模式。这种模式对用户是否有利？

8.4　假设除了其他硬件之外，智能手机中使用的 CPU 还包含用于三个以前版本芯片的附加硬件（即三种向后兼容模式）。从用户的角度来看，缺点是什么？

8.5　云数据中心中使用的虚拟化软件系统通常包括运行和控制多个操作系统的虚拟机管理程序，以及在各自操作系统上运行的应用程序。这些系统使用的保护级别与传统的保护级别有什么不同？

8.6　一些制造商提供的芯片包含一个带有基本指令集的处理器和一个附加的 FPGA。所有者可以通过附加说明配置 FPGA。这种芯片提供的传统软件无法提供的功能是什么？

8.7　阅读关于 FPGA 的信息，了解它们如何"编程"。用什么语言编程 FPGA？

8.8　创建一个微码算法，对仅提供 16 位算术运算的微控制器执行 32 位乘法，并使用短变量以 C 语言实现算法。

8.9　为你提供两份工作，薪水相同，一个编程垂直微码而另一个编程水平微码。你选择哪一个？为什么？

8.10　查找使用水平微码的商业处理器的示例，并记录类似于图 8.7 中的指令位的含义。

8.11　CPU 芯片中记分牌机制的动机是什么，它提供了什么功能？

8.12　如果拉斯维加斯赌场计算出了程序执行的概率，他们会为分支发生给出多大的赔率？解释你的答案。

## 第 9 章

汇编语言和编程范式

9.1 引言

之前的章节描述了处理器指令集和操作数寻址的相关内容。本章将要讨论几种允许程序员指定指令和操作数寻址细节的编程语言。本章并不是针对用于特定处理器的某种语言的教程；相反，它提供了对低级语言中常见特性的通用评估。本章考察一些编程范式，并解释相比使用常规程序设计语言，用低级语言编程有何不同之处。最后，本章描述了将低级语言翻译成二进制指令的软件。

低级编程和低级编程语言并不严格算作计算机体系结构的一部分。然而，我们在这里讨论它们，是因为这些语言和底层硬件之间的关联如此紧密，以至于我们不能轻易地将它们分离。随后的章节将把关注点重新放回硬件部分，检视内存和 I/O 设备的相关特性。

9.2 高级程序设计语言的特征

程序语言可以分成两大类：

- 高级语言。
- 低级语言。

常规程序设计语言（例如 Java 和 C）表现出了如下特性，因而被归类为高级程序设计语言：

- 一对多翻译。
- 硬件独立性。
- 面向应用软件。
- 通用性。
- 强大的抽象能力。

一对多翻译。高级语言中，每条语句对应着多条机器指令。即，当编译器将高级语言翻译成等效的机器指令时，一条语句通常会被翻译成多条机器指令。

硬件独立性。高级语言允许程序员在不知道底层硬件细节的前提下编写程序。例如，某种高级语言允许程序员指定浮点操作，如加法或减法，但程序员无须了解是算术逻辑单元直接实现了浮点计算，还是使用了单独的浮点协处理器。

面向应用软件。高级语言（如 C 和 Java）被设计为允许程序员创建应用程序。因此，高级语言通常包含了输入 / 输出（I/O）设备，以及允许程序员定义任意复杂数据对象的机制。

通用性。高级语言（如 C 和 Java）并不局限于某个特定的任务或特定的问题领域。相反，它们包含了一些有用的特征，允许程序员为任意任务设计程序。

强大的抽象能力。高级语言提供抽象能力（例如过程），允许程序员用简洁的方式表现复杂的任务。

9.3 低级程序设计语言的特征

低级语言被认为是高级语言之外的另一种选择，它们具有如下特性：

- 一对一翻译。
- 硬件依赖性。
- 面向系统编程。
- 专用性。
- 较少的抽象。

一对一翻译。通常情况下，低级程序设计语言中每条语句对应于单独的一条底层处理器指令。因此，对应于机器码的翻译是一对一的。

硬件依赖性。由于每条语句对应于一条机器指令，为一种处理器设计的低级语言不能应用于另一种处理器。

面向系统编程。不像高级语言，低级语言是为系统编程优化的——它们具有允许程序员设计操作系统或其他直接控制硬件的软件的能力。

专用性。因为低级语言专注于底层硬件，所以它们只在需要强力控制或极致效率的情形下使用。例如，与协处理器通信通常需要使用低级语言。

较少的抽象。与高级语言不同，低级语言并不提供复杂的数据结构（例如，字符串和对象）或控制语句（例如，if-then-else 或 while）。相反，低级语言强迫程序员从低级硬件装置⊖中构造抽象。

9.4 汇编语言

汇编语言 (assembly language) 是使用最为广泛的低级程序设计语言，汇编器是将汇编语言翻译成硬件能够理解的二进制映像文件的软件。

汇编语言这一表述不同于形如 Java 语言或 C 语言的表述，理解这点是很重要的，因为汇编并不指代单一语言。相反，一种特定的汇编语言使用来自单一处理器的指令集和操作数。因此，存在着多种汇编语言，每种都对应一类处理器。程序员可能会讨论 MIPS 汇编语言，也可能是 Intel x86 汇编语言。总结起来就是：

> 由于汇编语言是包含了特定处理器特性（如指令集、操作数寻址、寄存器）的低级语言，因此存在着多种汇编语言。

汇编语言这一特性对程序员造成的影响是显然的：当编程工作从一种处理器迁移到另一种处理器时，汇编语言程序员必须学习新的语言。不利的一面是，指令集、操作数类型、寄存器在不同的汇编语言中通常是不同的；有利的一面是，大多数汇编语言倾向于遵从相同的基本模式。因此，一旦程序员学会了一种汇编语言，就能够迅速学会其他汇编语言。更加重要的是，如果程序员理解了基本的汇编语言范式，迁移到新的体系结构通常意味着学习新的细节，而不是学习新的编程风格。要点是：

⊖ 计算机科学家 Alan Perlis 曾经打趣道，如果编写程序时需要关注无关紧要的细节，那么这种编程语言就是低级语言。他的观点是，由于大多数程序不需要直接控制硬件，使用低级语言编程会为程序员带来额外负担，却不能带来任何实际的好处。

抛去种种不同，许多汇编语言享有相同的基础结构。因此，一个了解了汇编语言基本范式的程序员可以快速学会新的汇编语言。

为了帮助程序员理解汇编语言的概念，下一节重点关注适用于大多数汇编语言的一般特性和编程范式。除了具体的语言细节，我们还会讨论其他概念，比如宏。

9.5　汇编语言的语法和操作码

9.5.1　语句格式

因为汇编语言是低级的，所以一条汇编语句对应着一条机器指令。为了使汇编语句和机器指令的对应关系更为明确，大多数汇编器要求程序中的每行包含一条汇编语句。汇编语句的一般格式是：

label:　　opcode　　operand$_1$, operand$_2$, ...

标签（label）可以为汇编语句指定可选的标签（用于分支），操作码（opcode）指定了某一条可用的指令，每个操作数（operand）为该指令指定了所需的操作数，空格用于将操作码与其他部分区分开来。

9.5.2　操作码名

对于特定处理器的汇编语言，为该处理器中的每种指令定义了相应的符号名字。尽管符号名是为了帮助程序员记忆相应指令，大多数汇编语言却使用了极短的缩写（而不是较长的名字）。因此，如果一个处理器有一条用于加法的指令，其汇编语言可能会使用 add 作为操作码名；然而，如果该处理器有一条指令，用于跳转到一个新的位置，则这条指令的操作码名通常由单个字母 b 或者 2 个字母 br 构成。类似地，如果某个处理器具有一条用于跳转到子例程的指令，其操作码名通常为 jsr。

不幸的是，并没有一个全球通用的操作码名称命名准则，即便对于基本操作也是这样。例如，大多数体系结构都包含将一个寄存器中的内容复制到另一个寄存器中的指令。为了表示这样的操作，有些汇编语言使用操作码名 mov（move 的缩写），其他一些汇编语言则可能使用操作码名 ld（load 的缩写）。

9.5.3　注释规范

较短的操作码名倾向于使汇编语言易于撰写而难于阅读。更进一步，由于汇编语言是低级的，它常常需要许多指令去实现并不复杂的任务。因此，为了确保汇编语言程序的可读性，程序员添加了两种类型的注释：用于解释每个主要代码块目的的块注释，以及用于解释单行语句目的的详细注释。

为了方便程序员添加注释，汇编语言通常允许注释延续到一行的末尾。也就是说，汇编语言仅仅定义了一个（或一串）用于开始注释的字符。有的商业汇编语言定义磅字符（#）作为注释的开始；有的使用分号表示注释的开始；还有的则采用了 C++ 的注释风格，使用双斜线作为注释的开始。块注释可以用每行行首添加注释字符的方式实现，详细的注释则可以加入程序的各行。程序员常常添加额外的字符环绕块注释。例如，如果磅字符是注释开始字符，那么如下的块注释示例解释了某个程序段的作用，即在一个列表中寻找指定大小的内存块。

```
###########################################################
#                                                         #
#                                                         #
# 搜索空闲内存块的链表，以查找大小为 N 字节或更大的块。指向列  #
# 表的指针必须位于寄存器 3 中，且 N 必须位于寄存器 4 中。该代码 #
# 还会破坏寄存器 5 的内容，该寄存器用于遍历列表。               #
#                                                         #
#                                                         #
###########################################################
```

大多数程序员在汇编程序每行的行末添加注释来表明该指令是如何实现算法的。例如，用于搜索内存块的程序代码可以以如下语句开始：

```
        ld     r5,r3      # 将列表的地址加载到 r5 中
loop_1: cmp    r5,r0      # 测试看看是否在列表末尾
        bz     notfnd     # 如果到达列表的末尾，转到 notfnd
        ...
```

尽管上述例子的细节看上去不易理解，但本节的要点是相对明确的：一段代码前的块注释用于解释这段代码的目的，而每行代码后的注释解释了这条指令是如何有助于得到最终结果的。

9.6　操作数顺序

当程序员从一种汇编语言迁移到另一种汇编语言时，汇编语言之间有一种令人不快的差异常常会引起微妙的问题，这种差异就是操作数顺序。特定的汇编语言通常会使用不变的操作数顺序。例如，考虑一条用于将一个寄存器的内容复制到另一个寄存器的指令。在前面的代码示例中，第一个操作数代表目的寄存器（即，将被放入值的寄存器），第二个操作数代表源寄存器（即，数据从这个寄存器中获取）。在这样的解释下，语句：

```
ld     r5,r3      # 将列表的地址加载到 r5 中
```

将寄存器 3（r3）中的内容复制到了寄存器 5（r5）。为了帮助程序员记忆由右至左的翻译顺序，作为辅助，他们会被告知可以将其想象成赋值语句，表达式在右，而赋值目标在左。

作为示例代码的一种替换形式，一些汇编语言指定了相反的操作数顺序——源寄存器在左而目的寄存器在右。在这样的汇编语言中，上述代码将被改写为操作数顺序相反的形式：

```
ld     r3,r5      # 将列表的地址加载到 r5 中
```

为了帮助程序员记忆由左至右的翻译顺序，他们会被告知可以将其想象成一台读取指令的计算机。因为文本阅读是由左至右的，我们可以想象计算机首先读取操作码，取出第一个操作数，然后将值放入第二个操作数。当然，底层硬件并不会按照由左至右或由右至左的顺序处理指令——操作数顺序仅仅是汇编语言的语法。

由于一些其他因素，操作数顺序问题变得更加复杂。首先，与上面的例子不同，许多汇编语言指令并没有两个操作数。例如，一条执行按位补码的指令只需要一个操作数。此外，即使一条指令拥有两个操作数，源和目的的概念也可能并不适用（如，比较）。因此，一个不熟悉特定汇编语言的程序员也许需要查阅手册来了解某个操作码的操作数顺序。

当然，程序员写出来的代码和最终生成的指令二进制值之间会有显著的不同，这是因为

汇编语言仅使用操作码名称，这对于程序员是较为方便的。汇编器可以在翻译的过程中对操作数进行重排。例如，作者曾经在一台有两种汇编语言的计算机上编程，其中一种汇编语言由计算机的供应商提供，另一种由贝尔实验室的研究人员提供。尽管两种语言可用来为同一种底层硬件的计算机生成代码，但其中一种语言对操作数采用由左至右的翻译顺序，而另一种则使用了由右至左的翻译顺序。

9.7 寄存器名称

由于一条典型的指令包含对至少一个寄存器的引用，大多数汇编语言都采用专门的方法表示寄存器。例如，在许多汇编语言中，以字母 r 开头并在其后跟随一至两位数字的名字会被保留，用于指代寄存器。因此，对 r10 的引用指代寄存器 10。

然而，业界并没有一个用于指代寄存器的通用标准。在某种汇编语言中，所有的寄存器引用都以美元符号（$）开头，在其后跟随数字；因此，$10 指代寄存器 10。其他的汇编器则更为灵活：允许程序员指定寄存器的名字。也就是说，程序员可以插入一系列声明代码，为某个寄存器定义具体的名字。因此，你可能会发现像这样的声明：

```
        #
        #定义程序中使用的寄存器名称
        #
        r1        register 1        # 定义名称 r1 为寄存器 1
        r2        register 2        # r2,r3,r4 类似
        r3        register 3
        r4        register 4
```

允许程序员自定义寄存器名称的主要好处来源于增强的可读性：程序员可以选择具有意义的名字。例如，假定有一个用于管理链表的程序。程序员可以赋予寄存器具有意义的名字，而不是使用数字或者类似 r6 的名字：

```
        #
        # 为链表程序定义寄存器名称
        #
        listhd    register 6        # 保存列表的起始地址
        listptr   register 7        # 在列表中移动
```

当然，允许程序员选择寄存器的名字也可能引发不可预测的后果，使得代码难以理解。例如，考虑阅读如下程序，程序员使用了声明：

```
        r3        register 8         # 将名称 r3 定义为寄存器 8！
```

要点可以归纳如下：

> 由于寄存器是汇编语言编程的基础，每种汇编语言都提供了标识寄存器的方法。在一些语言中，专门的名字被保留；在另一些语言中，程序员可以为寄存器分配名字。

9.8 操作数类型

如同第 7 章的解释，处理器常常提供多种类型的操作数。为每种处理器设计的汇编语言必须包含硬件提供的所有操作数类型。举例而言，假设有一个处理器允许将每个操作数指定

---

 x86 平台上的 MASM 汇编语言和 AT&T 汇编语言。——译者注

为一个寄存器、一个立即数（即一个常数）、一个内存地址，或是一个通过将指令中的偏移量与某个寄存器中的内容相加后得到的内存地址。为该种处理器设计的汇编语言需要为每种操作数类型提供相应的语法形式。

我们说过汇编语言常常使用特殊的字符或名字来区分寄存器与其他值。例如，在许多汇编语言中，10 指代常量 10，r10 则指代寄存器 10。然而，另外一些汇编语言需要将特殊字符置于常量前（而不是寄存器前，例如，#10 指代常量 10）。

所有汇编语言都必须为每种操作数类型提供语法形式。例如，考虑将值从源复制到目的地。如果处理器既允许指令将源指定为寄存器（直接访问），也允许指定为某个内存位置（间接访问），那么汇编语言必须为程序员提供区分这两种访问的方法。一种汇编语言使用括号来区分这两种访问：

```
mov     r2,r1      # 将寄存器 1 的内容复制到 寄存器 2
mov     r2,(r1)    # 将寄存器 1 的内容作为指针，指向一个内存，然后
                   # 将该位置处的值拷贝到寄存器 2
```

要点是：

> 汇编语言需要为处理器支持的每种操作数类型提供相应的语法形式，包括寄存器引用、立即数，以及对内存的间接引用。

9.9 汇编语言的编程范式和语言风格

编程语言为程序员提供了组织数据与代码的机制，因而会影响编程过程和最终代码。汇编语言在这一点上尤其显著，因为它既不提供高层次结构体，也不遵从某种特定的风格。相反，汇编语言给予程序员完全的自由，允许程序员以任意顺序的指令进行编程，在任意内存位置存储数据。

有经验的程序员明白一致性和清晰性通常比聪明的技巧或优化更为重要。因此，经验丰富的程序员会发展出一套语言风格：他们持续使用的编程模式。下一节将使用基本的控制结构展示汇编语言的语言风格。

9.10 用汇编语言实现 if 语句

我们使用术语条件执行指代：视特定条件，既有可能执行，也有可能不执行的代码。由于条件执行是编程的基本要素之一，高级语言通常包含了一条或多条允许程序员表达条件执行的语句。最基本的条件执行是 if 语句。

在汇编语言中，程序员必须编码一系列的语句来实现条件执行。图 9.1 展示了一个典型的高级语言中条件执行采用的形式，以及在一个典型汇编语言中的等价形式。

if （条件） {
执行语句
}
下一条语句；

编写条件测试代码
并设置条件码
如果条件为假，则分去跳转到label处
执行代码
label: 下一条语句的代码

a)   b)

图 9.1　a) 条件执行在某种高级语言中的形式；b) 等价的汇编语言代码

如图 9.1 所示，一些处理器使用条件码作为条件执行的基本机制。每当处理器执行了一个算术或比较运算，ALU 都会设定条件码。条件分支指令可以用来测试条件码，如果条件码与指令条件相符则会执行分支。注意在模拟 if 语句的例子中，分支指令必须测试条件的对立面（即，当条件不满足的时候才执行分支）。例如，考虑语句：

if (a == b) { x }

如果我们令 a 和 b 分别存储于寄存器 5 和寄存器 6，等效的汇编语言为：

```
cmp     r5, r6      # 比较 a 和 b 的值并设置 cc
bne     lab1        # 如果前面的比较不相等，则分支发生
执行代码 x
        ...
lab1: 下一条语句的代码
```

9.11 用汇编语言实现 if-then-else 语句

高级语言中的 if-then-else 语句指定了当条件为真或条件为假两种情况下要执行的代码。图 9.2 展示了与 if-then-else 语句等效的汇编语言。

```
if  （条件）  {                      编写条件测试代码
    条件为真时执行的语句部分                并设置条件码
} else {
    条件为假时执行的语句部分           如果条件为假，则分支跳转到 label1 处
}                                  执行条件为真时的代码
下一条语句；                          分支跳转到 label2
                           label1: 条件为假时的代码
                           label2: 下一条语句的代码

         a）                             b）
```

图 9.2 a）某种高级语言中的 if-then-else 语句；b）等效的汇编语言代码

9.12 用汇编语言实现 for 循环语句

术语"确定性迭代"指代一种编程语言结构，该结构允许一段代码执行固定的次数。典型的高级语言使用 for 语句实现确定性迭代。图 9.3 展示了与 for 语句等效的汇编语言。

```
for (i=0; i<10; i++) {                  将寄存器 r4 设置为 0
    执行语句                     label1: 将寄存器 r4 的内容与 10 相比较
}                                       如果大于等于，则跳转到 label2
下一条语句                                执行代码
                                        将寄存器 r4 的值加 1
                                        跳转到 label1
                               label2: 执行下一条语句

         a）                             b）
```

图 9.3 a）某种高级语言中的 for 语句；b）等效的汇编语言代码，使用寄存器 4 作为循环变量

确定性迭代指出了高级语言与汇编语言之间一个有趣的不同点：代码的位置。在汇编语言中，实现控制结构的代码会被分散到单独的位置。特别地，尽管程序员认为初始化、计算条件测试、自增操作都是在 for 语句的首部确定的，然而与之等效的汇编代码却将自增操作放在了主体代码的后面。

9.13　用汇编语言实现 while 循环语句

在编程语言术语中，不定迭代指执行零次或多次循环。通常，高级语言使用关键字 while 表明不定迭代。图 9.4 展示了与 while 语句等价的汇编语言。

```
while (condition) {
        执行语句
}
下一条语句;
```

```
label1:  计算条件的代码
         如果条件不满足，则跳转到 label2
         执行代码
         跳转到 label1
label2:  执行下一条语句
```

a）　　　　　　　　　　　　　　　　　　b）

图 9.4　a）某种高级语言中的 while 语句；b）等效的汇编语言代码

9.14　用汇编语言实现子程序调用

我们使用术语"过程"或"子程序"指代一段可以被调用、执行计算并将控制权归还调用者的代码。术语"过程调用"或"子程序调用"指代了这样的调用过程。关键之处在于，当子程序被调用时，处理器记录调用发生的位置，一旦调用子程序结束，就在那个位置立刻恢复执行。这样，一段子程序可以被程序的不同位置调用，因为控制权总会交还到调用发生的位置。

许多处理器提供两种基本的汇编指令，用于过程调用。跳转到子程序（jsr）指令保存当前代码位置，并跳转到特定位置的子程序；子程序返回（ret）指令使得处理器返回之前保存的代码位置。图 9.5 展示了如何使用这两种汇编指令声明过程以及两次调用。

```
x() {
        函数 x 的执行语句
}

x();
其他语句;
x();
下一条语句;
```

```
x:  x 子过程的执行语句
    ret


    jsr x
    其他语句的代码
    jsr x
    下一条语句的代码
```

a）　　　　　　　　　　　　　　　　　　b）

图 9.5　a）过程 x 的声明，以及两次调用；b）等效的汇编语言代码

9.15　用汇编语言实现带参数的子程序调用

在高级语言中，过程调用是参数化的。过程体中包含对形式参数的引用，调用者则将一系列值传入，这些值也被为实参。当过程引用一个形参时，其值会从对应的实参获取。问题出现了：汇编语言中，如何将实参传递给过程中的形参呢？

不幸的是，参数传递的细节随处理器不同而千差万别。例如，以下三类机制都被应用在至少一种处理器中[⊖]：

  ⊖　记录返回地址（即，ret 指令应当跳转到的位置）的存储位置常常与参数的存储位置有关。

- 处理器使用内存中的栈保存参数。
- 处理器使用寄存器窗口传递参数。
- 处理器使用专用的参数寄存器。

举例而言，考虑一个在过程调用时将寄存器 r1 ～ r8 用作参数传递的处理器。图 9.6 展示了在这种体系结构下的过程调用汇编代码。

```
x(a, b) {
    过程x的执行语句
}


x(-4, 17);
其他语句；
x(71, 27 ) ;
下一条语句
```

```
x:  过程x的语句代码，
    假设寄存器1包含是参数a,
    寄存器2包含参数b

    ret

    将-4加载到寄存器1
    将17加载到寄存器2
    jsr  x
    其他语句代码
    将71加载到寄存器1
    将27加载到寄存器2
    jsr  x
    下一条语句
```

a)   b)

图 9.6　a) 参数化过程 x 的声明，以及在高级语言中的两次调用；b) 一个处理器在寄存器中
　　　传递参数的等效汇编语言代码

9.16 对程序员的影响

各式参数传递机制的影响应该是清楚的：传递和引用参数所需的汇编语言代码在不同的处理器上有着显著差异。更为重要的是，程序员可以自由地发明新的参数传递机制以提高性能。例如，内存引用比寄存器引用更慢。因此，即便某种硬件被设计为使用内存中的栈，程序员也可以选择在通用寄存器中而不是在内存中传递参数来提升性能。

要点是：

> 汇编语言中并没有使用单一的参数传递范式，因为存在着多种用于参数传递的硬件装置。此外，程序员有时会使用基本机制的替代方案以优化性能（例如，通过寄存器传参）。

9.17 函数调用的汇编语言实现代码

术语"函数"指代返回以单一值为结果的过程。例如，可以建立一个算术函数，计算 $\sin(x)$，指定参数为角度 x，函数返回这个角度的正弦值。与过程类似，函数可以有参数，可以在程序的任意位置调用。因此对于给定的处理器，函数调用与过程调用使用相同的基本机制。

除去函数与过程之间的相似之处，函数调用还需要确定一个额外的细节：确切地指定函数结果如何返回的协定。如同参数传递一样，有许多可选的实现存在。一些处理器提供了单独的专用硬件寄存器存放返回值。其他处理器则假设程序会使用通用寄存器中的一个。无论

怎样。在执行 ret 指令前，函数必须将返回值放入处理器指定的位置。当函数返回后，调用程序会取出并使用返回值。

9.18　汇编语言与高级语言间的交互

汇编语言代码和高级语言代码之间，两种方向的交互都是可行的。换句话说，一个用高级语言编写的程序可以调用由汇编语言编写的过程或函数，一个用汇编语言编写的程序也可以调用由高级语言编写的过程或函数。当然，由于程序员只能控制汇编语言代码而不能控制高级语言代码，汇编程序必须遵从高级语言使用的调用规则。也就是说，汇编代码必须使用与高级语言相同的存储返回地址、调用过程、传递参数以及返回函数值的机制。

为什么程序员要将用汇编语言编写的代码与用高级语言编写的代码混在一起？在一些情形下，由于高级语言不允许与底层硬件的直接交互，汇编代码是必须的。例如，一台拥有特殊图形硬件的计算机可能需要汇编代码发挥图形功能。然而，在大多数情况下，汇编语言仅用来优化性能———一旦程序员认定某段代码为性能瓶颈，他就会用汇编语言编写该段代码的优化版本。通常，将优化的汇编语言代码放入一个过程或函数中，程序的其他部分仍由高级语言编写。因此，由高级语言编写的代码和由汇编语言编写的代码之间最常见的交互情形是：由高级语言编写的程序调用由汇编语言编写的过程或函数。

要点是：

> 由于用汇编语言编写应用程序是较为困难的，汇编语言仅为高级语言功能不足或性能低下的情形而保留。

9.19　变量和存储的汇编代码

除了生成指令的语句，汇编语言允许程序员定义数据项。初始化的和未初始化的变量都可以声明。例如，一些汇编语言使用伪指令 .word 声明一个占用 16 位的存储空间的项，伪指令 .long 声明 32 位的存储空间的项。图 9.7 展示了高级语言中的声明和等效的汇编代码。

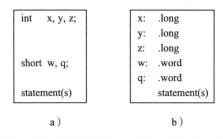

图 9.7　a）高级语言中的变量声明；b）等效的汇编语言的变量声明

关键字 .word 和 .long 是汇编语言的伪指令。尽管它们出现在与操作码相同的位置上，但伪指令并不相当于指令。相反，伪指令控制编译转换。图 9.7 中的伪指令指定保留一定的存储空间以容纳变量。在大多数汇编语言中，保留存储空间的伪指令也允许程序员指定初值。因此，伪指令：

```
x:  .word  949
```

保留了 16 字节的内存位置，为该位置赋值整数值 949，并将 x 定义为程序员可以用来引用该位置的标签（即，名字）。

9.20 汇编语言代码样例

一个例子将有助于明确概念并展示汇编语言风格是如何在实践中得以应用的。为了帮助比较 x86 和 ARM 架构，我们将在每个架构上使用相同的样例。为了使示例更清晰，我们以一段 C 程序开始，随后展示如何在汇编语言上实现相同的算法。

我们将使用平常的例子演示少量基础案例，而不会使用较长的复杂程序展示所有用法。特别地，它将展示不定迭代和条件执行。这个例子包含了一段打印斐波那契数列初始项的代码。数列的前两项都是 1，每个后续项的值均由其前两项的和计算得到。因此，数列会是 1，1，2，3，5，8，13，21，等等。

为了确保我们的例子与计算机体系结构的概念相关，我们会安排代码打印斐波那契数列中所有不超过用补码表示的 32 位有符号整数范围的项。随着数列生成，代码会统计大于 1000 的项的个数，并输出摘要。

9.20.1 C 语言版斐波那契程序示例

图 9.8 展示了一个 C 程序，用于计算斐波那契数列中所有不超过用补码表示的 32 位有符号整数范围的项。程序使用 printf 函数打印每个值。它还统计了大于 1000 的项的个数，并使用 printf 函数输出了总项数以及计算中使用的变量的最终值的一份摘要。

```
#include <stdlib.h>
#include <stdio.h>
#include <ctype.h>

int     a = 1, b = 1, n, tmp;

void    main(void) {

        n = 0;
        printf(" %10d\n", b);
        printf(" %10d\n", a);
        while ( (tmp = a + b) > 0 ) {
                b = a;
                a = tmp;
                if (a > 1000) {
                        n++;
                }
                printf(" %10d\n", a);
        }

        printf("\n大于1000的值的数量是%d\n", n);
        printf("最终值是: a=0x%08X b=0x%08X tmp=0x%08X\n",a,b,tmp);
        exit(0);
}
```

图 9.8 一个 C 程序示例，计算并打印斐波那契数列中的值，数值符合一个 32 位有符号整数的范围

图 9.9 展示了程序运行的结果。输出的最后一行给出了变量 a、b 和 tmp 在 while 循环终止后的值。变量 a（十进制值 1 836 311 903）的十六进制值为 6D73E55F。注意变量 tmp 的值为 B11924E1，最高二进制位为 1。如同第 3 章说明的那样，当 tmp 解释为

有符号整数时，它的值将会是负的，这也是循环终止的原因。同时注意变量 n，即用于统计斐波那契数个数的变量，其值为 30。这个结果可以通过对输出中大于 1000 的行计数来验证。

```
                          1
                          1
                          2
                          3
                          5
                          8
                         13
                         21
                         34
                         55
                         89
                        144
                        233
                        377
                        610
                        987
                       1597
                       2584
                       4181
                       6765
                      10946
                      17711
                      28657
                      46368
                      75025
                     121393
                     196418
                     317811
                     514229
                     832040
                    1346269
                    2178309
                    3524578
                    5702887
                    9227465
                   14930352
                   24157817
                   39088169
                   63245986
                  102334155
                  165580141
                  267914296
                  433494437
                  701408733
                 1134903170
                 1836311903
    大于 1000 的值的数量是 30
        最终值是：a=0x6D73E55F  b=0x43A53F82  tmp=0xB11924E1
```

图 9.9　运行图 9.8 中的程序产生的输出

9.20.2　x86 汇编语言版斐波那契程序示例

图 9.10 展示了 x86 汇编代码，其生成的输出与图 9.8 中的程序相同。代码使用 gcc 调用规则来调用 printf。

```
        .data
a:      .long   1               # initialized data (a and b)
b:      .long   1
        .comm   n,4,4           # uninitialized data (n and tmp)
        .comm   tmp,4,4

fmt1:   .string " %10d\n"
fmt2:   .string "\nThe number of values greater than 1000 is %d\n"
fmt3:   .string "Final values are: a=0x%08X b=0x%08X tmp=0x%08X\n"

        .text
        .globl  main
main:
        movl    $0, n           # n = 0

        movl    b, %esi         # set up args to print a
        movl    $fmt1, %edi
        movl    $0, %eax
        call    printf

        movl    a, %esi         # set up args to print b
        movl    $fmt1, %edi
        movl    $0, %eax
        call    printf

while:
        movl    a,%eax          # eax <- a
        addl    b,%eax          # eax <- eax + b
        movl    %eax,tmp        # tmp <- eax
        testl   %eax, %eax      # test eax
        jle     endwhile        # if <= 0 jump to endwhile

        movl    a, %eax         # eax <- a
        movl    %eax, b         # b <- eax
        movl    tmp, %eax       # eax <- tmp
        movl    %eax, a         # a <- eax

        cmpl    $1000, %eax     # compare 1000 to eax
        jle     endif           # if <= jump to endif
        movl    n, %ebx         # ebx <- n
        addl    $1, %ebx        # ebx <- ebx + 1
        movl    %ebx, n         # n <- ebx

endif:

        movl    a, %esi         # set up args to print a
        movl    $fmt1, %edi
        movl    $0, %eax
        call    printf
        jmp     while

endwhile:
        movl    n, %esi         # set up args to print n
        movl    $fmt2, %edi
        movl    $0, %eax
        call    printf

        movl    tmp, %ecx       # set up args to print a, b, and tmp
        movl    b, %edx
        movl    a, %esi
        movl    $fmt3, %edi
        movl    $0, %eax
        call    printf

        movl    $0, %edi        # exit with argument 0
        call    exit
```

图 9.10   一个 x86 汇编语言程序，遵循图 9.8 所示的 C 程序

9.20.3　ARM 汇编语言版斐波那契程序示例

图 9.11 展示了 ARM 汇编代码，其生成的输出与图 9.8 中的程序相同。x86 版和 ARM 版代码均未优化。在两个例子中。一些指令都可以通过将变量保留在寄存器中而消除。作为示例，少量的优化工作已在 ARM 代码上完成：初始化寄存器 r4 ～ r8，用于容纳变量 a、b、n、tmp 和格式字符串 fmt1 的地址。由于被调用的子程序需要保存和恢复寄存器的值，程序运行过程中寄存器的值保持不变。因此，当调用 printf 输出变量 a 时，程序可以使用单条指令将格式字符串的地址移入第一个参数寄存器（r0）：

```
mov  r0, r8
```

同理，程序可以使用单条指令将 a 的值载入第二个参数寄存器（r1）：

```
ldr  r1, [r4]
```

请练习其他提升代码效率的方法。

```
        .text
        .align  4
        .global main
main:
        movw    r4, #:lower16:a      @ r4 <- &a
        movt    r4, #:upper16:a
        movw    r5, #:lower16:b      @ r5 <- &b
        movt    r5, #:upper16:b
        movw    r6, #:lower16:n      @ r6 <- &n
        movt    r6, #:upper16:n
        movw    r7, #:lower16:tmp    @ r7 <- &tmp
        movt    r7, #:upper16:tmp
        movw    r8, #:lower16:fmt1   @ r8 <- &fmt1
        movt    r8, #:upper16:fmt1

        mov     r0, #0
        str     r0, [r6]             @ n = 0

        ldr     r1, [r5]             @ r1 <- b
        mov     r0, r8               @ r0 <- &fmt1
        bl      printf

        ldr     r1, [r4]             @ r1 <- a
        mov     r0, r8               @ r0 <- &fmt1
        bl      printf

while:
        ldr     r3, [r4]             @ r3 <- a
        ldr     r2, [r5]             @ r2 <- b
        add     r1, r3, r2           @ r1 <- a + b
        str     r1, [r7]             @ tmp <- r1  (i.e., tmp <- a + b)
        cmp     r1, #0               @ test tmp
        ble     endwhile             @ if tmp <= 0 go to endwhile

        str     r3, [r5]             @ b <- a
        str     r1, [r4]             @ a <- tmp

        cmp     r1, #1000            @ compare a and 1000
        ldrgt   r3, [r6]             @ if a>1000 r3 <- n
        addgt   r3, r3, #1           @ if a>1000 r3 <- r3 + 1
        strgt   r3, [r6]             @ if a>1000 n <- r3
        mov     r0, r8               @ r0 <- &fmt1
        bl      printf               @ r1 is still a

        b       while
```

图 9.11　一个 ARM 汇编语言程序，遵循图 9.8 所示的算法

```
endwhile:

        movw    r0, #:lower16:fmt2
        movt    r0, #:upper16:fmt2      @ r0 <- &fmt2
        ldr     r1, [r6]               @ r1 <- n
        bl      printf

        ldr     r3, [r7]               @ r3 <- tmp
        ldr     r2, [r5]               @ r2 <- b
        ldr     r1, [r4]               @ r1 <- a
        movw    r0, #:lower16:fmt3
        movt    r0, #:upper16:fmt3      @ r0 <- &fmt3
        bl      printf

        mov     r0, #0
        bl      exit                   @ exit with argument 0

        .align 4

        .comm   tmp,4,4                @ uninitialized data
        .comm   n,4,4
        .data
        .align 4

b:      .word   1                      @ initialized data
a:      .word   1

fmt1:   .ascii  " %10d\012\000"
fmt2:   .ascii  "\012The number of values greater than 1000 is %d\012\000"
fmt3:   .ascii  "Final values are: a=0x%08X b=0x%08X tmp=0x%08X\012\000"
```

图 9.11 （续）

9.21 两次扫描的汇编器

我们使用术语汇编器指代一类可以将汇编语言翻译成二进制代码供处理器执行的程序。概念上，汇编器与编译器类似，因为它们都以源程序为输入，产生等效的二进制代码作为输出。然而，汇编器与编译器不同，因为编译器负责的部分远多于汇编器。例如，编译器可以决定如何分配变量的内存空间，对各条语句使用哪些指令，以及将哪些值保留在通用寄存器中。汇编器不能做出类似的选择，因为源程序已经指定了精确的细节实现。汇编器与编译器的不同点可以总结为：

尽管编译器和汇编器都将源程序翻译为等效的二进制代码，编译器拥有更多的自由，用于选择将哪些值保留在寄存器中，对各条语句翻译使用哪些指令，以及如何分配变量的内存空间。汇编器仅仅为源程序中的语句提供一一对应的等效二进制形式翻译。

概念上来说，汇编器使用两次扫描算法，这意味着汇编器会对源程序进行两次扫描。为了理解为什么需要两次扫描，观察到许多分支指令包含了前向引用（即，用于引用的分支标签在之后才被定义）。当汇编器第一次到达分支语句处时，汇编器无法得知标签会被指定为哪个地址。因此，汇编器进行一次初始化扫描，计算出每个标签在最终程序中的地址，并将这些信息存放于名为符号表的数据表中。接下来汇编器进行第二次扫描，用于生成代码。图 9.12 通过展示一个汇编语言代码片段及其语句的相对位置说明了这一思想。

在第一次扫描中，汇编器计算出指令的大小，但并不填入实际细节。一旦汇编器完成了第一次扫描，它就记录了每条语句的位置。结果是，汇编器得知了程序中每个标签的值。随后，如汇编器知道 **label4** 开始于位置 0x20（十进制值 32），因此当第二次扫描汇编器遇到如下语句：

    br label4

位置			汇编代码	
0x00	–	0x03	x:	.long	
0x04	–	0x07	label1:	cmp	r1, r2
0x08	–	0x0B		bne	label2
0x0C	–	0x0F		jsr	label3
0x10	–	0x13	label2:	load	r3, 0
0x14	–	0x17		br	label4
0x18	–	0x1B	label3:	add	r5, 1
0x1C	–	0x1F		ret	
0x20	–	0x23	label4:	ld	r1, 1
0x24	–	0x27		ret	

图 9.12 汇编语言代码片段以及分配给一个设想处理器的每条语句的位置。位置由汇编器的第一次扫描确定

汇编器可以生成一个以立即数 32 为操作数的分支指令。类似地，其他的每个分支指令都可以在第二次扫描中生成相应的代码，因为每个标签的位置都是已知的。

理解汇编器的细节并不重要，只要知道如下要点：

> 概念上来讲，汇编器对汇编语言程序进行两次扫描。在第一次扫描中，汇编器为每条语句指定了相对位置。在第二次扫描中，汇编器使用指定后的位置生成代码。

现在既然我们理解了汇编器是如何工作的，我们可以讨论使用汇编器的一个主要优势：对分支地址的自动重新计算。为了看出自动重算如何有用，考虑一个编写程序的程序员。如果程序员在程序中插入了一条语句，其后继语句的地址都将发生改变。于是，每个引用了插入点之后标签的分支指令都必须改变。

没有了汇编器，修改分支标签将会是乏味而易出错的。此外，程序员常常在调试过程中进行一系列的代码修改。汇编器允许程序员方便地修改程序——程序员只需要重新运行汇编器，就可以生成所有分支地址都更新过的二进制文件。

9.22 汇编语言的宏

由于汇编语言是低级的，即便是普通的操作也需要许多指令。更重要的是，汇编语言程序员时常会发现不同实例之间的代码序列仅有微小的不同，而大量代码都是重复的。重复代码使得编程变得乏味，如果程序员使用剪切 – 粘贴的方法，还可能会引入错误。

为了帮助程序员避免重复编程，许多汇编语言都包含了带参宏的功能。为了使用宏功能，程序员需要在源程序中添加两种类型的项：一个或多个宏定义，以及一个或多个宏展开。注意，C 程序员会认出汇编语言宏，因为它们操作起来类似 C 的预处理器宏。

本质上，宏指令功能为汇编器增加了额外的扫描过程。汇编器首先进行初始扫描，展开所有宏。有一点概念很重要，宏展开扫描并不解析汇编语言语句，也不负责指令的翻译。事实上，宏预处理扫描将包含宏的汇编语言源程序作为输入，经过处理后，将宏被展开的汇编语言源程序作为输出。也就是说，宏预处理扫描的输出变为了普通的两次扫描汇编器的输

入。许多汇编器具有一个选项，允许程序员获取一份展开的源代码拷贝用于调试（即，检查宏展开是否如同程序员预期的那样进行了）。

尽管汇编器宏的细节随汇编语言不同而不同，它的概念是明确的。宏定义通常被关键字（如 macro 和 endmacro）括在一起，并包含一系列代码。例如，图 9.13 显示了一个名为 addmem 的宏定义，用于将两个内存位置的内容相加并将结果放入第三个位置。

```
macro   addmem(a, b, c)
load    r1, a      # 将第一个参数加载到寄存器 1 中
load    r2, b      # 将第二个参数加载到寄存器 2 中
add     r1, r2     # 将寄存器 2 和寄存器 1 相加，并存到寄存器 1
store   r3, c      # 将结果存到第三个参数中
endmacro
```

图 9.13　使用关键字 macro 和 endmacro 的示例宏定义。宏中的项是指参数 a、b 和 c

一旦宏完成定义，它就可以展开。程序员调用宏，并提供一系列参数；汇编器将宏调用替换为一份宏功能体的拷贝，并用实参取代形参。例如，图 9.14 展示了由图 9.13 定义的 addmem 宏展开所生成的汇编代码。

```
#
# 注意：下面的代码来自 addmem(xxx, YY, zqz)
#
load    r1, xxx    # 将第一个参数加载到寄存器 1 中
load    r2, YY     # 将第二个参数加载到寄存器 2 中
add     r1, r2     # 将寄存器 2 和寄存器 1 相加，并存到寄存器 1 中
store   r3, zqz    # 将结果存到第三个参数中
```

图 9.14　汇编代码的一个示例，由宏 addmem 展开形成

有重要的一点需要理解：尽管图 9.13 中的宏定义看起来像是过程声明，但宏与过程的原理是不同的。第一，声明宏并不产生任何机器指令。第二，宏被展开，而不是被调用。也就是说，完整的宏结构体会被复制到汇编程序中。第三，宏的实参会被视为字符串，用于替代对应的形参。理解实参的字面值替换是至关重要的，因为它可能引发预期之外的结果。例如，考虑图 9.15 指出的，一个非法的汇编程序是如何由于宏展开而产生的。

```
#
#注意：下面的代码来自 addmem(1+, %*J , +)
#
load    r1, 1+     # 将第一个参数加载到寄存器 1 中
load    r2, %*J    # 将第二个参数加载到寄存器 2 中
add     r1, r2     # 将寄存器 2 和寄存器 1 相加，并存到寄存器 1 中
store   r3, +      # 将结果存到第三个参数中
```

图 9.15　宏扩展名可导致非法程序的一个例子。汇编器在不检查其有效性的情况下替换参数

如图 9.15 所示，任意字符串都可用作宏的实参，这也意味着程序员可能无意间犯下错误。直到汇编器处理展开的源程序之前，没有触发任何警告。例如，例子中第一个实参包含字符串 1+，而这是一个语法错误。当它所在的宏被展开，汇编器遇见了指定的字符串，生成了：

load r1, 1+

类似地，对第二个参数 %*J 的替换，会产生：

load r2, %*J

这是一条没有意义的语句。然而，直到宏展开器运行完毕，汇编器试图汇编程序之前，这类错误都不会被检测到。更加重要的是，由于宏展开生成了源代码，错误信息的行号均指代展开后的程序，而不是程序员提交的原始代码。

要点是：

> 宏展开功能机制对汇编语言源程序进行预处理，产生另一个源程序，其中的宏调用均被展开替换为宏内容。由于宏处理器使用文本替换，不正确的参数将不会被宏处理器检测到；直到宏处理器处理完成后，错误才能被汇编器检测到。

9.23 小结

汇编语言是低级语言，与处理器的特性有关，如指令集、操作数寻址模式以及寄存器。存在着许多汇编语言，对应于每种处理器都有一种或多种。抛开不同之处，大多数汇编语言遵循着相同的基本结构。

汇编语言中的每条语句对应着一条单独的底层硬件指令。汇编语句由可选的标签、操作码和操作数组成。对应于一种处理器的汇编语言为该处理器支持的每种操作数类型提供了相应的语法形式。

尽管汇编语言之间存在区别，大多数汇编语言遵从相同的基本范式。因此，我们可以通过指定典型汇编语言的语句序列实现条件执行、具有备用路径的条件执行、确定性迭代以及不定迭代。大多数处理器包含了用于调用子程序或函数并返回调用者的指令。参数传递、返回地址存储以及向调用者返回值的细节会有所不同。一些处理器将参数返回在内存中，其他一些则借助寄存器。

汇编器是一种将汇编语言源程序翻译为处理器可以执行的二进制代码的软件。概念上来讲，汇编器对源程序进行两次扫描：一次分配地址，一次生成代码。许多汇编器具有宏功能，可以帮助程序员避免乏味的代码重复；宏展开器生成源程序，随后被汇编。由于宏展开器使用文本替换，它可能会产生非法代码，只能在汇编器的两次主要扫描中被检测并报告。

习题

9.1 陈述并解释低级语言的特征。

9.2 程序员希望在汇编语言程序中找到什么注释？

9.3 如果程序包含 if-then-else 语句，当条件为真时，将执行多少条分支指令？当条件为假时呢？

9.4 汇编语言用什么实现重复语句？

9.5 说出商业处理器中使用的三种参数传递机制。

9.6 编写一个汇编语言函数，它接受两个整数参数，将它们相加，并返回结果。通过从 C 中调用它来测试你的函数。

9.7 编写一个声明三个整数变量的汇编语言程序，将它们分配赋值 1、2 和 3，然后调用 printf 来格式化打印这些值。

9.8 程序员有时会错误地说汇编语言（assembler language）。他们有什么困惑，应该使用什么术语？

9.9 在图 9.12 中，如果在 label4 之后插入一条跳转到 label2 的指令，会跳到哪个地址？如果在

label1 之前插入新指令，地址是否会改变？

9.10 观察图 9.8 中用 C 编写的斐波那契程序示例。程序是否可以重新设计得更快？如何做？

9.11 通过选择将值保存在寄存器中而不是将它们写入内存来优化图 9.10 和图 9.11 中的斐波那契程序。请解释你的选择。

9.12 比较图 9.10 和图 9.11 中的 x86 版和 ARM 版的斐波那契程序。你觉得哪个版本需要更多的代码？为什么？

9.13 使用 gcc 上的 -S 选项为 C 程序生成汇编代码。例如，尝试图 9.8 中的程序。解释所有生成的额外代码。

9.14 使用汇编语言宏而不是函数的主要缺点是什么？

存 储 器

内存与存储器

10.1　引言

前面的章节考察计算机系统中使用的主要组件之一——处理器，阐述了处理器体系结构，包括指令集、操作数和复杂 CPU 的结构。

本章介绍计算机系统中使用的第二个主要组件：内存。接下来的章节将探讨内存的基本形式：物理内存、虚拟内存和缓存。后面的章节将考察输入 / 输出（I/O），并说明 I/O 设备如何使用内存。

10.2　定义

当程序员想到内存时，通常关注传统计算机中的主存储器（主存）。从程序员的角度来看，主存储器保存正在运行的程序以及程序使用的数据。从更广泛的意义讲，计算机系统使用包括通用寄存器、主存储器和辅助存储器（例如磁盘或闪存）的存储层次结构。在本书中，我们将使用术语"内存"来具体指代主存储器，并且通常将术语"存储器"用于更广泛的层次结构和程序员使用的层次结构的抽象。

架构师将内存当作为数据值提供存储的固态数字设备。接下来将通过考察各种可能性来阐明这个概念。

10.3　内存的关键方面

当架构师开始设计内存系统时，会出现两个关键选择：

- 技术。
- 组织。

技术是指用于构建内存系统的底层硬件装置的属性。我们将了解到许多技术是可用的，并查看其属性的示例。我们还将学习基本技术是如何运作的，并了解每种技术在何时适用。

组织是指用基础技术形成工作系统的方式。我们将看到，关于如何将一位内存单元组合成多位内存单元有很多选择，并且将知道有多种方式将内存地址映射到底层单元。

本质上，内存技术是指底层的硬件（即单个芯片），而内存组织则是指这些碎片如何组合起来创建有意义的存储系统。我们将看到，这两方面都会影响内存系统的成本和性能。

10.4　内存技术的特点

由于已经发明了大量的技术，内存技术不易定义。为了帮助阐明给定类型内存的广泛目的和意图，工程师使用以下几个特征：

- 易失或非易失。
- 随机或顺序访问。
- 读写或只读。

- 主或次。

10.4.1 内存易失性

如果内存的内容在断电时消失，则内存被分类为易失性存储器。大多数计算机使用的主存是易失性的——当计算机关闭时，存储在主存中的正在运行的应用程序和数据将消失。

相反，如果存储内容在断电后仍能存在，则内存被分类为非易失性存储器[⊖]。例如，数码相机和固态硬盘（SSD）中使用的闪存是非易失性的——存储在相机或磁盘上的数据，在电源关闭时保留。事实上，即使将存储设备从相机或计算机中取出，数据仍然存在。

10.4.2 内存访问范式

最常见的内存形式是随机访问，这意味着内存中的任何值都可以在固定的时间内访问，而不受其位置或访问的位置顺序的影响。随机存取存储器（RAM）这个术语非常普遍，消费者在购买计算机时会查看 RAM。随机访问的替代方法是顺序访问，其中访问给定值的时间取决于该值在存储器中的位置和先前访问的值的位置（通常，访问存储器中的下一个顺序位置比访问其他位置速度快得多）。例如，一种类型的顺序访问存储器由一个用硬件实现的 FIFO（先进先出）队列组成。

10.4.3 值的持久性

内存的特点是可以提取、更新或者两者兼有。传统计算机系统中使用内存的主要形式是允许随时访问（读取）或更新（写入）内存中的任意值。其他形式的内存更持久。例如，某些内存被认为是只读存储器（ROM），因为内存包含可访问的数据值，但无法更改。

可编程只读存储器（PROM）是 ROM 的一种形式，被设计为允许将数据值存储在内存中，然后可多次访问。在极端情况下，PROM 只能写入一次——高电压用于永久更改芯片。

中间形式的持久性也存在。例如，通常用于智能手机和固态硬盘的闪存代表着永久性 ROM 与几乎没有永久性的技术之间的一种折中，虽然在断电时保留数据，但闪存中的项不会永远保持下去。习题 10.9 要求读者研究闪存技术，以发现闪存设备闲置时数据的持续时间。

10.4.4 主存和辅存

术语主存储器（主存）和辅助存储器（辅存）是定性的。最初，这些术语用于区分计算机的快速、易失性的内部主存储器和由外部机电设备（如硬盘）提供的较慢、非易失性存储器。但是，许多计算机系统现在将固态存储技术用于主存和辅存。特别是，固态硬盘（SSD）用于辅存。

10.5 内存层级的重要概念

主存储器和辅助存储器的概念作为计算机系统内存层级的一部分出现。要理解层级结构，必须考虑性能和成本：具有最高性能特征的内存也是最昂贵的。因此，架构师必须选择满足成本约束的内存。

⊖ 称为 NonVolatile RAM（NVRAM）的新兴技术像传统主机一样运行内存，但在电源关闭时保留值。

对内存使用的研究产生了一个有趣的原理：对于给定的成本，在整个计算机中使用一种类型的内存不能实现最佳性能。相反，应该将一组技术安排在概念性内存层级结构中。该层级结构具有少量的最高性能内存、较大部分的稍慢一些的内存等。例如，架构师会选择少量的通用寄存器、大量的主存储器和更多的辅助存储器。总结一下：

> 为了在给定的成本下优化内存性能，一系列技术被安排在一个层级结构中，其中包含相对较少的快速内存和较大数量的较便宜但较慢的内存。

第 12 章进一步研究了内存层级结构的概念，介绍层级结构背后的科学原理，并解释称为缓存的内存机制如何使用该原则在不增加成本的情况下实现更高性能。

10.6 指令和数据存储

回想一下最早的一些计算机系统使用哈佛体系结构，为程序和数据提供单独的存储器。后来，大多数架构师采用冯·诺依曼体系结构，其中一个存储器同时存储程序和数据。

有趣的是，专用固态存储器技术的出现重新推动了程序和数据存储器的分离——专用系统有时使用单独的存储器。用于存放程序的存储器称为指令存储器，用于存放数据的存储器称为数据存储器。

单独的指令存储器的动机之一来自内存层级的概念：在许多系统上，通过提高指令存储器的速度可以提高整体性能。要理解原因，请注意高速指令是设计用来处理通用寄存器中的值而不是内存中的值的。因此，为了优化速度，尽可能将数据保存在寄存器中。但是，在取指－执行周期的每次迭代中都必须访问指令。因此，指令存储器比数据存储器更活跃。更重要的是，尽管数据访问倾向于遵循一种随机访问模式，访问一个变量之后接着访问另一个变量，但处理器通常依次访问指令存储器。也就是说，指令一个接一个地放在内存中，除非发生分支，否则处理器将从一个移动到下一个。这两个存储器的分离允许设计者优化用于顺序存取的指令存储器。

总结一下：

> 尽管大多数现代计算机系统将程序和数据放置在单一存储器中，但可以将指令存储器与数据存储器分开。这样做可以让架构师选择适合每类活动的内存性能。

10.7 提取－保存范式

正如我们将看到的，所有内存技术都使用一个称为提取－保存的单一范式。就目前而言，了解这个范式有两个基本操作是重要的：从内存中提取值，或将值存储到内存中。提取操作有时称为读取或加载。如果我们将内存视为位置数组，可以将从内存中读取一个值视为一个利用内存地址的数组索引操作：

value ← memory[address]

这种类比也适合存储操作，有时也称为写入操作。也就是说，可以把将一个值存储到内存中看作将值存储到一个数组中：

memory[address] ← value

下一章将更详细地解释这个想法。稍后的 I/O 章节将解释如何将提取 – 保存范式用于输入和输出设备，以及下层存储器访问如何与 I/O 相关。

10.8　小结

内存的两个关键方面是底层技术和组织。存在着各种技术，它们可以表征为易失性或非易失性、随机或顺序访问、永久性或非永久性（只读或读写）以及主存或辅存。

为了以给定的成本实现最高性能，架构师将内存组织成概念层级结构。层级结构包含少量高性能内存和大量低性能内存。

内存系统使用提取 – 保存范式。内存硬件只支持两种操作：一种从内存中提取值，另一种将值存储到内存中。

习题

10.1　定义存储层级并举例说明。

10.2　架构师在设计存储器系统时做出的两个关键选择是什么？

10.3　了解典型计算机的 RAM 和 SSD 技术。每种内存每字节的大约财务成本是多少？

10.4　扩展前一题，查找内存的速度（访问时间）并比较性能的财务成本。

10.5　哪种类型的存储器更安全（即对于尝试更改内容的人而言不易被更改），闪存还是 ROM？

10.6　如果数据存储在易失性存储器中，断电时数据会发生什么变化？

10.7　假设 NVRAM 将取代 DRAM，内存技术的哪些特性变得不那么重要（甚至消失）？

10.8　比较 NVRAM 和传统 RAM 的性能。NVRAM 慢多少？

10.9　研究在典型的 USB 闪存驱动器中使用的闪存技术，这种闪存技术也称为跳转驱动器或拇指驱动器。如果未使用闪存驱动器，数据可持续多久？你对答案感到惊讶吗？

10.10　寄存器比主存更快，这意味着如果所有数据都保存在寄存器而不是主存中，程序可以运行得更快。为什么设计人员创建具有这么少寄存器的处理器？

10.11　如果计算机遵循哈佛体系结构，你是否期望找到两个相同的存储器，一个用于指令，一个用于数据？请解释原因。

10.12　取指 – 执行和提取 – 保存这两个术语是指同一个概念吗？请解释说明。

物理内存和物理寻址

11.1 引言

上一章引入了内存主题，列出了内存系统的特征，并解释了内存层级的概念。本章解释一个基本的内存系统如何运作。本章讨论用于构建典型计算机内存和将内存组织成字节和字的底层技术。下一章将扩展讨论，考虑虚拟内存。

11.2 计算机内存的特点

工程师使用术语随机存取存储器（RAM）来表示在大多数计算机中用作主存储器系统的内存的类型。顾名思义，RAM 是针对随机（而不是顺序）访问进行优化的。此外，RAM 提供读写功能，使访问和更新同样廉价。最后，我们将看到大多数 RAM 是易失性的——在计算机断电后，值不会持续存在。

11.3 静态和动态 RAM 技术

用于实现随机存取存储器的技术可以分为两大类。静态 RAM（SRAM）是程序员最容易理解的类型，因为它是数字逻辑的直接扩展。从概念上讲，SRAM 将每个数据位存储在一个锁存器中，这是一个由多个晶体管组成的微型数字电路，类似于第 2 章中讨论的锁存器。虽然内部实现超出了本书的范围，但图 11.1 显示了一位 RAM 的三个外部连接。

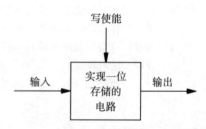

图 11.1 存储一个数据位的微型静态 RAM 电路图，该电路包含多个晶体管

在图 11.1 中，电路有两个输入和一个输出。当写使能输入打开（即逻辑 1）时，电路将输出值设置为等于输入（0 或 1）；当写使能输入断开时（即逻辑 0），电路忽略输入并保持输出为上次设置的值。因此，为了存储一个值，硬件将该值置于输入上，打开写入使能线，然后再次关闭使能线。

虽然它高速运行，但 SRAM 有一个明显的缺点：高功耗（会产生热量）。微型 SRAM 电路包含可连续工作的多个晶体管。每个晶体管消耗少量功率，因此产生少量热量。

被称为动态 RAM（DRAM）的存储器是静态 RAM 的替代方案，耗电量更低。动态 RAM 的内部工作令人惊讶，可能会令人困惑。在最底层，为了存储信息，DRAM 使用了一个像电容（一个存储电荷的设备）一样的电路。当将一个值写入 DRAM 时，硬件给电容充电或放电以存储 1 或 0，之后，当从 DRAM 读取值时，硬件检查电容上的电荷并产生适当的数字值。

围绕 DRAM 的概念性困难来自电容的工作方式：由于物理系统并不完美，电容会逐渐失去电荷。从本质上讲，DRAM 芯片是一个不完美的存储设备——随着时间的流逝，电荷消散，1 会变为 0。更重要的是，DRAM 在很短的时间内就会失去它的使用权（例如，在某些情况下，不到一秒钟）。

如果数值可以很快变为 0，DRAM 如何能够用作计算机内存？答案在于一个简单的技巧：设计一种方法在电荷消散之前，从内存中读取该位，然后再次写入相同的值。写入一个值会导致电容再次以适当的电荷启动。因此，读取然后写入一位会重置电容而不改变位的值。

在实践中，使用 DRAM 的计算机包含一个额外的硬件电路，称为刷新电路，用于执行读取然后写入的任务。图 11.2 说明了这个概念。

刷新电路比图 11.2 中所示的更复杂。为了保持较小的刷新电路，架构师不会为每一位构建一个刷新电路。相反，架构师设计了一个可以循环遍历整个内存的小的刷新机制。当它读取到一位时，刷新

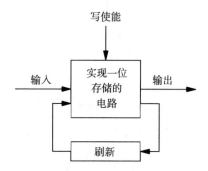

图 11.2 动态 RAM 中一个位的示意图。外部刷新电路必定定期读取数据值并将其重新写回，否则电荷将消散，数据将丢失

电路读取该位，将值写回，然后移到下一位。由于刷新电路必须与正常的存储器操作配合，因此也会出现复杂性。首先，刷新电路不得干扰或延迟正常的内存操作。其次，刷新电路必须确保正常的写入操作不会在刷新电路读取该位然后写入相同值的这段时间内改变该位。尽管需要刷新电路，但 DRAM 的成本和功耗优势非常有利，以至于大多数计算机存储器由 DRAM 而不是 SRAM 组成。

11.4 内存技术的两个主要度量

架构师使用多种量化度量方法来评估内存技术，以下两种表现突出：
- 密度。
- 延迟和周期时间。

11.5 密度

严格意义上，术语"密度"是指硅的每平方面积的内存单元的数量。然而，在实践中，密度通常是指可以在标准尺寸的芯片或插入式模块上可表示的位数。例如，双列直插式内存模块（DIMM）可能包含一组提供 1.28 亿个位置的芯片，每个位置 64 位，等于 81.92 亿位或 1GB。非正式称之为 1 gig 模块。通常需要更高的密度，因为这意味着相同的物理尺寸下可以有更多的内存。然而，更高的密度会导致增加功率利用和增加产生的热量等缺点。

内存芯片的密度与底层硅技术中的晶体管尺寸有关，该技术遵循摩尔定律。因此，内存密度大约每十八个月增加一倍。

11.6 读写性能的分离

内存技术的第二项度量重点是速度：内存对请求的响应速度有多快？看起来速度应该很容易衡量，但事实并非如此。例如，正如前一章讨论的那样，一些内存技术的写入时间比读

取时间要长得多。要选择合适的内存技术，架构师需要了解访问成本和更新成本。因此，出现了一条原则：

> 在许多内存技术中，从内存中获取信息所需的时间与在内存中存储信息所需的时间不同，并且差异可能很大。因此，任何内存性能度量都必须给出两个值：读操作的性能和写操作的性能。

11.7   延迟和内存控制器

除了分离读写操作之外，我们还必须确定要测量什么。看起来，最重要的衡量标准是延迟（即，从操作开始到操作结束之间持续的时间）。但是，延迟是一种简单的措施，不能提供完整的信息。

要了解为什么延迟不足以衡量内存性能，我们需要了解硬件的工作原理。除了内存芯片之外，额外的硬件称为内存控制器（本章稍后会详细介绍），其提供处理器和内存之间的接口。图 11.3 说明了这个组织。

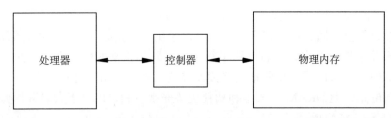

图 11.3   用于内存访问的硬件示意图，控制器位于处理器和物理内存之间

为了访问内存，设备（通常是处理器）向控制器提出读取或写入请求。控制器将请求转换为适合底层内存的信号，并将信号传递给内存芯片。为了使延迟最小化，控制器尽可能快地返回应答（即，尽可能快的内存响应）。然而，在它响应设备之后，控制器可能需要额外的时钟周期来重置硬件电路并为下一次操作做准备。

内存性能的第二个原则出现了：

> 由于内存系统在操作之间可能需要额外的时间，因此延迟时间不足以衡量性能；性能指标需要测量连续操作所需的时间。

也就是说，为了评估内存系统的性能，我们需要测量系统以多快速度执行一系列操作。工程师使用术语内存周期来捕捉这个想法。具体来说，使用两种单独的度量：读周期时间（缩写为 tRC）和写周期时间（缩写为 tWC）。

我们可以这样总结：

> 读周期时间和写周期时间可用作内存系统性能的度量，因为它们评估内存系统能够处理连续请求时有多快。

11.8   同步和多数据速率技术

像计算机中的大多数其他数字电路一样，内存系统使用时钟来精确控制何时开始读取或写入操作。如图 11.3 所示，内存系统还必须与处理器协调。控制器也可以与 I/O 设备协调。如果处理器的时钟与用于存储器的时钟不同，会发生什么？答案是系统仍然有效，因为控制器可以保存来自处理器的请求或来自存储器的响应，直到对方准备好。

不幸的是，时钟频率的差异会影响性能——虽然延迟很小，但是如果在每个内存引用上发生延迟，累积效应可能很大。为了消除延迟，一些内存系统使用同步时钟系统。也就是说，内存系统使用的时钟脉冲与用于运行处理器的时钟脉冲对齐。结果，处理器不需要等待内存引用完成。同步可以用于 DRAM 或 SRAM；这两种技术被命名如下：

- SDRAM——同步动态随机存取存储器。
- SSRAM——同步静态随机存取存储器。

在实践中，同步一直有效；大多数电脑现在使用同步 DRAM 作为主要的存储技术。

在许多计算机系统中，内存是瓶颈——增加内存性能可提高整体性能。因此，工程师集中精力寻找周期时间较短的内存技术。一种方法是使用以多倍于正常时钟的速率运行内存系统的技术（例如，双倍或者四倍）。由于时钟运行速度更快，内存可以更快地传输数据。这些技术有时称为快速数据速率存储器，通常是双倍数据速率或者四倍数据速率。快速数据速率存储器已经取得成功，现在已经成为大多数计算机系统的标准配置，包括笔记本电脑等消费系统。

虽然我们已经介绍了亮点，但我们对 RAM 内存技术的讨论并没有开始说明架构师可以选择的范围或者它们之间的细微差别。例如，图 11.4 列出了一些商用 RAM 技术：

技术	描述
DDR-DRAM	双倍数据速率动态 RAM
DDR-SDRAM	双倍数据速率同步动态 RAM
FPM-DRAM	快速周期 RAM
FPM-DRAM	快速页面模式动态 RAM
QDR-DRAM	四倍数据速率动态 RAM
QDR-SRAM	四倍数据速率静态 RAM
SDRAM	同步动态 RAM
SSRAM	同步静态 RAM
ZBT-SRAM	零总线周转静态 RAM
RDRAM	Rambus 动态 RAM
RLDRAM	降低延迟动态 RAM

图 11.4　商用 RAM 技术示例，存在许多其他技术

11.9　内存组织

回想一下，内存有两个关键方面：底层技术和内存组织。正如我们所看到的，架构师可以从各种内存技术中进行选择；我们现在将考虑第二个方面。内存组织是指硬件的内部结构和内存呈现给处理器的外部寻址结构。我们会看到这两者是相关的。

11.10　内存访问和内存总线

为了理解内存是如何组织的，我们需要检查访问范式。回想一下图 11.3，内存控制器提

供了物理内存和使用内存的处理器之间的接口[⊖]出现了几个问题。处理器和内存之间的连接结构如何？什么值通过连接传递？处理器如何查看内存系统？

为了实现高性能，内存系统使用并行性：处理器和控制器之间的连接由多条线同时使用。每根电线可以随时传输一个数据位。图 11.5 说明了这个概念。

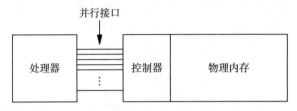

图 11.5　处理器和内存之间的并行连接。包含 N 条导线的连接允许同时传输 N 位数据

处理器和内存之间的硬件连接的技术名称是总线（更具体地说是内存总线）。我们将在 I/O 章节中了解总线；就目前而言，知道总线提供并行连接就足够了。

11.11　字、物理地址和内存传输

内存总线的并行连接与程序员和计算机架构师有关。从体系结构的角度来看，使用并行连接可以提高性能。从编程角度来看，并行连接定义了内存传输大小（即可以在单个操作中读取或写入内存的数据量）。我们将看到传输大小是内存组织的一个关键方面。

为了允许并行访问，组成物理内存的位被划分成许多块，每块 N 位，其中 N 是内存传输大小。一个 N 位的块有时称为一个字，传送大小称为字大小或一个字的宽度。我们可以将内存组织成一个数组。为数组中的每个条目分配一个唯一索引，称为物理内存地址；该方法称为字寻址。图 11.6 说明了这个想法，并且显示了物理内存地址与数组索引完全相同。

物理地址	⋮
5	字5
4	字4
3	字3
2	字2
1	字1
0	字0

32位

图 11.6　一个字大小为 32 位的计算机上物理内存地址示意图，我们将内存视为一个字数组

11.12　物理内存操作

物理内存控制器支持两种操作：读取和写入。在读操作的情况下，处理器指定一个地址；在写操作的情况下，处理器指定地址以及要写入的数据。基本思想是控制器总是接受或传递整个字；物理内存硬件不提供读取或写入少于一个完整字的方式（即，硬件不允许处理器访问或更改字的一部分）。

要点是：

> 物理内存被组织成字，其中一个字等于内存传输大小。每个读取或写入操作都应用于整个字。

⊖ 在后面的章节中，我们将了解到 I/O 设备也通过内存控制器访问内存；现在，我们将在示例中使用一个处理器。

11.13 内存字大小和数据类型

回想一下，处理器和内存之间的并行连接是为高性能而设计的。理论上，通过增加更多的并行连线可以提高性能。例如，具有 128 根导线的接口可以以具有 64 根导线的接口的两倍速率传输数据。问题出现了：架构师应该选择多少条电线？也就是说，字大小为多少是最优的？这个问题很复杂，有几个因素。首先，因为内存用于存储数据，所以字大小应该适应公共数据值（例如，该字应该足够大以容纳一个整数）。其次，由于内存用于存储程序，因此字大小应该适应经常使用的指令。第三，因为处理器与内存的连接需要处理器上的引脚，所以在接口中增加连线会增加引脚需求（引脚数量可能是设计 CPU 芯片的限制因素）。因此，字的大小选择成为性能和其他各种考虑之间的折中。32 位的字大小很受欢迎，特别是对于低功耗系统；许多高性能系统使用 64 位字大小。

在大多数情况下，架构师设计计算机系统的所有部分以便一起工作。因此，如果架构师选择一个 32 位的内存字大小，他将制定一个标准整数和一个单精度浮点值均占用 32 位。结果，计算机系统的特征常常在于指出字的大小（例如，一个 32 位处理器）。

11.14 字节寻址和将字节映射到字

使用传统计算机的程序员可能会惊讶于将物理内存组织成字，因为大多数程序员都熟悉称为字节寻址的替代形式的寻址。字节寻址对于编程尤其方便，因为它使程序员能够轻松访问诸如字符等小数据项。

从概念上讲，当使用字节寻址时，内存必须组织为一个字节的阵列而不是字阵列。选择字节寻址有两个重要的后果。首先，因为内存的每个字节都被分配了一个地址，所以字节寻址需要比字寻址更多的地址。其次，由于字节寻址允许程序读取或写入单个字节，因此内存控制器必须支持字节传输。

较大的字长可以提高性能，因为可以同时传输多个位。不幸的是，如果字大小等于一个 8 位的字节，则一次只能传输 8 位。也就是说，为字节寻址而构建的内存系统的性能要低于为较大字长而构建的内存系统。有趣的是，即使使用字节寻址，处理器和内存之间的许多传输也涉及多个字节。例如，一条指令占用多个字节，就像一个整数、一个浮点值和一个指针一样。

我们能否设计一种字寻址速度更快的内存系统，兼顾考虑字节寻址便于编程的特性呢？答案是肯定的。为此，我们需要一个能够在两种地址方案之间转换的智能内存控制器。控制器接受来自处理器的请求，包含指定字节地址和大小。控制器使用字寻址访问底层存储器中的适当字并提取指定的字节。图 11.7 给出了字节寻址和字寻址之间映射的例子，字长为 32 位。

为了实现图 11.7 中所示的映射，控制器必须将处理器发出的字节地址转换为内存系统使用的字地址。例如，如果处理器请求字节地址 17 的读取操作，则控制器必须发出对字 4 的读取请求，然后从该字中提取第二个字节。

由于内存一次只能传输整个字，所以字节写入操作很昂贵。例如，如果处理器写入字节 11，则控制器必须从内存读取字 2，替换最右边的字节，然后将整个字写回存储器。

在数学上，地址转换很简单。为了将字节地址 B 转换为相应的字地址 W，控制器将 B 除以 N（每个字的字节数），并且忽略余数。类似地，为了计算字中的字节偏移量 O，控制器计算 B 除以 N 的余数。也就是说，字地址由此计算出：

$$W = \left\lfloor \frac{B}{N} \right\rfloor$$

偏移量由此计算出：

$$O = B \bmod N$$

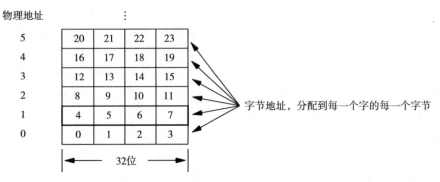

图 11.7 字节寻址的示例，即使底层硬件使用字寻址和 32 位字大小，地址分配到内存的每个字节

作为例子，考虑图 11.7 中的值，其中 $N = 4$。11 转换为字地址 2 和偏移量 3，这意味着字节 11 在字 2 中的字节偏移 3 处（偏移量从零开始计量）找到。

11.15 使用 2 的幂

执行除法或计算余数是耗时的并且需要额外的硬件（例如，算术逻辑单元）。为了避免计算，架构师使用 2 的幂来组织内存。这样做意味着硬件可以简单地通过提取位来执行上述两个计算。在图 11.7 中，例如，$N = 2^2$，这意味着可以通过提取两个低位来计算偏移，并且可以通过提取除了两个低位之外的所有内容来计算字地址。图 11.8 说明了这个想法。

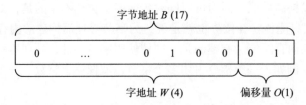

图 11.8 从字节地址 17 到字地址 4 和偏移量 1 的映射示例。对于每个字的字节数，使用 2 的幂来避免算术计算

我们可以这样总结：

为了避免算术计算（例如除法或余数），物理内存被组织成使得每个字的字节数是 2 的幂，这意味着可以通过提取位完成从字节地址到字地址的转换和偏移。

11.16 字节对齐和编程

了解底层硬件如何工作有助于解释程序员遇到的一个概念：字节对齐。如果一个整数的字节对应于底层物理内存中的一个字，我们说整数值是对齐的。例如，在图 11.7 中，由字节 12、13、14 和 15 组成的整数是对齐的，但由字节 6、7、8 和 9 组成的整数则不是。

在某些体系结构中，字节对齐是必要的——如果程序尝试使用非对齐地址进行整数访问，则处理器会产生错误。在其他处理器上，允许任意对齐，但未对齐的访问会导致性能低于对齐的访问。我们现在可以理解为什么一个不对齐的地址需要更多的物理内存访问：内存控制器必须将每个处理器请求转换为底层内存上的操作。如果一个整数跨越两个字，那么控制器必须执行两次读取操作才能获得所请求的字节。因此，即使处理器允许不对齐访问，也强烈鼓励程序员对齐数据值。

我们可以这样总结：

> 物理内存的组织影响编程：即使处理器允许未对齐的内存访问，对齐与物理字大小对应的边界上的数据也可以提高程序性能。

11.17 内存大小和地址空间

内存有多大？看起来内存大小似乎只是一个经济问题——更多的内存只需要花费更多的钱。然而，尺寸是内存架构的一个重要方面，因为整体内存大小与其他设计选择有着内在的联系。具体来说，寻址方案确定最大内存大小。

回想一下，处理器中的数据通路由并行硬件组成。设计处理器时，设计人员必须为每个数据通路、寄存器和其他硬件单元选择一个尺寸。选择设置了地址大小的一个固定的边界，地址会产生或者从一个单元传递到另一个单元。通常，地址大小与整数大小相同。例如，使用 32 位整数的处理器使用 32 位地址，使用 64 位整数的处理器使用 64 位地址。正如第 3 章指出的那样，一串 k 位可以表示 2^k 个值。因此，一个 32 位的值可以表示：

$$2^{32} = 4\ 294\ 967\ 296$$

个唯一地址（即地址 0 到 4 294 967 295）。我们使用术语地址空间来表示一组可能的地址。

字节寻址和字寻址之间的权衡现在是明确的：给定一个固定的地址大小，可寻址的内存量取决于处理器是使用字节寻址还是字寻址。此外，如果使用字地址，可以寻址的内存量取决于字的大小。例如，在一台使用字寻址的计算机上，每个字使用 4 字节，则 32 位值可以保存充足的地址，即 17 179 869 184 字节（是使用字节寻址时的四倍）。

11.18 使用字寻址的编程

许多处理器使用字节寻址，因为字节寻址为程序员提供了最方便的接口。但是，字节寻址不能最大化内存大小。因此，诸如为数字处理而设计的处理器之类的专用系统使用字寻址来为给定地址长度提供最大内存大小的访问。

在使用字寻址的处理器上，软件必须处理字节操作的细节。本质上，软件在字节寻址体系结构中执行与内存控制器相同的功能。例如，要提取单个字节，软件必须从内存中读取适当的字，然后提取该字节。同样，为了写入一个字节，软件必须读取包含字节的字，更新正确的字节，并将修改后的字写回存储器。为了优化软件性能，使用逻辑移位和位掩码来操纵地址而不是除法或余数计算。类似地，移位和逻辑操作用于从字中提取字节。例如，要从 32 位字 w 中提取最左边的字节，程序员可以编写一个 C 语句：

$$(w \gg 24)\ \&\ 0xff$$

该代码与常数 `0xff` 执行逻辑与，以确保在执行移位后仅保留低 8 位。为了理解为什么需要逻辑与，从第 3 章回想一下右移传播符号位。因此，如果 w 包含 0xa1b2c3d2，表达式 w>> 24 将产生 0xffffffa1。逻辑与之后，结果是 0xa1。

11.19   内存大小和 2 的幂

我们说过，物理内存体系结构可以表征如下：

> 物理内存被组织成一组 M 个字，每个字包含 N 个字节；为了使控制器硬件高效，M 和 N 各选择为 2 的幂。

对字大小和地址空间大小使用 2 的幂有一个有趣的结果：最大内存量总是 2 的幂，而不是 10 的幂。因此，内存大小以 2 的幂度量。例如，千字节（KB）定义为由 2^{10} 字节组成，兆字节（MB）定义为由 2^{20} 字节组成，并且千兆字节（GB）定义为由 2^{30} 字节组成。这个术语很混乱，因为它是一个例外。例如，在计算机网络中，每秒兆位（Megabits）的度量的基数是 10。因此，在将内存大小与其他测量结果混合在一起时（例如，尽管每字节有 8 位，内存中一千字节的数据并不比通过网络发送的一千位的数据大 8 倍）。我们可以这样总结：

> 当用于引用内存时，前缀 kilo、mega 和 giga 定义为 2 的幂；当用于计算的其他方面（如计算机网络），这些前缀定义为 10 的幂。

11.20   指针和数据结构

内存地址很重要，因为它们构成了常用数据抽象的基础，例如链表、队列和树。因此，编程语言通常提供功能，允许程序员声明一个指针变量，该指针变量包含一个内存地址，为一个指针赋值，或者取消引用指针以获得一个项。例如，在 C 编程语言中，声明语句：

char *cptr;

将变量 cptr 声明为一个指向字符的指针（即指向内存中的一个字节）。编译器为变量 cptr 分配一个内存地址大小的存储空间，并允许将该变量赋值为内存中任意字节的地址。

自增语句：

cptr＋＋;

将 cptr 的值增加 1（即，移动到存储器中的下一个字节）。

有趣的是，C 编程语言具有字节寻址和字寻址的传统。当对指针进行算术运算时，C 语言提供了指代项的存储大小。作为一个例子，声明语句：

int *iptr;

将变量 iptr 声明为指向整数的指针（即指向一个字的指针）。编译器为变量 iptr 分配的存储空间等于内存地址的长度（即，与为上面的 cptr 分配的大小相同）。但是，如果编译程序并在定义一个整数为 4 字节的处理器上运行，则自增语句：

iptr＋＋;

将 iptr 的值增加了 4。也就是说，如果 iptr 被声明为内存中一个字的起始字节地址，则自增语句将移至内存中下一个字的字节地址。

实际上，上面的所有例子都假设了一个字节寻址的计算机。编译器生成代码将字符指针加 1 和整数指针加 4。尽管 C 语言具有允许指针从一个字移动到另一个字的机制，但该语言旨在用于字节寻址内存。

11.21　内存转储

在一个简单的例子帮助我们理解指针和内存地址之间的关系。考虑一个链表，如图 11.9 所示。

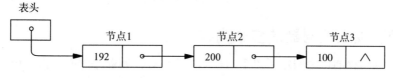

图 11.9　链表的例子。列表中的每个指针都对应一个内存地址

要创建这样一个列表，程序员必须编写一个声明来指定节点的内容，然后必须分配内存来保存列表。在这个简单的例子中，列表中的每个节点将包含两个项：一个整数计数器和一个指向列表中下一个节点的指针。在 C 语言中，结构声明用于定义节点的内容：

```
struct node {
    int count;
    struct node *next;
}
```

同样，一个名为 head 的变量作为列表的头部定义为：

```
struct node * head ;
```

要理解列表在内存中的显示方式，请考虑内存转储，如图 11.10 所示[○]。

地址	内存的内容			
0001bde0	00000000	0001bdf8	deadbeef	4420436f
0001bdf0	6d657200	0001be18	000000c0	0001be14
0001be00	00000064	00000000	00000000	00000002
0001be10	00000000	000000c8	0001be00	00000006

图 11.10　一小部分的内存内容转储的展示。地址列给出了本行中最左边字节的内存地址，所有值都以十六进制显示

图 11.10 中的示例取自使用字节寻址的处理器。图中的每一行对应于内存中 16 个连续的字节，分成四个组，每组 4 个字节。每个组包含八个十六进制数字来表示四个字节的值。行开头的地址指定该行第一个字节的内存地址。因此，每行的地址比前一行的地址大 16。

假设链表的头部位于地址 0x0001bde4 处，该地址位于转储的第一行。列表的第一个节点从地址 0x0001bdf8 开始，位于转储的第二行，并包含整数 192（十六进制常数 000000c0）。

处理器使用字节寻址，并且内存字节是连续的。在图 11.10 中，插入了空格以将输出分成多个字节组来提高可读性。具体地说，该例子显示了四字节的组，这意味着指代字大小是四个字节（即，32 位）。

11.22　间接寻址和间接操作数

当我们在第 7 章中讨论操作数和寻址模式时，出现了间接寻址的话题。现在我们了解了

○　如图 11.10 所示，程序员可以将内存初始化为十六进制值，使得更易于识别内存转储中的项。在这个例子中，程序员使用了 deadbeef 值（即 0xDEADBEEF）。

内存组织，我们可以理解处理器如何评估间接操作数。举一个例子，假设一个处理器执行一条指令，其中一个操作数指定一个 `0x1be1f` 的立即数，并指定间接寻址。进一步假设处理器被设计为使用 32 位值。由于操作数指定了立即数，处理器将首先加载立即数（十六进制值 `1be1f`）。由于操作数指定了间接寻址，因此处理器将结果值视为内存中的地址，并从该地址中提取字。如果内存中的值对应于图 11.10 中所示的值，则处理器将从图的最后一行中的最右边的字处加载该值，并且最终的操作数值将是 6。

11.23 带有独立控制器的多个内存

我们对物理内存的讨论假定了单个内存和单个内存控制器。然而，在实践中，一些体系结构包含多个物理内存。当使用多个内存时，可以采用硬件并行性来提供更高的内存性能。内存系统可以有多个并行操作的控制器，而不是单个内存和单个控制器，如图 11.11 所示。

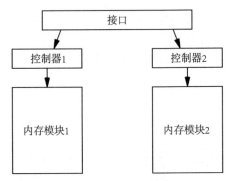

在图 11.11 中，接口硬件接收来自处理器的请求。接口使用请求中的地址来决定应该使用哪个内存模块，并将请求传递给相应的内存控制器[⊖]。

为什么有多个内存，且每个都有自己的控制器？请记住，在访问内存之后，必须重置硬件才能进行下一次访问。如果有两个存储器可用，当一个存储器正在重置时，程序员可以安排访问另一个存储器，从而提高整体性能。也就是说，因为内存控制器可以并行操作，所以使用两个内存控制器可

图 11.11　具有单独控制器的两个内存模块的连接示意图

以在单位时间内进行更多的内存访问。例如，在哈佛体系结构中，由于取指不会干扰数据访问，因此性能更高，反之亦然。

11.24 内存的存储体

多个物理内存也可以与冯·诺依曼体系结构一起使用，作为一种便利途径，可以通过复制小的内存模块形成较大的内存。这种想法（即内存的*存储体*）使用接口硬件将地址映射到两个物理内存上。例如，假设两个相同的内存模块都被设计为具有物理地址 0 到 $M-1$。该接口可以将它们视为两个存储体，它们形成具有两倍地址的连续大内存，如图 11.12 所示。

在图 11.12 中，将地址 0 到 $M-1$ 分配给一个存储体，将从 M 到 $2M-1$ 的地址分配给第二个存储体。在第 13 章中，我们将看到映射地址可以非常有效。

图 11.12　两个相同的内存存储体的逻辑安排，以形成两倍大小的单一内存

⊖ 第 13 章解释了该接口充当内存管理单元（MMU），并说明了更详细的功能。

尽管存储体可以通过安排形成一个设想中的大内存，其底层硬件配置如图 11.11 所示。从而，两个内存存储体的控制器可以并行工作。因此，如果指令放置在一个存储体并且数据存放在另一个存储体中，则可能会导致更高的性能，因为取指操作不会干扰数据访问，反之亦然。

内存存储体对程序员来说如何？在大多数体系结构中，内存存储体都是透明的——内存硬件会自动查找并利用并行性。在嵌入式系统和其他专用架构中，程序员可能负责将一些项放入单独的存储体以提高性能。例如，程序员可能需要将代码放在低内存地址，而数据项放在高内存地址。

11.25 交叉存取

用于物理内存系统的一个相关的优化方法称为交叉存取。为了理解优化，观察到许多程序从连续内存位置访问数据。例如，如果长文本字符串从内存中的一个位置复制到另一个位置，或者一个程序搜索一个数据项列表，则会引用连续的内存位置。在内存存储体中，连续位置位于同一个存储体中，这意味着连续访问必须等待控制器重置。

交叉存取利用了独立控制器的思想，但不是将内存组织成多存储体，而是将连续的字交叉放置在不同的物理内存模块中。交叉存取实现了在连续内存访问期间的高性能，因为可以在前一个字的内存复位时取出后续的一个字。交叉存取通常对程序员隐藏——程序员可以在不知道底层内存系统已将连续字映射到单独的内存模块的情况下编写代码。内存硬件自动处理所有细节。

我们使用术语 N- 路交叉存取来描述底层内存模块的数量（为了使该方案高效，N 选择为 2 的幂）。例如，图 11.13 说明了如何以 4- 路交叉存取方案将内存字分配到内存模块。

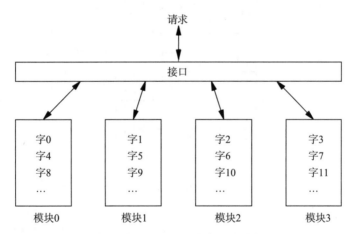

图 11.13　4- 路交叉存取的示意图，展示了内存的连续字的放置安排以优化性能

如何有效地实现交叉存取？答案在于思考二进制表示。例如，在图 11.13 中，字 0、4、8 等全部位于内存模块 0 中。这些地址有什么共同之处？当以二进制表示时，这些值的两个低位都是 00。类似地，分配给模块 1 的字，其低两位都是 01，分配给模块 2 的字，其低两位都是 10，并且分配给模块 3 的字，其低两位都是 11。因此，当给定内存地址时，接口硬件提取低两位，并使用它们来选择模块。

有趣的是，在模块中访问正确的字同样有效。这些模块本身就是标准的内存模块，它提供一组从 0 到 $K-1$ 的字（对于给定值 K）。该接口忽略地址的两个低位，并将其余的位用作索引输入内存模块。要明白它的工作原理，请用二进制写 $0,4,8,\cdots$，并删除两个低位。结果是序列 $0,1,2,\cdots$。类似地，从 $1,5,9,\cdots$ 中移除两个低位，也会导致序列 $0,1,2,\cdots$。

我们可以总结一下：

> 如果模块的数量是 2 的幂，则用于 N-路交叉存取的硬件非常有效，因为地址的低位用于选择模块，其余位用作模块内的地址。

11.26 内容可寻址存储器

存在一种不寻常的内存形式，它融合了我们讨论的两个关键方面：技术和内存组织。这种形式称为内容可寻址存储器（CAM）。正如我们将看到的，CAM 不仅仅存储数据项——它包括用于高速搜索的硬件。

考虑 CAM 的最简单方法是将其视为组织为二维数组的内存。每一行用于存储一个项，称为一个槽口（slot）。除了允许处理器在每个槽口中放置一个值之外，CAM 还允许处理器指定一个与一个槽口一样长的搜索关键字。一旦指定了搜索关键字，硬件就可以执行对表格的搜索以确定是否有任何槽口与搜索关键字匹配。图 11.14 说明了 CAM 的组织结构。

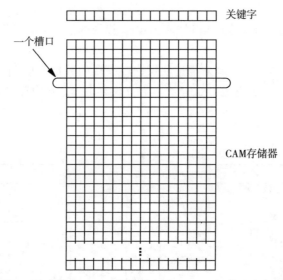

图 11.14　内容可寻址存储器（CAM）的示意图，CAM 提供了内存技术和内存组织

对于 CAM 的最基本形式，搜索机制执行完全匹配。也就是说，CAM 硬件比较每个槽口的关键字，并报告是否找到匹配项。与传统处理器执行的迭代搜索不同，CAM 即时报告结果。实质上，CAM 中的每个槽口都包含执行比较的硬件。我们可以想象，关键字的所有位通过连接所有槽口的电线。每个槽口都包含一些门，用于将关键字的位与该槽口中的值的位进行比较。由于所有槽口的硬件并行运行，执行搜索所需的时间不取决于槽口的数量。

当然，并行搜索硬件使 CAM 非常昂贵，因为搜索机制必须针对每个槽口进行复制。这也意味着 CAM 比常规内存消耗更多的功率（并产生更多的热量）。因此，当查找速度比成本和功耗更重要时，架构师只使用 CAM。例如，在高速互联网路由器中，系统必须检查每个传入数据包，以确定同一个源的其他数据包是否先前已经到达。为了处理高速连接，一些设计使用 CAM 来存储来源标识符列表。CAM 允许执行足够快的搜索以容纳以高速率（即通过高速网络）到达的包。

11.27 三态内容可寻址存储器

一种 CAM 的替代形式称为三态内容可寻址存储器（TCAM），它扩展了 CAM 的想法以提供部分匹配搜索。本质上，槽口中的每个位可以有三个值：0、1 或"不关心"。与标准 CAM 一样，TCAM 通过同时检查所有槽口来并行执行搜索操作。与标准 CAM 不同，TCAM 仅在值为 0 或 1 的位上执行匹配。部分匹配允许在 CAM 中两个或多个条目重叠的情况下使用 TCAM——TCAM 可以找到最佳匹配（例如，最长的前缀匹配）

11.28 小结

我们研究了物理内存的两个方面：底层技术和内存组织。存在许多内存技术。它们之间的差异包括持久性（RAM 或 ROM）、时钟同步以及读取和写入周期时间。

物理内存被组织成字并通过控制器访问。尽管程序员发现字节寻址很方便，但大多数底层存储系统都使用字寻址。智能内存控制器可以从字节寻址转换为字寻址。为了避免在控制器中进行算术计算，内存的组织方式使地址空间和每个字的字节数为 2 的幂。

编程语言（如 C 语言）提供了指针变量和指针运算，允许程序员获得和操作内存地址。内存内容的转储（依照每一个位置的内存地址显示内存的值）可用于将程序中的数据结构与运行时内存中的值相关联。

内存存储体和交叉存取都采用多个内存模块。存储体用于组织较小的模块形成大内存。在单独的模块中交叉放置连续的内存字，以加速连续访问。

内容可寻址存储器（CAM）结合了内存技术和内存组织。CAM 将内存组织为一组槽口，并提供高速搜索机制。

习题

11.1 智能手机和其他便携式设备通常使用 DRAM 而不是 SRAM。解释为什么。

11.2 解释 DRAM 刷新机制的用途。

11.3 假设一台计算机有一个组织成 64 位字的物理内存。对于如下的字节地址 0、9、27、31、120 和 256，写出所属字的地址以及字内偏移量。

11.4 扩展上一题。编写一个计算机程序来计算答案。程序应该接受一系列输入，每个输入由两个值组成：字的位数长度和字节地址。对于每个输入，程序应该生成一个字地址以及字内偏移量。注意：尽管字以位数指定长度，但字的长度必须是 2 的幂个字节。

11.5 在 ARM 处理器上，如果地址不是 4 字节的倍数，则尝试从内存中加载整数将导致错误。我们用什么术语来指代这样的错误？

11.6 如果一台计算机有 64 位地址，并且每个地址对应一个字，计算机可以提供多少 GB 的内存？

11.7 如果指令和两个操作数未对齐，则计算双地址指令所需的存储器操作次数。

11.8 编写一个 C 函数，声明一个静态整数数组 M，并实现提取和存储操作，并且须使用移位和布尔操作来访问单个字节。

11.9 查找 PC 中内存，确定所用芯片的类型，并查看供应商的芯片规格以确定内存类型和速度。

11.10 重新绘制图 11.13 中的 8- 路交叉存取内存。

11.11 模拟物理内存。写一个 C 程序，声明一个数组 M，存储 10 000 个整数（即一个字数组）。实现两个函数 fetch 和 store，使用数组 M 来模拟字节寻址内存。fetch(i) 返回内存的第 i 个字节，store(i,ch) 将 8 位字符 ch 存储到内存的第 i 个字节中。不要使用字节指针。相反，使用本章中的想法，编写代码计算包含指定字节的字的地址以及其在对应字内的偏移量。

11.12 模拟 TCAM。编写一个程序，利用一组模式匹配输入字符串。对于模拟，使用字符而不是位。允许每个模式包含一串字符，并将星号解释为匹配任何字符的"通配符"。你能找到一种方法让匹配进行得比迭代所有模式更快吗？

缓存器和缓存

12.1 引言

前一章讨论物理内存系统，重点介绍用于构建内存系统和地址空间组织的基础技术。该章还讨论了将物理内存划分成字的组织结构。

本章对这个问题有不同的看法：不是聚焦于构建内存系统的技术，而是着重于提高内存系统性能的技术。本章介绍缓存的基本概念，说明如何在内存系统中使用缓存，解释为什么缓存很重要，并说明为什么缓存以低成本实现高性能。

12.2 在存储层级上的信息传播

回顾第 10 章，存储机制被组织成一个包含通用寄存器、主存储器和辅助存储器的层级结构。数据项在层级结构上上下迁移，通常在软件的控制下进行。通常，数据项在读取时沿层级结构向上移动；在写入时，沿层级结构向下移动。例如，当为算术计算生成代码时，编译器会安排数据项从内存移动到寄存器中。计算完成后，结果可能会移回内存。如果在程序结束后必须保存一个数据项，程序员将安排把该项从内存复制到辅助存储器。我们将看到缓存如何适应存储层级结构，并将了解到缓存使用硬件而不是软件在其层级结构中上下移动项。

12.3 缓存的定义

术语缓存（caching）是指一种重要的优化技术，用于提高任何硬件或软件系统检索信息的性能。在内存系统中，缓存可以减少冯·诺依曼瓶颈。缓存充当中介。也就是说，一个缓存器放置在发出请求的机制和响应请求的机制之间的路径上，缓存器配置为拦截并处理所有请求。

缓存的核心思想是高速的临时存储：缓存器保留所选数据的本地副本，并尽可能利用本地副本响应请求。性能改进的原因是缓存器被设计为可以比通常的响应机制更快的应答。图 12.1 说明了如何将缓存器放置在发出请求的机制和响应请求的机制之间。

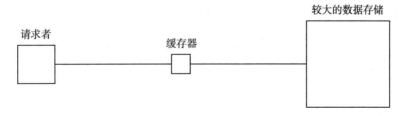

图 12.1　缓存器的概念性组织结构，位于发出请求的机制和应答请求的存储机制之间的路径上

12.4 缓存器的特征

上面的描述是有目的地模糊，因为缓存是一个广泛的概念，在计算机和通信系统中以各

种形式出现。本节通过更详细地解释概念来阐明定义，后面的几节将举例说明如何使用缓存。

尽管存在各种缓存机制，但它们具有以下一般特征：

- 小。
- 主动性。
- 透明性。
- 自动化。

小。为了降低经济成本，缓存器拥有的存储容量远小于保存整个数据项所需的存储量。大多数缓存器的大小不到主存储器大小的百分之十；在许多情况下，缓存器保存的数据量不到数据存储器中的百分之一。因此，中心设计问题之一是围绕着选择哪些数据项保存在缓存器中。

主动性。缓存器包含一个检查每个请求并决定如何响应的主动机制。主动性包括：检查缓存中是否有请求的项；如果该项在本地不可用，则从数据存储器中检索该项的副本；确定要保留在缓存器中的项。

透明性。我们说一个缓存器是透明的，这意味着缓存器可以插入，而不需要修改请求者或数据存储器。也就是说，缓存器呈现给请求者的接口与数据存储器所呈现的接口完全相同，并且缓存器呈现给数据存储器的接口与请求者呈现的接口完全相同。

自动化。在大多数情况下，缓存机制不会接收有关如何操作或要将哪些数据项存储在缓存器的指令。相反，缓存器实现了一个检查请求序列的算法，并使用这些请求来确定如何管理缓存器。

12.5 缓存术语

虽然缓存可在各种环境中使用，但与缓存相关的一些术语在所有类型的缓存系统中都得到普遍接受。缓存命中（缩写为命中）被定义为缓存器满足的请求，无须访问底层数据存储器。相反，缓存缺失（缩写为缺失）被定义为缓存器无法满足的请求。

另一个术语刻画了一个呈现给缓存器的引用序列。我们说如果序列包含重复的相同请求，则引用序列呈现出高引用局部性；否则，我们说该序列具有较低的引用局部性。我们会看到，高引用局部性会导致更高的性能。局部性是指缓存器中的项。因此，如果缓存器存储大量数据项（例如内存页），那么重复请求并不需要相同，只要它们引用缓存器中的相同项（例如，对同一页上的项的内存引用）。

12.6 最好和最坏情况下的缓存性能

我们说过，如果数据项存储在缓存器中，缓存机制可以比数据存储器更快地返回项。如图 12.2 所示，我们从请求者的角度来展示提取的成本。

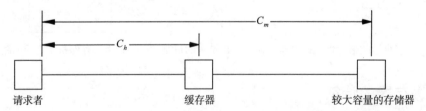

图 12.2　使用缓存器时的访问成本示例，成本是根据请求者来度量的

在图 12.2 中，如果在高速缓存中找到项（即命中），C_h 为其成本，如果在高速缓存中未找到项（即缺失）则 C_m 为其成本。有趣的是，单独的成本并不一定有益。请注意，因为缓存器使用请求的内容来确定要保留哪些项，所以性能取决于请求的序列。因此，为了理解缓存，我们必须在一系列请求中检查性能。例如，我们可以轻松分析包含 N 个请求的序列的最好和最坏可能行为。在某种极端情况下，如果每个请求引用一个新项，缓存根本不会提高性能——缓存器必须将每个请求转发到数据存储器。因此，在最坏的情况下，成本是：

$$C_{\text{worst}} = NC_m \qquad (12.1)$$

应该指出，我们的分析忽略了维护缓存器所需的管理开销。如果我们除以 N 来计算每个请求的平均成本，则结果为 C_m。

另一方面，如果序列中的所有请求都指定相同的数据项（即引用的最高局部性），则缓存器确实可以提高性能。当它接收到第一个请求时，缓存器将从数据存储器中获取该项并保存一份副本；后续的请求可以通过使用缓存器中的副本来满足。因此，在最好的情况下。成本是：

$$C_{\text{best}} = C_m + (N-1)C_h \qquad (12.2)$$

除以 N 产生每个请求的成本：

$$C_{\text{per\_request}} = \frac{C_m + (N-1)C_h}{N} = \frac{C_m}{N} - \frac{C_h}{N} + C_h \qquad (12.3)$$

当 $N \to \infty$ 时，前两项接近零，这意味着在最佳情况下每个请求的成本变为 C_h。我们可以理解为什么缓存是一个如此强大的工具：

> 如果忽略开销，那么缓存的最坏情况的性能不会比缓存器不存在的情况差。在最好的情况下，每个请求的成本大约等于访问缓存器的成本，该成本低于访问数据存储器的成本。

12.7　一个典型请求序列的缓存性能

为了估计一个典型的请求序列的缓存性能，我们需要检查缓存如何处理包含命中和缺失的序列。高速缓存器设计人员使用术语命中率来指代序列中从高速缓存器满足的请求的百分比。具体而言，命中率定义为：

$$命中率 = \frac{命中的请求数}{总请求数} \qquad (12.4)$$

命中率是一个介于 0 和 1 之间的值。我们将缺失率定义为 1 减去命中率。

当然，实际命中率取决于具体的请求顺序。经验表明，对于许多高速缓存器来说，实践中遇到的请求的命中率往往几乎相同。在这种情况下，我们可以根据缺失成本和命中成本得出一个访问成本的等式：

$$成本 = r\,C_h + (1-r)\,C_m \qquad (12.5)$$

其中 r 是式（12.4）中定义的命中率。

访问数据存储器的成本是固定的，即为式（12.5）中的 C_m。因此，缓存器设计人员可以通过两种方式提高缓存器的性能：增加命中率或降低命中成本。

12.8   缓存替换策略

缓存器设计者如何提高命中率？有两种方法：
- 增加缓存器的容量大小。
- 提升缓存替换策略。

增加缓存器的容量大小。回想一下，缓存器通常比大型数据存储器小得多。当它开始时，缓存器会保留每个响应的副本。缓存器存满后，必须先从缓存器中删除一个项，然后才能添加新项。较大的缓存器可以存储更多的项。

提升缓存替换策略。缓存器使用替换策略来决定在遇到新项并且缓存器已满时删除哪个项。替换策略指定是否忽略新项，或如何选择要移出的项，为新项腾出空间。替换策略选择保留那些会被再次引用的项，以增加命中率。

12.9   最近最少使用替换策略

应该使用什么替换策略？需要考虑两个问题。首先，为了提高命中率，替换策略应该保留那些最经常被引用的项。其次，替换策略实施起来应该廉价，特别是对于内存缓存器。一种满足这两个标准的替换策略已经变得非常流行，称为最近最少使用（Least Recently Used，LRU）替换策略，该策略指定替换过去最长时间引用过的项[⊖]。

LRU 很容易实现。缓存机制保留当前在缓存器中的数据项的列表。当某项被引用时，将该项移动到列表的最前面；当需要替换时，列表最后面的项将被移出。

LRU 在许多情况下运行良好。在这组请求具有较高局部性（即，高速缓存可以提高性能）的情况下，一些项将被一次又一次地引用。LRU 倾向于将这些项保存在缓存器中，这意味着访问成本保持较低。

我们可以总结一下：

> 当其存储空间已满并且有新项到达时，缓存器必须选择是保留当前项集合还是使用新项替换当前项之一。最近最少使用（LRU）替换策略是替换的流行选择，因为它实现容易，往往会保留将再次请求的项。

12.10   多级缓存层级结构

缓存中最令人意想不到的方面之一是使用缓存技术来提高缓存器的性能！为了理解这种优化是如何实现的，回想一下，插入一个缓存器可以降低检索项的成本，方法是将一些项放在距离请求者较近的位置。现在想象一下如图 12.3 所示，在请求者和现有缓存器之间放置一个额外的缓存器。

图 12.3　插入额外的缓存器的系统组织结构

第二个缓存器可以提高性能吗？是的，只要访问新缓存器的成本低于访问原缓存器的成

⊖　请注意，"最近最少"总是指该项最后被引用发生在多久之前，而不是访问的次数。

本（例如，新缓存器更接近请求者）。本质上，成本等式变为：

$$成本 = r_1 C_{h1} + r_2 C_{h2} + (1 - r_1 - r_2) C_m \tag{12.6}$$

其中 r_1 表示新缓存器的命中率，r_2 表示原始缓存器的命中率，C_{h1} 表示访问新缓存器的成本，C_{h2} 表示访问原始缓存器的成本。

当从请求者到数据存储器的路径上使用多个缓存器时，我们说系统实现了多级缓存层级结构。一组 Web 缓存提供了一个多层级结构的例子。在用户计算机上运行的浏览器之间的路径可以穿透用户的 ISP 的缓存以及浏览器使用的本地缓存。

重点是：

> 添加一个额外的缓存器可以用来提升使用缓存器的系统性能。从概念上讲，高速缓存器被安排在一个多层次的层级结构中。

12.11 预加载缓存

如何进一步提高缓存器性能？高速缓存器设计者观察到，虽然许多高速缓存系统在稳定状态下运行良好（即，在系统运行一段时间后），但系统在启动期间表现出更高的成本。也就是说，初始命中率非常低，因为缓存必须从数据存储器中获取项。在某些情况下，可以通过预加载缓存器来降低启动成本。也就是说，在开始执行之前，值将被加载到缓存器中。

当然，预加载仅适用于缓存可预测请求的情况。例如，ISP 的 Web 缓存可以预先加载热页面（即，过去一天频繁访问的页面或所有者期望频繁访问的页面）。作为替代，一些缓存使用自动预加载方法。在一种形式中，缓存器周期性地将其内容的副本放置在非易失性存储器上，允许在启动时预加载最近的值。在另一种形式中，缓存器使用对预取相关数据的引用。例如，如果一个处理器访问内存的一个字节，缓存器可以获取 128 个字节。因此，如果处理器访问下一个可能的字节，该值将来自缓存器。

预取对网页尤其重要。一个典型的网页包含对多个图像的引用，并且在可以显示页面之前，浏览器必须下载每个图像的副本并将副本缓存在用户的计算机上。在下载页面时，浏览器可以扫描对图像的引用，并且可以开始预取每个图像而无须等待整个页面下载完成。

12.12 和内存一块使用的缓存

既然我们理解了缓存的基本思想，那么我们可以考虑一些缓存在内存系统中的使用方式。事实上，高速缓存的概念起源于计算机内存系统[⊖]。原来的动机是低成本高速度。由于内存既昂贵又缓慢，架构师寻求改善性能的方法，而不需要付出更高速度内存的成本。架构师发现，少量的高速缓存器显著提高了性能。结果令人印象深刻，到 20 世纪 80 年代，大多数计算机系统在处理器和内存之间都有一个缓存器。物理上，内存位于一块电路板上，缓存占用了一块单独的电路板，允许计算机所有者独立升级内存或缓存。如上所述，使用缓存层级结构比使用单个缓存更能提高性能。因此，我们将看到，现代计算机采用了层级化的内存缓存结构并以各种方式使用缓存。接下来的小节将举几个例子。

⊖ 除了介绍微码的使用外，莫里斯·威尔克斯在 1965 年发明了内存缓存的概念。

12.13 物理内存缓存

缓存已经成为一种获得更高内存性能而不会显著提高成本的流行方式。早期的计算机使用物理内存系统。也就是说，当它产生一个请求时，处理器指定了一个物理地址，而内存系统响应了这个物理地址。因此，为了在处理器和内存之间的路径上插入缓存，它必须理解和使用物理地址。

看起来物理内存缓存很简单。我们可以想象内存缓存接收到一个提取请求，检查是否可以从缓存中得到回应，然后，如果该项在缓存器中不存在，则将请求传递给底层内存。此外，我们可以想象，一旦从底层内存中检索了一个项，缓存就会在本地保存一个副本，然后将该值返回给处理器。

事实上，想象中的场景是误导性的——物理内存缓存比上面的描述复杂得多。为了理解为什么，我们必须记住硬件通过并行来实现高速。例如，当它遇到提取请求时，内存缓存并不会检查缓存然后访问物理内存。相反，缓存硬件并行执行两项任务：缓存同时将请求传递到物理内存并在本地搜索答案。如果它在在本地找到答案，缓存必须取消内存操作。如果它本地没有找到答案，则缓存必须等待底层内存操作完成。此外，当答案从内存到达时，高速缓存器再次使用并行性，同时保存答案的本地副本并将答案传回给处理器。并行活动使硬件变得复杂。重点是：

> 为了实现高性能，物理内存缓存旨在同时搜索本地缓存并访问底层内存。并行性使硬件复杂化。

12.14 写直通策略和写回策略

除了并行性之外，内存高速缓存也因写（即存储）操作而变得复杂。有两个问题：性能和一致性。性能最容易理解：缓存提高了提取请求的性能，但不提高存储请求的性能。也就是说，写操作需要更长的时间，因为写操作必须更改底层内存中的值。更重要的是，除了向内存转发请求之外，缓存还必须检查项是否在缓存中。如果是这样，缓存必须更新其副本。实际上，经验表明，内存缓存应该始终保存写入的每个值的本地副本，因为程序在存储一个值后很短时间内会访问该值。

内存缓存处理写操作的初始实现如上所述：缓存保留副本并将写操作转发给底层内存。我们使用术语"写直通式高速缓存"来描述该方法。

另一种替代方案称为写回式高速缓存，会保留写入的数据项的副本，并等待稍后更新底层物理内存。要知道底层物理内存是否必须更新，写回式高速缓存会为每个项保留一个额外的位，即脏位。在物理内存缓存中，脏位与缓存中的每个块关联。当提取一个项并且将一个副本放置在缓存中时，脏位初始化为0。当处理器修改该项（即，执行写入）时，将脏位设置为1。当它需要从缓存中移出一个块时，硬件首先检查与该块相关的脏位。如果脏位为1，则将该块的副本写入内存。但是，如果脏位为0，则可以简单地覆盖该块，因为该块中的数据与内存中的副本完全相同。重点是：

> 写回式高速缓存器将脏位与每个块相关联，以记录块被提取后是否被修改。从高速缓存中弹出一个块时，硬件会将脏块的副本写入内存，但如果该块不脏，则会简单地覆盖其内容。

要理解写回为什么会提高性能，可以想象一个程序中的 for 循环，该程序在循环的每次迭代中增加内存中的变量。第一次引用变量时，写回式缓存将变量放入缓存中。在每次连续的迭代中，对变量的更改仅影响缓存的副本。假设一旦循环结束，程序将停止引用变量。最终，程序会生成足够多的其他引用，以便该变量是缓存中最近最少使用的项目，并且将被选中用于替换。当引用新项并需要缓存槽时，缓存将变量的值写入底层物理内存。因此，尽管变量可以多次被引用或改变，但内存系统只能访问一次底层物理内存[⊖]。

12.15　缓存一致性

内存缓存在具有多个处理器的系统（例如多核 CPU）中尤为复杂。我们表示写回式缓存比写直通式缓存实现更高的性能。在多处理器环境中，通过为每个内核配置自己的缓存，可以优化性能。不幸的是，这两种优化有冲突。为了理解原因，请看图 12.4 中的架构，它显示了两个处理器，每个处理器都有一个私有缓存。

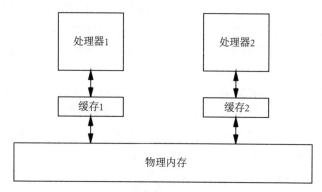

图 12.4　共享底层内存的两个处理器的示意图。由于每个处理器都有单独的缓存，所以如果两个处理器都引用相同的内存地址，则会发生冲突

现在考虑如果两个缓存使用写回法会发生什么。当处理器 1 写入内存位置 X 时，缓存 1 保存 X 的值。最终，当它需要空间时，缓存 1 将该值写入底层物理内存。同样，无论何时处理器 2 写入一个内存位置，该值都将放置在缓存 2 中，直到需要空间为止。问题应该是显而易见的：如果没有额外的机制，如果两个处理器同时对给定地址发出读取和写入操作，则会发生错误的结果。

为避免冲突，访问给定内存的所有高速缓存必须遵循协调这些值的缓存一致性协议。例如，当处理器 2 从地址 A 读取时，一致性协议要求缓存 2 通知缓存 1。如果它当前拥有地址 A，则缓存 1 将 A 写入物理内存，因此缓存 2 可以获取最新值。也就是说，任何处理器上的读操作都会触发缓存中的写回，该缓存当前拥有地址的缓存副本。类似地，如果任何处理器对地址 A 发出写入操作，则必须通知所有其他高速缓存以放弃缓存的 A 的值。因此，除了需要额外的硬件和允许高速缓存间进行通信的机制之外，缓存一致性引入了额外的延迟。

12.16　L1、L2 和 L3 缓存

我们说将多个缓存安排到一个层级结构中可以提高整体性能。事实上，大多数计算机内

⊖　优化编译器可以进一步提升性能，通过使用通用寄存器来保存变量，直到循环结束（另一种形式的缓存）。

存系统至少有两级缓存层级结构。为了理解为什么计算机架构师为内存层级结构添加了第二级缓存，我们必须考虑四个事实：

- 传统的内存缓存与内存和处理器都是分离的。
- 要访问传统的内存缓存，处理器使用将处理器芯片连接到计算机其余部分的引脚。
- 使用引脚访问外部硬件比访问处理器芯片内部的功能单元花费的时间要长得多。
- 技术的进步使得增加每个芯片的晶体管数量成为可能，这意味着处理器芯片可以包含更多的硬件。

结论应该很清楚。我们知道添加第二个缓存可以提高内存系统的性能，我们进一步知道将第二个缓存放在处理器芯片上会使缓存访问时间更低，并且我们知道现在技术允许芯片供应商向他们的芯片中加入更多硬件。因此，在处理器芯片中嵌入第二个内存缓存是有意义的。如果命中率很高，大多数数据引用将永远不会离开处理器芯片——访问内存的有效成本将与访问寄存器的成本大致相同。

为了描述多个高速缓存的想法，计算机制造商最初采用了术语一级缓存（L1 缓存）来表示处理器芯片上的高速缓存，二级缓存（L2 缓存）表示外部高速缓存，以及三级缓存（L3 缓存）表示内置到物理内存中的缓存。也就是说，L1 缓存最初是芯片上的，L2 或 L3 缓存是芯片外的。

事实上，芯片尺寸变得如此之大，以至于单个芯片可以包含多个核和多个缓存。在这种情况下，制造商使用术语 L1 缓存来描述与一个特定核相关联的缓存，术语 L2 缓存用于描述可以共享的片上缓存，术语 L3 缓存用于描述片上缓存，它由多个核共享。通常，所有核共享一个三级缓存。因此，芯片上和芯片外的区别已经消失。

我们可以总结一下术语：

> 将传统术语用于多级高速缓存层次结构时，L1 缓存嵌在处理器芯片中，L2 缓存在处理器外部，L3 缓存构建在物理内存中。最近的术语定义了 L1 缓存与单个核关联，而 L2 和 L3 则指的是所有核心共享的片上缓存。

12.17   L1、L2 和 L3 缓存的大小

大多数计算机使用缓存层级结构。当然，层级结构顶部的缓存是最快的，但也是最小的。图 12.5 列出了缓存内存大小的例子。如下一节所述，L1 缓存可以分为独立的指令和数据缓存。

缓存	大小	备注
L1	64KB ~ 96KB	每核
L2	256KB ~ 2MB	也许每核
L3	8MB ~ 24MB	所有核共享

图 12.5   2016 年的缓存大小示例。尽管绝对大小继续变化，读者应该把重点放在缓存相对于 4GB 到 32GB 的内存容量的相对值上

12.18   指令和数据缓存

是否所有内存引用都要通过一个缓存？为了理解这个问题，想象一下正在执行的指令和

被访问的数据。取指操作往往表现出高局部性——在很多情况下，下一条要执行的指令位于相邻的内存地址。此外，程序中最耗时的循环通常很小，这意味着整个循环可以放入缓存中。尽管某些程序中的数据访问表现出很高的局部性，但其他程序的数据访问不会。例如，当一个程序访问一个散列表时，被引用的位置看起来是随机的（即，一次引用的位置并不一定接近下一个引用的位置）。

指令和数据行为之间的差异引发了一个问题，即混合两种类型的引用会如何影响缓存？实质上，请求顺序越随机，缓存执行的就越差（因为缓存将保存每个值，即使该值不再需要）。我们可以陈述一个总原则：

在一系列请求中插入随机引用会使缓存性能恶化；减少发生的随机引用的数量往往会提高缓存性能。

12.19　改良的哈佛体系结构

能否通过配置用于指令和数据的分离缓存来优化性能？简单的答案是显而易见的。当数据和指令都放在同一个缓存中时，数据引用往往会将指令从缓存中挤出，从而降低性能。添加单独的指令缓存可以提高性能。

然而，上面的简单回答并不充分，因为问题不在于额外的硬件是否会有所帮助，而在于如何在折中方案中进行选择。因为额外的硬件会产生更多的热量，消耗更多的功率，而且在便携式设备中，耗电更快，架构师必须权衡额外缓存的所有成本。如果架构师决定添加更多缓存硬件，问题是如何最好地使用硬件。例如，我们知道，增加单个缓存的大小将通过避免冲突来提高性能。如果缓存变得足够大，混合指令和数据引用将正常工作。是添加单独的指令缓存，还是保留单个缓存并增加大小会更好？

许多架构师已经决定使用少量额外硬件的最佳方式是引入一个新的 I-cache（指令缓存）并将现有缓存用作 D-cache（数据缓存）。在哈佛体系结构中分离指令缓存和数据缓存是容易的，因为 I-cache 与指令内存相关联，并且 D-cache 与数据内存相关联。架构师应该放弃冯·诺依曼体系吗？

许多架构师采取了一种妥协方式，其计算机具有单独的指令缓存和数据缓存，但这两个缓存指向单个内存。我们使用术语改良的哈佛体系结构来刻画这种折中。图 12.6 说明了修改后的架构。

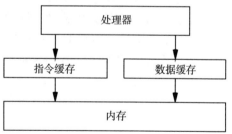

图 12.6　一种改良的哈佛体系结构，带有单独的指令缓存和数据缓存，通向相同的底层内存

12.20　内存缓存的实现

从概念上讲，内存缓存中的每个条目都包含两个值：内存地址和在该地址找到的字节值。在实践中，每个条目存储完整的地址效率不高。因此，内存缓存使用巧妙的技术来减少所需的空间量。两个最重要的缓存优化技术称为：

- 直接映射的内存缓存。
- 组相联内存缓存。

我们将看到，与虚拟内存方案一样，两个缓存的实现都使用 2 的幂来避免算术计算。

12.21　直接映射的内存缓存

直接映射的内存缓存使用映射技术来避免开销。虽然内存缓存与字节可寻址内存一起使用，但缓存不记录单个字节。相反，高速缓存将内存和高速缓存分成一组固定大小的块，其中块大小 B（以字节为单位）选择为 2 的幂。只要块中的一个字节被引用，硬件就会将整个块放入缓存中。使用缓存术语，我们将缓存中的块称为缓存行；直接映射的内存缓存的大小通常通过给出缓存行的数量乘以缓存行的大小来指定。例如，大小可能被指定为 4K 行，每行 8 字节。为了设想这样的缓存，将内存中的字节分成 8 字节的段并分配给缓存的行。图 12.7 说明了内存字节如何分配到缓存，该缓存具有 4 个缓存行且每个缓存行大小为 8 字节。（注意：一个内存缓存通常包含 4 个以上的缓存行，一个较小的缓存仅仅当作图的一个简单例子。）

块	内存中的字节地址							
					⋮			
3	56	57	58	59	60	61	62	63
2	48	49	50	51	52	53	54	55
1	40	41	42	43	44	45	46	47
0	32	33	34	35	36	37	38	39
3	24	25	26	27	28	29	30	31
2	16	17	18	19	20	21	22	23
1	8	9	10	11	12	13	14	15
0	0	1	2	3	4	5	6	7

图 12.7　对于一个四个块（每块 8 字节）的高速缓存，块编号分配给存储器位置的示例

观察内存中的块的编号以模 C 编号，其中 C 是缓存中的槽数。也就是说，块从 0 到 $C-1$（图 12.7 中 C 是 4）编号。有趣的是，使用 2 的幂意味着不需要算术来将字节地址映射到块号。相反，块号可以通过提取一组位来找到。在图 12.7 中，可以通过提取地址的第四位和第五位来计算块编号。例如，考虑地址为 57 的字节（二进制为 111001，下划线为第四位和第五位）。位 11 是十进制的 3，这与图中的块号一致。在地址 44 中（二进制为 101100），第四位和第五位为 01，块号为 1。我们可以用编程语言表达映射：

$$b = (byte\_address >> 3) \ \& \ 0x03;$$

就内存缓存而言，不需要计算——硬件将该值存放在内部寄存器中，并提取相应的位以形成块编号。

理解直接映射内存缓存的关键在于以下规则：只有编号为 i 的内存块才能放入缓存槽 i 中。例如，具有地址 16 到 23 的块可以放置在槽 2 中，具有地址 48 到 55 的块也可以放置在槽 2 中。

如果多个内存块可以放置在给定的槽口中，那么缓存如何知道当前哪个块位于槽口中？高速缓存为每个组内的 C 个块附加一个唯一标签。例如，图 12.8 说明了如何将标签值分配给内存块，图中缓存具有 4 个槽口。

为了识别当前在缓存槽中的块，每个缓存条目包含一个标签值。因此，如果缓存中的槽 0 包含标签 K，则槽 0 中的值对应于具有标签 K 的内存区域中的块 0。

为什么使用标签？缓存必须唯一标识槽口中的条目。由于标签标识了大量的块而不是单

个字节的内存，因此使用标签需要较少的位标识一块内存区域，而不需全部的内存地址位。
此外，如下一节所述，选择块大小和内存标识大小为 2 的幂使缓存查找效率非常高。

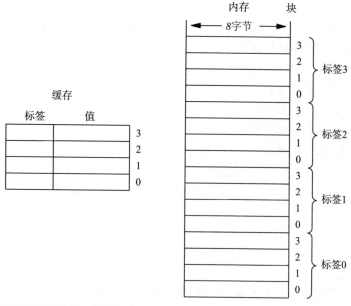

图 12.8   一个示例内存缓存，其中包含 4 个块的容量，内存按每块 8 字节大小的概念进行划
分。内存中每四个块形成一组，分配一个唯一的标签

12.22   使用 2 的幂提高效率

尽管上述的直接映射看起来很复杂，但使用 2 的幂可简化硬件实现。实际上，硬件非常
优雅并且极其高效。代替模算术，标记和块编号可以通过从内存地址提取组的位。地址的高
位用作标记，接下来的一组位形成块号，最后一组位指出块内的字节偏移量。图 12.9 说明
了这个分配。

标签	块编号	偏移量

图 12.9   使用 2 的幂可以允许缓存将内存地址分割成三个单独的域，即标记域，块编号，块内
字节偏移量域

一旦我们知道所有值都可以通过位提取获得，那么直接映射内存缓存中的查找算法就很
简单。将缓存看作一个数组。这个想法是从地址中提取块号，然后使用块号作为数组中的索
引。数组中的每个条目都包含一个标签和一个值。如果地址中的标签与缓存槽中的标签相匹
配，则缓存将返回该值。如果标签不匹配，则缓存硬件必须从内存中获取块，将副本放入缓
存中，然后返回值。算法 12.1 总结了这些步骤。

算法 12.1   在直接映射内存缓存中的缓存检查

给定：

    内存地址

寻找：

　　该地址处的数据字节

方法：

　　通过选择适当的位字段，从地址中提取标签号 t、块号 b 和偏移量 o

　　检查缓存槽 b 中的标签

　　如果缓存槽 b 中的标签和 t 匹配 {

　　　　使用 o 从槽口 b 的块中选择适当的字节，并返回该字节

　　} 否则 {/* 更新缓存 */

　　　　从底层内存中获取块 b

　　　　将副本放入槽口 b 中

　　　　将槽口 b 上的标签设置为 t

　　　　使用 o 从槽口 b 的块中选择适当的字节，并返回该字节

　　}

　　该算法省略了一个重要的细节。缓存中的每个槽口都有一个有效位，用于指定槽口是否已被使用。最初（即，当计算机启动时），所有有效位都设置为 0（以指示没有任何槽包含来自内存的块）。当它将一个块存储在一个槽口中时，缓存硬件将有效位设置为 1。当它检查某个槽口的标签时，如果有效位为 1，则硬件报告不匹配，这将强制该块的副本从内存中加载。

12.23　直接映射缓存的硬件实现

　　算法 12.1 描述了缓存检索，就好像缓存是一个数组一样，并且采取单独的步骤来提取项并索引数组。实际上，缓存的槽口不会存储在内存阵列中。相反，它们是用硬件电路来实现的，电路并行工作。例如，从地址提取项的第一步可以通过将地址放置在内部寄存器（由一组锁存器组成的硬件电路）中，并将地址的每一位由一个锁存器表示。也就是说，一旦将地址放入寄存器中，地址的每一位都将用单独的线表示。地址中的项 t、b 和 o 可以仅通过将输出线分组来获得。

　　算法 12.1 中的第二步需要缓存硬件检查其中一个槽。硬件使用解码器来精确选择其中一个槽。所有槽都将其输出放在电线上。使用比较器电路将地址中的标签与所选槽中的标签进行比较。图 12.10 给出了执行缓存检索的硬件的简化框图。

　　该电路将内存地址作为输入，并产生两个输出。当且仅当在缓存中找到指定地址（即高速缓存返回值）时，有效输出为 1。值输出是指定地址处的内存内容。

　　在图 12.10 中，每个槽已被划分为有效位、标签和值，而且单独的硬件电路可用于每个字段。从解码器到每个槽的水平线指示可用于激活槽的电路连接。然而，在任何时候，解码器只选择一个槽（在图 12.10 中，所选槽显示为灰色）。

　　垂直线穿过槽口表示并行连接。每个槽中的硬件连接到导线，但只有选定的槽会在垂直导线上放置一个值。因此，在这个例子中，与门的输入只来自所选插槽的 V 电路，比较器的输入只来自所选槽口的标签电路，而输出值仅来自所选槽口的值电路。关键是缓存检索可以通过组合电路快速执行。

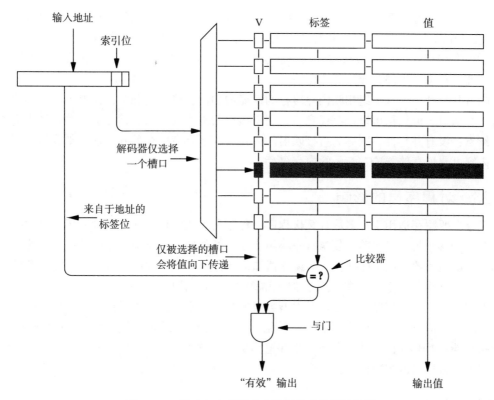

图 12.10　用于在内存缓存中执行检索的硬件框图

12.24　组相联的内存缓存

直接映射内存缓存的主要替代方案被为组相联的内存缓存。实质上，一个组相联内存缓存使用硬件并行来提供更多的灵活性。不是维护单个缓存，而是维护多个底层缓存，并提供可以同时搜索所有缓存的硬件。更重要的是，因为它提供了多个底层缓存，所以组相联内存缓存可以存储具有相同编号的多个块。

作为一个简单的例子，考虑一个组相联缓存，其中有两个底层硬件的副本。图 12.11 说明了这个架构。

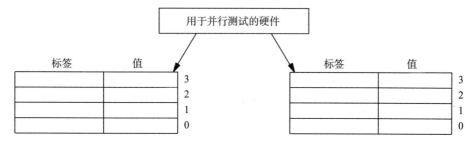

图 12.11　带有两个底层硬件副本的组相联内存缓存的示意图，缓存包括可以并行搜索两个副本的硬件

要理解组相联方法的优点，可以考虑一个引用字符串，其中一个程序交替引用两个地址 A_1 和 A_2，它们具有不同的标签，但都具有块编号零。在直接映射的内存缓存中，这两个地

址在缓存中竞争单个槽口。对 A_1 的引用将 A_1 的值加载到缓存的槽 0 中，对 A_2 的引用用值 A_2 覆盖槽 0 的内容。因此，在交替的引用顺序中，每个引用都会导致缓存缺失。然而，在组相联内存缓存中，A_1 可以放置在两个底层缓存之一中，而 A_2 可以放置在另一个底层缓存中。因此，每个引用都会导致缓存命中。

随着并行性的增加，组相联内存缓存的性能增加。在极端情况下，如果每个底层缓存仅包含一个槽口，但该槽可以保存任意值，则将缓存归类为全相联。请注意，并行量决定了一个连续点：没有并行性，则称为直接映射的内存缓存，具有完全的并行性，则我们将拥有相当于内容可寻址存储器（CAM）的内存缓存。

12.25　对程序员的影响

经验表明缓存适用于大多数计算机程序。程序员生成的代码往往包含循环，这意味着处理器会在转移到另一组之前重复执行一小组指令。类似地，在移动到新的数据项之前，程序倾向于多次引用数据项。此外，一些编译器知道缓存，并利用缓存帮助优化生成的代码。

尽管缓存取得了非常大的成功，但了解缓存如何工作的程序员可以编写利用缓存的代码。例如，考虑一个程序，它必须对大型数组的每个元素执行许多操作。一次可以执行一个操作（在这种情况下，程序会多次遍历数组），或者在移动到下一个元素之前对数组的单个元素执行所有操作（在这种情况下，程序遍历数组一次）。从缓存的角度来看，后者是可取的，因为元素将保留在缓存中。

12.26　小结

缓存是一种基本的优化技术，可用于许多情况。缓存解析请求，自动存储值，并尽可能快速回答请求。变体包括多级缓存层级结构和预加载缓存。

缓存为内存提供了基本的性能优化。大多数计算机系统都采用多级内存缓存。最初，L1 缓存与处理器一起驻留在集成电路中，L2 缓存位于处理器外部，L3 缓存与内存相关联。随着集成电路的规模越来越大，制造商将 L2 和 L3 缓存转移到处理器芯片上，其区别在于 L1 缓存与单个核相关联，并且 L2／L3 缓存在多个核之间共享。

称为直接映射内存缓存的技术，处理检索而不保留缓存项的列表。尽管我们将检索算法视为执行多个步骤，但直接映射内存缓存的硬件实现可以使用组合逻辑电路来执行查找，而无须处理器。组相联内存缓存扩展了直接映射的概念以允许并行访问。

习题

12.1　当应用于内存缓存时，术语"透明"是什么意思？

12.2　如果某段代码的命中率为 0.2，访问缓存所需的时间为 20 纳秒，访问底层物理内存的时间为 1 微秒，那么这段代码的有效内存访问时间是多少？

12.3　物理学家编写 C 代码来遍历一个大型的二维数组：

```
float   a[32768, 32768], sum;
...
for (i=0; i<32768; i++) {
        for (j=0; j<32768; j++) {
        sum += a[j,i];
        }
}
```

物理学家抱怨代码运行得非常缓慢。你可以做出什么简单的改变来提高执行速度？

12.4 考虑一台计算机，其中每个内存地址的长度为 32 位，并且内存系统有一个缓存可存储高达 4K 条目。如果使用一个简单朴素缓存，其中缓存的每个条目都存储地址和数据字节，则缓存需要多少存储空间？如果使用直接映射的内存缓存，其中每个条目存储由 4 字节组成的标签和数据块，则需要多少存储空间？

12.5 承接前题。假设缓存的大小是固定的，寻找一个简单缓存的替代方案，使得可以存储更多数据项。提示：如果处理器总是访问 4 字节整数，那么缓存中要放置什么值？

12.6 查阅供应商的规格说明，查找内存访问的成本和现代内存系统的缓存命中成本（12.6 节中的 C_h 和 C_m）。

12.7 使用上一题中获得的值来绘制有效内存访问成本，其中命中率从 0 变化到 1。

12.8 使用习题 12.6 中获得的 C_h 和 C_m 的值，命中率 r 需要为多少以实现内存系统平均访问时间的 30% 的提高（与没有缓存的相同内存系统相比）？

12.9 说明两种提高缓存命中率的方法。

12.10 什么是缓存一致性，什么类型的系统需要它？

12.11 编写一个计算机程序，使用 64 个块，每块 128 字节的缓存来模拟直接映射的内存缓存。要测试该程序，请创建一个 1000×1000 的整数阵列。如果程序以行优先级和列优先级顺序遍历数组，模拟地址引用。每种情况下缓存的命中率是多少？

12.12 图 12.10 中的硬件图只显示了检索所需的电路。扩展该图以包含从内存中将值加载到缓存中的电路。

虚拟内存技术与虚拟寻址

13.1 引言

之前的章节讨论了物理内存和缓存。物理内存章节包括了用来创建内存系统的硬件技术、将物理内存组织成字的方式和用来访问内存的物理寻址方案。缓存章节描述如何组织一个内存缓存，解释了为什么一个内存缓存极大地提升了性能。

本章介绍了虚拟内存的重要概念，包括动机、创建虚拟内存空间的技术以及虚拟内存和物理内存间的映射。虽然我们的注意力主要集中在硬件系统，但是我们也将学习一个操作系统是如何使用虚拟内存机制的。

13.2 虚拟内存的定义

我们使用术语虚拟内存（VM）来描述一种通过隐藏底层物理内存细节，从而提供更方便的内存环境的机制。本质上，虚拟内存系统创造了一个错觉——一个地址空间和一个内存访问方案，可以克服物理内存和物理寻址方案的限制。这个定义可能有些模糊，但是我们需要包含多种多样的技术和用途。下一节将会给出更精确的概念，给出创建和实现虚拟内存系统的例子。我们将会学习多种多样的虚拟内存方案，因为没有单一方案在所有情况下都是最优的。

我们已经在第 11 章见识了一个内存系统的例子，它符合虚拟内存的定义：一个智能的内存控制器，它提供按字节寻址和底层按字寻址的物理内存。控制器的实现允许处理器使用按字节寻址的请求。我们进一步认识到，选择内存大小是 2 的幂可以避免算术运算并且使字节寻址到字寻址的转换很容易。

13.3 内存的管理单元和地址空间

架构师使用术语内存管理单元（MMU）来描述一个智能的内存控制器。MMU 为处理器创建一个虚拟地址空间。处理器使用的地址是虚拟地址，因为 MMU 把每个地址翻译给底层物理内存。我们把整个机制归类为虚拟内存系统，因为这个机制不是底层物理内存的一部分。

非正式地，为了帮助区分虚拟内存和物理内存，工程师用"real"这个形容词来指代物理内存，例如，他们可能会用术语实地址来指代物理内存地址，或使用术语实地址空间指代物理内存识别的地址集合。

13.4 多个物理内存系统的接口

一种可以将按字节寻址映射到底层按字寻址的内存管理单元，可以扩展创建更复杂的内存组织。比如，Intel 设计了一个使用两种类型的物理内存的网络处理器——SRAM 和 DRAM。回想一下，SRAM 比 DRAM 运行速度更快，但是成本更高，因此系统拥有少量的 SRAM（为经常被访问的项设计）和大量的 DRAM（为不经常被访问的项设计）。此外，

SRAM 物理内存被组织为每字 4 字节，而 DRAM 物理内存被组织为每字 8 字节。Intel 的网络处理器使用一个内嵌的 RISC 处理器，可以访问这两种内存。更重要的是，RISC 处理器使用字节寻址。然而，Intel 的设计遵循了一种标准方法，将两种物理内存并入一个单独的虚拟地址空间，并没有使用单独的指令或操作类型来访问两种内存。

为了在两个不同的物理内存系统上实现统一的虚拟地址空间，内存控制器必须执行必要的转换。本质上，MMU 必须提供一个隐藏底层内存系统的细节的抽象操作。图 13.1 展现了一个总体架构。

在图 13.1 中，处理器连接到内存管理单元。MMU 接收来自处理器的内存请求，转换每个请求，并将请求转发给物理内存 1 的控制器或者物理内存 2 的控制器。这两个物理内存的控制器按照第 11 章的描述操作——控制器接收指定字节寻址的请求，并将请求转换为使用按字寻址的操作。

图 13.1 中的硬件如何提供一个虚拟内存空间？答案与第 11 章描述的内存存储体有关。从概念上讲，MMU 将地址空间划分为两个部分，MMU 将这两个部分与物理内存 1 和物理内存 2 相关联。例如，如果每个物理内存包含 1GB（0x40000000 字节）的 RAM，那么 MMU 可以创建一个虚拟地址空间，该空间将 0 到 0x3fffffff 映射到第一个内存，将 0x7fffffff 到 0x40000000 映射到第二个内存。图 13.2 展示了相应的虚拟内存系统。

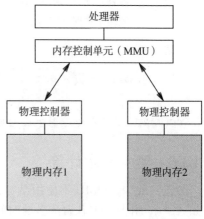

图 13.1 两种不同内存连接到处理器的架构图，处理器可以使用任意内存

13.5 地址转换或者地址映射

图 13.2 中每个底层内存系统的运行方式都像一个独立的物理内存——硬件期望请求的引用地址从 0 开始。因此，这两个内存都能识别同组地址。对于内存 1，与内存相关的虚拟地址与硬件期望的范围相同。但是对于内存 2，处理器产生从 0x40000000 开始的虚拟地址，因此 MMU 在把请求传递给内存 2 之前，必须将一个地址映射到较低的范围（即，实地址从 0 到 0x3fffffff）。我们说 MMU 进行了地址转换。

从数学上讲，内存 2 的地址映射很直接：MMU 仅从地址上减去 0x40000000 即可。图 13.3 解释了这个概念。

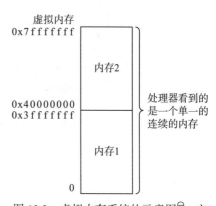

图 13.2 虚拟内存系统的示意图⊖，它在两个物理内存间划分一个地址空间。MMU 使用一个地址来决定要访问的内存

⊖ 我们选择在底部标上 0 的地址空间；一些文档使用了在地址空间顶部放置 0 的约定。

```
/* 接收来自于处理器的虚拟内存请求；
设定 V 是请求的地址 */;
if ( V < 0x40000000 ) {
      将没有修改的请求（地址为 V）传递给内存 1；
} else {    /* 将地址映射到内存 2 */
      V2 = V－0x40000000;
      将修改后的请求（地址为 V2）传递给内存 2；
}
```

图 13.3   内存管理单元用于创建图 13.2 所示虚拟内存的步骤顺序，MMU 将虚拟地址空间映射
到两个物理存储器上

要点是：

一个 MMU 可以结合多个底层物理内存系统来创建一个虚拟地址空间，该空间提供
处理器一个单独的、统一的内存系统的假象。因为每个底层内存使用从 0 开始的地址，
所以 MMU 必须在处理器生成的地址和每个内存使用的地址之间进行转换。

13.6 避免算术计算

在实践中，MMU 不使用减法来实现地址转换——因为减法需要大量的硬件资源（例
如 ALU），并且需要花费太多的时间来执行每个内存引用。解决方案是使用 2 的幂以简化硬
件。例如，考虑图 13.2 中的映射。地址 0 到 0x3fffffff 映射到内存 1，地址 0x40000000 到
0x7fffffff 映射到内存 2。图 13.4 显示，当用二进制表示时，地址占用 31 位，而数值只在高
位上有所不同。

地址	二进制值 (31 位)
0	0 0 0 0 0 0 0 0 0 0 0 0 0 0 0 0 0 0 0 0 0 0 0 0 0 0 0 0 0 0 0
到	到
0x3 fffffff	0 1 1 1 1 1 1 1 1 1 1 1 1 1 1 1 1 1 1 1 1 1 1 1 1 1 1 1 1 1 1
0x40000000	1 0 0 0 0 0 0 0 0 0 0 0 0 0 0 0 0 0 0 0 0 0 0 0 0 0 0 0 0 0 0
到	到
0x7 fffffff	1 1 1 1 1 1 1 1 1 1 1 1 1 1 1 1 1 1 1 1 1 1 1 1 1 1 1 1 1 1 1

图 13.4   地址的二进制值范围为 0 到 2GB。除高位以外，1GB 以上的值与下面的值相同

如示例所示，选择地址空间大小为 2 的幂可以消除减法运算，因为低阶位可以用作物理
地址。在这个示例中，当将一个地址映射到两个底层物理内存中的一个时，MMU 可以使用
一个地址的高阶位来确定应该接收请求的物理内存。为了生成物理地址，MMU 只提取虚拟
地址的剩余部分。

要点是：

将虚拟地址空间根据相应的 2 次幂划分边界，使 MMU 选择一个物理内存，且无须
算术运算就可以实现必要的地址转换。

13.7 不连续的地址空间

图 13.2 展示了一个连续虚拟地址空间，该地址空间中的所有地址都映射到底层物理地

址。也就是说，处理器可以引用从 0 到最高地址的所有地址，因为每个地址都对应于物理内存中的一个位置。有趣的是，大多数计算机的设计都是灵活的——物理内存的设计是为了让计算机所有者决定要安装多少内存。计算机包括内存的物理槽口，所有者可以选择使用内存芯片填充所有槽口，或者将一些槽口留空。

考虑一下允许所有者安装任意数量内存的后果。因为它是在创建计算机时定义的，虚拟地址空间包括每个可能的物理内存位置的地址（即，地址为可安装在计算机上的最大容量）。如果一个所有者决定省略了一些内存，那么虚拟地址空间的一部分就会变得不可用——如果处理器引用一个与物理内存不对应的地址，则会产生一个错误结果。虚拟地址空间不是连续的，因为有效地址的区域被无效的地址分隔。例如，如果将虚拟地址空间映射到两个物理内存，图 13.5 显示了一个虚拟地址空间可能的呈现，并且每个物理内存的一部分被忽略了。

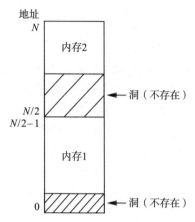

图 13.5　映射到两个物理内存上的由 N 个字节组成的非连续虚拟地址空间的示例，一些地址不对应于物理内存

当虚拟地址空间的一部分没有映射到物理内存时，我们说地址空间包含一个洞。例如，在图 13.5 中，虚拟地址空间包含两个洞[⊖]。

我们可以概括为：

> 虚拟地址空间可以是连续的，在这种情况下，每个地址映射到底层物理内存的位置；虚拟地址空间也可以是非连续的，在这种情况下，地址空间包含一个或多个洞。如果处理器试图读取或写入与物理内存不符的任何地址，则会产生错误。

将虚拟地址空间映射到物理内存存在许多其他可能性。例如，回想一下第 11 章中，一个地址的两个低阶位可以用来在 4 个独立的物理内存模块（即，存储体）中交叉存取内存，并且地址的剩余位可以用来在模块中选择一个字节。在一组模块中交叉存取字节的主要优点之一是，底层硬件能够同时访问单独的物理内存。使用低阶位来选择模块，意味着连续的内存字节来自不同的模块。特别是如果处理器访问由 32 位组成的数据项，底层的内存系统可以同时获取所有 4 个字节。

13.8　虚拟内存的动机

上面的小例子表明，内存系统可以给处理器展示一个虚拟地址空间，与底层物理内存不同。本章的其余部分将探讨更复杂的虚拟内存方案。在大多数情况下，方案合并和扩展了上面讨论的概念。我们将了解到使用复杂虚拟内存有四个主要动机：

- 硬件的同构化集成。
- 编程的便利性。
- 支持多道程序设计。

⊖　当我们讨论 I/O 时，会看到更多地址空间的例子。

● 保护程序和数据。

　　硬件的同构化集成。我们的示例解释了虚拟内存系统如何为一组物理内存提供一个同构的接口。更重要的是，该方案允许潜在底层内存的异构性。比如，一些底层的物理内存可以使用 32 位大小的字，而另一些则使用 64 位大小的字。有些内存有比其他内存更快的周期时间，或者一些内存可以由 RAM 组成，而另一些则由 ROM 组成。MMU 通过允许处理器从一个单一的地址空间访问所有内存，从而隐藏了差异。

　　编程的便利性。虚拟内存系统的主要优点之一是易于编程。如果单独的物理内存不被集成到一个统一的地址空间中，处理器就需要为每个内存指定专门的指令（专门的操作数格式）。编写内存访问程序变得很痛苦。更重要的是，如果程序员决定将一个项从一个内存移到另一个内存，程序必须重写，这意味着不能在运行时做出决策。

　　支持多道程序设计。现代计算机系统允许多个应用程序同时运行。例如，一个编辑文档的用户可以在一个字处理软件运行的同时，临时启动一个 Web 浏览器查找参考资料，并且听音乐。术语多道程序和多进程描述了一个计算机系统，它允许多个程序同时运行。我们将看到需要一个虚拟内存系统来支持多道程序。

　　保护程序和数据。我们说过，CPU 使用执行模式来确定在任何时候允许使用哪些指令。我们将会看到虚拟内存与计算机的保护机制有着天然内在的联系。

13.9　多虚拟地址空间和多道程序

　　早期的计算机设计者认为多道程序设计是不切实际的。要理解原因，请考虑一下指令集是如何工作的。每个间接寻址的操作数引用了一个内存地址。当两个程序被加载到单一内存中并同时运行，如果程序试图使用相同的内存位置以实现两个不同的目的，就会发生冲突。因此，只有当编写的程序避免使用相同的内存地址，程序才能一起运行。

　　最常用的多道编程技术使用虚拟内存，为每个程序建立一个单独的虚拟地址空间。要了解如何使用虚拟内存系统，请考虑一个示例。图 13.6 展示了一种直接映射。

　　图 13.6 中的机制将物理内存划分为面积大小相等的区域，称为分区。分区的内存系统用于早期的大型机，分区内存的缺点是给定程序的可用内存是电脑上的物理内存总量的一小部分。如图 13.6 所示，使用分区内存的系统通常将内存划分为四个分区，这意味着总内存的四分之一专用于每个程序。

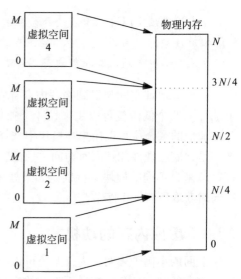

图 13.6　四个分区映射到单一物理内存的示意图，每个虚拟地址从地址 0 开始

　　图 13.6 中的示意图表示 MMU 将多个虚拟地址空间转换到单个物理内存。然而，在实践中，MMU 硬件可以执行额外的映射。例如，MMU 可以将虚拟地址空间 1 转换为中间虚拟地址空间，然后将中间虚拟地址空间转换为一个或多个底层物理内存（这可能进一步将字节地址转换为字地址）。

13.10 动态地创建虚拟地址空间

如何创建虚拟内存系统？在上面的简单示例中，我们暗示在构建硬件时选择从虚拟地址空间到物理内存的映射。虽然一些小型的专用系统将映射设计成硬件，但一般用途的计算机系统通常不会。相反，通用系统中的 MMU 可以在运行时动态更改。也就是说，当系统启动时，处理器会告诉 MMU 如何将虚拟地址空间映射到物理内存。

在处理器上运行的程序如何更改地址空间并继续运行？一般来说，要使用的地址空间是处理器模式的一部分。处理器开始以实模式运行，这意味着处理器在不使用 MMU 的情况下将所有内存引用直接传递给物理内存。在实模式运行时，处理器可以与 MMU 进行交互，以建立映射。一旦指定了映射，处理器就可以执行更改模式的指令，使 MMU 工作，分支调转到指定的位置。MMU 根据配置的映射来转换每个内存引用。

下一节将研究用于创建动态内存系统的技术。我们将考虑三个例子：

- 基址 – 界限寄存器。
- 分段。
- 请求分页。

13.11 基址 – 界限寄存器

名为基址 – 界限的机制是最古老和最容易理解的动态虚拟内存方案之一。从本质上说，基址 – 界限方案创建一个虚拟地址空间，并将该空间映射到物理内存的一个区域。该名称指代的是属于 MMU 部分的一对寄存器；必须在启用 MMU 之前加载它们。基址寄存器保存物理内存中的一个地址，该地址指定映射虚拟地址空间的位置，界限寄存器保存一个整数，指定地址空间的大小。图 13.7 说明了该种映射。

13.12 改变虚拟地址空间

看起来基址 – 界限机制似乎并不有趣，因为它只提供一个单一的虚拟地址空间。然而，我们必须记住，一个基址 – 界限机制是动态的（即，容易改变）。其思想是，操作系统可以使用基址 – 界限机制在多个虚拟地址空间之间移动。例如，假设操作系统在内存中的不同位置加载了两个应用程序。操作系统以实模式运行，控制 MMU。当应用程序 A 准备运行时，操作系统会配置 MMU 来指向 A 的内存部分，从而使 MMU 完成映射，并分支跳转到该应用程序。稍后，当控制返回到操作系统时，操作系统选择另一个应用程序 B 运行，配置 MMU 以指向 B 的内存，使 MMU 工作，并分支跳转到 B 的代码。每个应用程序的虚拟地址空间从 0 开始，应用程序仍然不知道它在物理内存中的位置。

关键在于，操作系统可以使用基址 – 界限机制来提供与前面所提到的静态虚拟内存机制

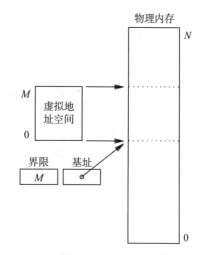

图 13.7 使用基址 – 界限机制的虚拟内存的示意图。基址寄存器指定虚拟地址空间的位置，而界限寄存器指定大小

一样多的功能。我们可以总结为:

> 基址－界限机制使用在 MMU 中的两个值来指定如何将虚拟地址空间映射到物理地址空间。基址－界限机制非常强大,因为操作系统可以动态地更改映射。

13.13   虚拟内存和保护

为什么在基址－界限方法要使用界限寄存器?答案是保护:虽然一个基址寄存器足以建立从虚拟地址到物理地址的映射,但是映射并不能阻止一个程序意外地或者是恶意地引用任意大的内存位置。例如,在图 13.7 中,超过 M 的地址位于分配给程序的区域之外(即,地址可能被分配给另一个应用程序)。

基址－界限方案使用界限寄存器来保证程序不会超过其分配的空间。当然,为了实现保护,MMU 必须检查每个内存引用,如果程序试图引用大于 M 的地址,则会引发错误。由基址－界限机制提供的保护提供了一个重要概念的示例:

> 支持多道程序的虚拟内存系统还必须提供保护,防止一个应用程序读取或修改已分配给另一个应用程序的内存。

13.14   分段

上面描述的内存映射是为了映射一个完整的地址空间(即,用于运行应用程序所需的所有内存,包括已编译程序和程序使用的数据)。我们说,映射整个地址空间的虚拟内存技术是一个粗粒度映射。另一种方法包括地址空间的部分映射,称为细粒度映射。

为了理解细粒度映射的动机,请考虑一个典型的应用程序。程序由一组函数组成,通过过程调用从一个函数转移到另一个函数。早期的计算机架构师发现,尽管内存是一种稀缺资源,但粗粒度的虚拟系统需要整个应用程序来占用内存。大部分内存都没有使用,因为在任何时候只有一个函数在执行。

为了减少所需的内存数量,架构师建议将每个程序划分为可变大小的块,并且任何时候只将需要的程序块加载到内存。也就是说,程序的一部分保存在一个外部存储设备上,通常是一个磁盘,直到需要其中一个。在那个时候,操作系统会找到一个足够大的未使用的内存区域,并将它加载到内存中。然后,操作系统配置 MMU,建立片段代码使用的虚拟地址和用来保存该片段代码的物理地址的映射。当一个程序片段不再使用时,操作系统将该片段代码复制回磁盘,从而使内存可以用于另一片段代码。

可变尺寸的片段方案称为分段,而程序的片段称为段。一旦提出,分段产生了许多问题。需要什么样的硬件支持来提高分段效率?硬件是否应该规定一个段大小的上限?

经过大量的研究和一些硬件实验,分段逐渐消失。当一个操作系统开始在内存中移入、移出块时,就会分段的中心问题出现了。因为段是可变大小的,所以内存倾向于将未使用的内存分割成多个小块的情况。计算机科学家使用"碎片"一词来描述这种情况,并说内存变得支离破碎⊖。我们可以总结为:

⊖ 为了避免内存碎片化,一些架构师尝试使用更大的固定大小段(例如,每段 64KB)。

　　分段是指将程序划分为可变大小块的虚拟内存方案，并且只在内存中保留当前需要的块。因为它导致了一个被称为内存碎片的问题，所以很少使用分段。

13.15　请求分页

　　分段的替代方法被发明出来，它已经非常成功。该技术称为"请求分页"，它遵循与分段一样的通用方案：将程序分成多个片段，将其一直保存在外部存储器中，直到需要时。当引用该部分片段时，加载单个片段。

　　请求分页和分段之间最重要的区别在于程序是如何划分的。请求分页使用的是被称为页面的固定大小的块，而不是大到足以容纳一个完整函数的可变大小段。初始时，当内存和应用程序要小得多的时候，架构师选择的页面大小为 512 字节或 1KB；当前的架构使用较大的页面大小（例如，Intel 处理器使用 4KB 大小的页面）。

13.16　请求分页的硬件和软件

　　一个有效的支持请求分页的虚拟内存系统需要两种技术的结合：
- 用于高效处理地址映射、每页被使用时记录以及检测缺失页的硬件。
- 用于配置硬件、监视页面使用和在外部存储器和物理内存之间移动页面的软件。

　　请求分页的硬件。从技术上讲，硬件架构提供了地址映射机制，并允许软件处理需求方面。也就是说，软件（通常是一个操作系统）配置 MMU 来指定从虚拟地址空间中的哪些页面在内存中，以及每个页面所在的位置。然后，操作系统运行一个应用程序，该应用程序使用已配置的虚拟地址空间。MMU 转换每个内存地址，直到应用程序引用一个不可用的地址（即，一个在内存中不存在的页面上的地址）。

　　对缺失页面的引用称为缺页故障，并当作一个错误情况处理（例如，一个除数是零的除法）。也就是说，硬件不是从外部存储器中获取缺失页面，而是仅仅通知操作系统一个故障已经发生了，并允许操作系统处理这个问题。通常，硬件被安排来引发异常。硬件保存了计算的当前状态（包括导致故障的指令的地址），然后使用异常处理向量。因此，从操作系统的角度来看，页面故障就像一个中断。一旦故障被处理，操作系统就可以指示处理器在导致故障的指令处重新开始执行。

　　请求分页的软件。操作系统中的软件负责管理内存：软件必须决定哪些页面保存在内存中，哪些页面保存在外部存储器中。更重要的是，软件会根据需要获取页面。也就是说，一旦硬件报告了页面故障，分页软件就会接管。该软件识别需要的页面，在辅助存储器上定位页面，在内存中定位一个槽，将页面读入内存，并重新配置 MMU。一旦加载了页面，软件就会继续执行该应用程序，而取址 – 执行周期将继续，直到出现另一个页面故障。

　　当然，分页硬件和软件必须协同工作。例如，当出现页面故障时，硬件必须以这样一种方式保存计算状态，以便在执行恢复时重新加载值。同样，软件必须完全理解如何配置 MMU。

13.17　页替换

　　为了理解分页，我们必须考虑在一组应用程序运行了很长时间之后会发生什么。当应用程序引用页面时，虚拟内存系统将页面移动到内存中。最终，内存变满。操作系统知道何时需要页面，因为应用程序引用该页面。一个困难的决定是选择一个现有的页面移出，从而为一个进入的页面腾出空间。在外部存储器和内存之间移动一个页面需要时间，所以通过选择移出一个在不久的将来不需要的页面来优化性能。这个过程称为页替换。

由于页替换是由软件处理的，所以对算法和启发式的讨论超出了本书的范围。然而，我们将会看到硬件提供有助于操作系统做出决定的机制。

13.18 分页术语和数据结构

术语页是指程序的地址空间的一块，术语框指的是物理内存中的可以保存一个页面的槽。因此，我们说软件将一个页面加载到内存的一个框中。当一个页面在内存中时，我们说这个页面是驻留的，而当前内存中的来自一个地址空间的所有页面集合称为驻留集合。

请求分页的主要数据结构称为页表。想象一个页表的最简单的方法是想象一个一维数组，它用页码索引。也就是说，表中的条目有索引 0、1 等等。页表中的每个条目要么包含一个空值（如果该页不是驻留的），要么包含当前保存页面的物理内存中框的地址。图 13.8 展示了一个页表。

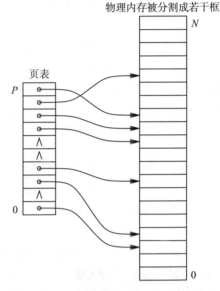

图 13.8 活动页表的示意图，其中有些条目指向内存中的框。页表项中的空指针（用 Λ 表示）意味着页面当前不驻留在内存中

13.19 分页系统中的地址转换

图 13.8 中的条目对应的是框，而不是单个字。要理解分页硬件，请想象一个地址空间，按图 13.9 所示划分为固定大小的页面。

我们将看到与每个页面相关的地址是重要的。如图 13.9 所示，如果每个页面都包含 K 字节，那么在第 0 页上的字节的地址范围是 0 到 $K-1$，在第 1 页上的字节的地址范围是 K 到 $2K-1$，等等。

从概念上讲，将虚拟地址 V 转换为相应的物理地址 P，需要三个步骤：

1. 确定地址 V 所在的页码。

2. 将页码作为页表中的索引，来查找保存页面的内存中框的位置。

3. 确定在页面 V 的偏移位置，并根据这个偏移在对应的内存框中移动。

图 13.9 说明了地址是如何与页面相关联的。数学上，地址所在的页码 N 可以通过除以每个页面的字节数 K 来计算：

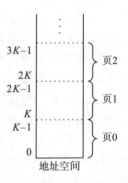

图 13.9 虚拟地址空间的示意图，被分割为每页大小为 K 字节的页面

$$\text{页码} = N = \left\lfloor \frac{V}{K} \right\rfloor \tag{13.1}$$

类似地，页面内的偏移地址 O 可以计算出来，即为除法的余数[⊖]。

$$页内偏移 = O = V \bmod K \tag{13.2}$$

因此，通过使用页码和偏移量（即 N 和 O）将虚拟地址 V 转换为对应的物理地址 P 公式如下：

$$物理地址 = P = 页表 [N] + O \tag{13.3}$$

13.20 使用 2 的幂

正如第 11 章所讨论的那样，一个算术运算（例如除法）在每个内存引用上执行的代价太大。因此，与内存系统的其他部分一样，分页系统的设计是为了避免算术运算。每个页面的字节数选择为 2 的幂 2^q，这意味着每个框中第一个字节的地址有 q 个低阶位等于 0。有趣的是，由于框地址的低阶位总是为零，所以页表不需要存储完整的地址。使用 2 的幂的结果是，在数学等式中指定的除法和取模可以用提取位来代替。此外，加法操作可以被逻辑或替代。因此，MMU 不使用式（13.1）到式（13.3），而是执行以下计算，将虚拟地址 V 转换为物理地址 P：

$$P = 页表 [高阶位 (V)] 或者低阶位 (V) \tag{13.4}$$

图 13.10 演示了 MMU 硬件如何执行虚拟地址映射。考虑这张图片时，请记住硬件可以并行地移动位。因此，从虚拟地址的低阶位到物理地址的低阶位的箭头表示一个并行的数据通路——硬件同时发送所有位。此外，从页表条目到物理地址中的高阶位的箭头意味着所有来自表条目的位都可以并行传输。

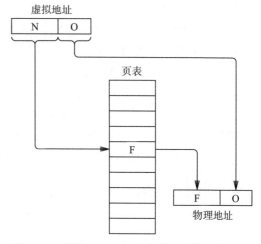

图 13.10 说明 MMU 如何在分页系统上执行地址转换。将页面大小设置为 2 的幂，消除了对除法和余数计算的需要

13.21 存在位、使用位和修改位

我们对分页硬件的描述省略了几个细节。例如，除了指定页面所在的框的值之外，每个页表条目都包含硬件和软件用来协调的控制位。图 13.11 列出了在大多数分页硬件中发现的三个控制位。

控制位	含义
存在位	被硬件检测，以决定页面当前是否驻留内存中
使用位	当页面被引用时，被硬件置位
修改位	当页面被改变时，被硬件置位

图 13.11 每个页表条目的控制位的例子，以及针对每一个控制位硬件采取的行动。这些位旨在帮助操作系统中的页面替换软件

存在位。最简单的控制位称为存在位，它指定页面当前是否在内存中。存在位由软件设

⊖ 请注意，计算页内的字节地址与计算字内的字节地址相似。

置，并由硬件测试。一旦它加载了一个页面并填充了页表条目中的其他值，操作系统就会将存在位设置为 1；当它从内存中移除一个页面时，操作系统将存在位设置为 0。当它转换了一个地址时，MMU 检查了页表条目中的存在位——如果存在位是 1，那么转换就会进行，如果存在位是 0，那么硬件声明出现了一个页面故障。

使用位。它提供页面替换所需的信息，初始化为 0，然后由软件进行检测。该位是由硬件设置的。机制非常简单：每当它访问一个页表条目时，MMU 将使用位设置为 1。操作系统会周期性地扫过页表，测试使用位，以确定自上次扫描以来该页面是否被引用。未被引用的一页将成为移除的候选页；否则，操作系统将清除使用位，并留下页面，等待下一次扫描。

修改位。修改位初始化之后供软件检测。该位是由硬件设置的。当页面加载时，分页软件设置对应位为 0。每当对一个页面进行写操作时，MMU 就会设置该位为 1。因此，如果页面加载之后，写入其上的任何字节，那么修改位就是 1。在分页替换过程中，该值被使用——如果一个页被选择移除，则修改位的值告诉操作系统，该页面是否必须被写回外部存储器，或者可以丢弃（即，该页面是否与外部存储器的副本相同）。

13.22　页表的存储

页表保存在哪里？一些系统将页表存储在处理器外部的特殊 MMU 芯片中。当然，由于内存引用在处理过程中起着至关重要的作用，因此 MMU 必须要设计得工作效率高。特别地，为了确保内存引用不会成为瓶颈，一些处理器使用专用的高速硬件接口来访问 MMU。该接口包含并行连接线，可以让处理器和 MMU 同时发送许多位。

令人惊讶的是，许多处理器的设计是在内存中存储页表的！也就是说，处理器（或 MMU）包含一个专门的寄存器，操作系统使用它来指定当前页表的位置。必须通过给出一个物理地址来指定页表的位置。通常，这样的系统被设计成将内存分成三个区域，如图 13.12 所示。

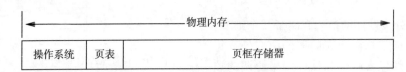

图 13.12　一个将页表存储在内存的架构中，物理内存如何划分的示意图。大量的物理内存是为页框保留的

图 13.12 中的设计说明了由异构技术组成的内存系统的动机之一：由于频繁使用页表，用于存储页表的内存需要高性能（例如，SRAM）。然而，由于高性能内存昂贵，使用低成本内存（例如 DRAM）来存储页框会降低总体成本。因此，架构师可以设计使用 SRAM 来保存页表而 DRAM 用于页框存储的系统。

13.23　分页效率和转换后备缓冲区

所有虚拟内存架构的一个核心问题是：系统的效率如何？要理解这个问题，重要的是要认识到地址转换必须在每个内存引用上执行：每个指令的获取，每个操作数引用内存，以及每个结果的存储。由于内存的使用非常频繁，实现地址转换的机制必须非常的高效，否则地址转换将成为瓶颈。架构师主要关心的是 MMU 用于将虚拟地址转换为物理地址所花的时间；他们不太关心操作系统配置页表所需的时间。

　　一种用于优化请求分页系统性能的技术尤为重要。该技术使用特殊的高速硬件，称为转换后备缓冲区（TLB），用来实现更快的页表查找。TLB 是一种内容可寻址存储器，它存储页表中最近使用过的值。当它首次转换一个地址时，MMU 会在 TLB 中放置一个页表条目的拷贝。在连续查找中，硬件并行执行两个操作：图 13.10 所示的标准地址转换步骤和 TLB 的高速搜索。如果在 TLB 中找到所请求的信息，MMU 会中止标准的转换并使用来自 TLB 的信息。如果条目不在 TLB 中，则标准的转换继续进行。

　　要理解 TLB 为什么能提高性能，请考虑取指 – 执行周期。处理器倾向于从内存中连续的位置获取指令。此外，如果程序中包含一个分支，很高概率目的地址会在附近，或者在同一个页面上。因此，处理器不是随机访问页面，而是倾向于从同一页面获取连续的指令。TLB 可以提高性能，因为它通过避免索引到页表来优化连续查找。与在内存中存储页表的体系结构相比，性能差异尤其显著；没有 TLB，这种系统运行得太慢。我们可以总结一下：

　　　　一种特殊的高速硬件设备称为转换后备缓冲区（TLB），用于优化分页系统的性能。一个没有 TLB 的虚拟内存速度非常慢。

13.24　对程序员的影响

　　经验表明，对大多数计算机程序员来说，请求分页很有效。程序员生成的代码往往被组织成适合放入一个页面的函数。类似地，数据对象（例如字符串）被设计成占用连续的内存位置，这意味着一旦加载了一个页面，页面就倾向于保持驻留，以服务多个引用。最后，一些编译器理解分页，并通过将数据项按页放置来优化性能。

　　程序员能够影响虚拟内存性能的一种方式来自于数组访问。考虑在内存中一个二维数组。大多数编程系统都以行优先的顺序分配数组，这意味着数组的行被放置在连续内存中，如图 13.13 所示。

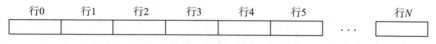

行0　　行1　　行2　　行3　　行4　　行5　　　　　行N

图 13.13　以行优先顺序存储的二维数组的示意图，内存中一行是连续的

　　如图 13.13 所示，矩阵的行在内存中占据连续的位置。因此，如果 A 是一个二维的字节数组，那么 A[i,j] 的位置是：

$$location(A)+i \times Q+j$$

其中，Q 是每一行的字节数。

　　行优先方案的主要替代方案称为列优先。当一个数组以列优先存储时，列的元素占用连续的内存位置。行优先或列优先之间的选择通常由编程语言和编译器决定，而不是由程序员决定。

　　程序员可以控制程序如何遍历数组，一个好的选择可以优化虚拟内存性能。例如，如果一个大字符数组 A[N,M] 按行优先存储，嵌套的循环显示如下：

```
for i = 1 to N {
    for j = 1 to M {
```

```
            A[i,j] = 0;
        }
    }
```

如果以相反顺序改变索引进行循环，将需要更少的时间来执行：

```
for j = 1 to M {
    for i = 1 to N {
        A[i,j] = 0;
    }
}
```

时间上的差异是由于改变行索引引起的内存引用将迫使虚拟内存系统从内存的一页移到内存的另一页，但改变列索引意味着 M 会连续地引用同一页。

13.25   虚拟内存和缓存间的关系

虚拟内存系统中的两个关键技术与缓存有关：TLB 和请求页替换。回想一下，TLB 包含一个小型的高速硬件装置，它极大地提高了请求分页系统的性能。实际上，TLB 不过是地址映射的缓存：当它查找一个页表条目时，MMU 将条目存储在 TLB 中。对同一页面的连续查找将从 TLB 得到答案。

像许多高速缓存系统一样，TLB 通常使用最近最少使用的替换策略。从概念上讲，当引用一个条目时，TLB 将条目移到列表的前面；当一个新的引用发生并且缓存已满时，TLB 会丢弃列表后面的页表条目，以便为新条目腾出空间。当然，TLB 无法在内存中保存一个链表。相反，TLB 包含了数字电路，将值高速移动到一个专门用途的内容可寻址存储器（CAM）上。

请求分页可以看作一种缓存形式。缓存对应于主存，而数据存储则对应于需要之前一直在外部存储保存的页面。此外，页面替换策略用作缓存替换策略。从表面上看，分页借用了"从缓存中替换的策略"这个短语。

有趣的是，将请求分页看作缓存可以帮助我们理解一个重要概念：虚拟地址空间如何比物理内存大得多。像缓存一样，物理内存只占总页面的一小部分。从对缓存的分析中，我们知道请求分页虚拟内存的性能可以接近物理内存的性能。换句话说：

> 前一章中对缓存的分析显示，在计算机系统中使用一个小型请求分页的物理内存，执行效果就像计算机有足以容纳整个虚拟地址空间大小的物理内存一样好。

13.26   虚拟内存缓存和缓存刷新

如果缓存与虚拟内存一起使用，那么缓存应该放在处理器和 MMU 之间，还是在 MMU 和物理内存之间？也就是说，内存缓存是存储虚拟地址和内容对，还是存储物理地址和内容对？答案是复杂的。一方面，使用虚拟地址可以提高内存访问速度，因为缓存可以在 MMU 将该虚拟地址转换为物理地址之前进行响应。另一方面，使用虚拟地址的缓存需要额外的硬件，允许缓存与虚拟内存系统交互。要理解其中的原因，请注意，虚拟内存系统通常为每个正在运行的应用程序提供相同的地址范围（即，每个进程都有从 0 开始的地址）。现在考虑一下当操作系统执行一个上下文切换时（即停止运行一个进程并运行另一个进程）会发生什么。假设在切换发生之前，内存缓存包含地址为 2000 的条目。如果在上下文切换期间缓存没有变化，而新进程访问位置 2000，则缓存将返回位置 2000 的旧进程中的值。因此，当它从一个进程切换到另一个进程时，操作系统也必须改变缓存中的项。

当多个进程使用相同的地址范围时，如何设计缓存以避免出现歧义的问题？架构师使用两个解决方案：

- 缓存刷新操作。
- 消除二义性的标识符

缓存刷新。一种确保缓存不会给出不正确的值的方法主要是从缓存中删除所有现有的条目。我们说缓存被刷新。在使用刷新的架构中，操作系统必须在执行上下文切换时刷新缓存，以便从一个应用程序切换到另一个应用程序。

消除二义性。缓存刷新的替代方法是使用额外的位来标识正在运行的进程（或者更准确地说，地址空间）。处理器包含一个额外的硬件寄存器，其中包含一个地址空间 ID。许多操作系统为每个相关的进程创建一个地址空间，并使用进程 ID（一个整数）来标识地址空间。当它切换到应用程序时，操作系统将应用程序的进程 ID 加载到地址空间 ID 寄存器中。如图 13.14 所示，当缓存存储一个项时，缓存预先将 ID 寄存器的内容放在虚拟地址中，这意味着即使进程 1 和进程 2 都引用地址 0，缓存中的两个条目也会不同。

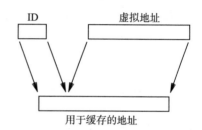

图 13.14　使用 ID 寄存器在一组虚拟地址空间中消除歧义的示意图。每个地址空间都分配一个唯一的编号，操作系统将其加载到 ID 寄存器中

如图 13.14 所示，缓存的设计目的是使用比内存系统更长的地址。在将请求传递给缓存之前，处理器通过将一个虚拟地址连接到进程 ID 上，创建一个人为的长地址，然后处理器将较长的地址传递给缓存。从缓存的角度来看，没有歧义：即使两个应用程序引用相同的虚拟地址，ID 位也会区分这两个地址。

13.27　小结

虚拟内存系统为处理器和运行在处理器上的每个应用程序提供一个抽象的地址空间。虚拟内存系统隐藏了底层物理内存的细节。

有几种虚拟内存架构是可行的。虚拟内存系统可以隐藏按字寻址的细节，也可以提供一个统一的地址空间，其中包含多个或许异构的内存技术。

虚拟内存为程序员提供了方便，支持多道程序设计和保护。当多个程序同时运行时，可以使用虚拟内存为每个程序提供一个从 0 开始的地址空间。

虚拟内存技术包括基址－界限、分段和请求分页，请求分页是最受欢迎的。请求分页系统使用页表从虚拟地址映射到物理地址；一种称为 TLB 的高速搜索机制使页表查找变得高效。

为了避免算术运算，虚拟内存系统使物理内存和页面大小为 2 的幂。这样做允许硬件在不使用算术或逻辑操作的情况下转换地址。

物理地址或虚拟地址都可以缓存。如果缓存使用虚拟地址，当多个应用程序（进程）使用相同的虚拟地址范围时，就会出现二义性问题。两种技术可以用来解决二义性问题：当从一个应用程序切换到另一个时，操作系统可以刷新缓存；或者缓存硬件设计可以使用人为长地址，长地址的高阶位由地址空间 ID（通常是进程 ID）组成。

习题

13.1 虑使用图 13.2 所示的虚拟地址空间的计算机。如果一个 C 程序员写道：

```
char    c;
char    *p;

p = (char *)1073741826;
c = *p;
```

将引用哪个内存模块，以及在模块中引用的字节位于内存中的哪个位置？

13.2 传统的英特尔 PC 在内存地址空间上有一个洞，位于 640KB 到 1MB 之间。以图 13.5 为例，如果 PC 有 2MB 的内存，绘制一个图来显示 PC 地址空间中的洞。

13.3 虚拟内存的四个动机中哪一个有助于程序员？解释一下。

13.4 请求分页需要专门的硬件或专门的软件吗？解释一下。

13.5 从概念上讲，页表是一个数组。在页表数组的每个元素中都能找到什么，它是如何解释的？

13.6 考虑存在位、使用位和修改位。对于每一个位，说明位的变化以及是否是硬件或软件造成的变化。

13.7 假设页面大小为 4KB，计算如下地址 100、1500、8800 和 10 000 的页码和地址的偏移量。

13.8 编写一个计算机程序，根据两个输入值（页面大小和地址），计算页码和地址偏移量。

13.9 扩展上一题。如果页面大小为 2 的幂，在计算答案时不要使用除法或取模运算。

13.10 计算保存示例页表所需的内存数量。假设每个页表条目占用 32 位，页面大小为 4KB，内存地址占用 32 位。

13.11 编写一个计算机程序，该程序需要输入一个页面大小和一个地址空间大小，依据上一题的条件计算页表所需的内存数量。（你可以将大小限制为 2 的幂。）

13.12 什么是分页替换，它是由硬件或软件执行的吗？

13.13 考虑一个两级的分页方案。假设一个地址的高阶 10 位作为目录表的索引，以选择一个页表。假设每个页表包含 1024 个条目，然后使用地址的接下来的 10 位来选择一个页表条目。还假设地址的最后 12 位用于在页面上选择一个字节。请问目录表和页表需要多少内存？

13.14 什么是 TLB，为什么它是必要的？

13.15 编写一个程序，该程序引用一个大型以行优先存储的二维数组中的所有位置。比较两种程序遍历所需要的执行时间，一种是按行遍历，先选择一行，然后访问该行内所有的列元素；另一种是按列遍历，先选择一列，然后访问该列中所有的行元素。解释结果。

13.16 如果一个内存系统缓存了虚拟地址，并且每个进程都有一个从 0 开始的虚拟地址空间，那么当从一个进程切换到另一个时，操作系统应该做什么呢？为什么？

输入和输出

输入 / 输出的概念和术语

14.1 引言

之前的章节描述了计算机系统中的两个主要组件：处理器和内存。除了描述用于每个组件的技术之外，这些章节还说明了处理器和内存如何交互。

本章介绍了体系结构的第三个主要方面，即计算机与外部世界之间的连接。我们将了解到，在大多数计算机上，处理器和 I/O 设备之间的连接使用了与处理器和内存之间的连接相同的基本范式。此外，我们将看到，虽然 I/O 设备在处理器的控制下运行，但它们可以直接与内存交互。

14.2 输入和输出设备

最早的电子计算机由数字处理器和内存组成，它更像一台计算器而不是现代计算机。人机界面很粗糙——通过一组手动开关输入数值，并通过一系列灯光展示计算结果。到 20 世纪 40 年代后期，人们开始意识到，数字计算机除了基本计算之外，在它变得更有用之前，需要更好的接口。工程师们开始设计将计算机连接到外部设备的方法，后者被称为输入 / 输出（I/O）设备。现代 I/O 设备包括相机、耳机和麦克风，以及键盘、鼠标、显示器、传感器、硬盘、DVD 驱动器和打印机。

14.3 外部设备的控制

连接到计算机的最早的外部设备由在 CPU 控制下运行的独立单元组成。也就是说，外部设备通常占用一个单独的物理机柜，具有独立的电源，并且包含与计算机分离的内部电路。将计算机连接到外部设备的一小组电线只传送控制信号（即从计算机中的数字逻辑到设备中的数字逻辑的信号）。设备中的电路监测控制信号，并相应地更改设备。

许多早期的计算机提供了一组显示数值的灯。通常情况下，计算机累加器中的每一位在显示中都对应一个指示灯——当该位设置为 1 时灯亮，当位为 0 时熄灭。但是，将灯泡直接连接到累加器电路是不可能的，因为即使是小型灯泡，也需要比数字电路更高的功率。因此，显示单元包含接收一组数字逻辑信号并相应地控制一组灯泡的电路。图 14.1 描述了硬件是如何组织的。

如图 14.1 所示，我们将外部设备视为独立于处理器，除了在它们之间传输数字信号。当然，实际上，一些设备与处理器驻留在同一个机箱中，并且都从一个共同的源接收电源。我们将忽略这些细节并专注于控制信号。

计算机通过两种方式与设备交互：计算机控制设备，或者计算机与设备交换数据。例如，处理器可以启动磁盘旋转，控制外部扬声器的音量，告诉相机拍摄照片或关闭打印机。在下一章中，我们将学习计算机如何将控制信息传递给外部设备。

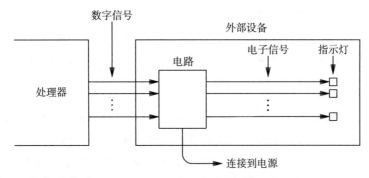

图 14.1　控制一组指示灯的外部电路示例。该器件包含将输入数字逻辑信号转换为操作一组指示灯所需信号的电路

14.4　数据传输

虽然外部设备的控制是必不可少的，但对于大多数设备来说，控制功能是次要的。外部设备的主要功能是*数据传输*。实际上，围绕外部设备的大多数架构选择都集中在允许设备和处理器交换数据的机制上。

我们将考虑有关数据传输的几个问题。首先，数据如何传达？其次，哪一方发起传输（即，处理器还是设备请求传输）？第三，需要哪些技术和机制来实现高速传输？

其他与程序员不太相关的问题涉及低层次的细节。用于与外部设备通信的电压是什么？数据如何表示？答案取决于设备的类型、数据传输的必要速度、使用的线缆类型以及处理器和设备之间的距离。但是，如图 14.1 所示，处理器内部使用的数字信号不足以驱动外部设备中的电路。

由于用于外部连接的电压和编码与内部使用的电压和编码不同，因此需要专门的硬件来在两种表示之间进行转换。我们使用术语*接口控制器*来指代提供外部设备接口的硬件。图 14.2 说明了在物理连接的两端需要接口控制器。

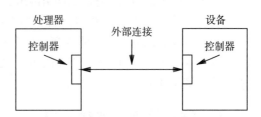

图 14.2　在外部连接各端的控制器硬件的示意图。外部连接使用的电压和信号可能与内部使用的不同

14.5　串行与并行数据传输

计算机上的所有 I/O 接口可以分为两大类：
- 并行接口。
- 串行接口。

并行接口。如果接口允许同时传输多位数据，则将计算机与外部设备之间的接口归类为并行接口。实质上，并行接口包含许多导线——在任何时候，每条导线都携带一个数据位。

我们使用术语"接口宽度"来指代接口使用的并行线数量。因此，人们可能会听到一位工程师谈论 8 位接口或 16 位接口。我们将在下一章中详细了解接口如何使用并行导线。

串行接口。并行接口的替代方案是在任何时候只能传输一位数据；一次传输一位的接口归类为串行接口。

串行接口的主要优点是导线更少，同时信号传输的干扰更小。原则上，串行数据传输只需要两根导线——一根用于传输信号，另一根用作可用于测量电压的电气地线。串行接口的主要缺点在于延迟增加：当发送多个位时，串行硬件必须等到发送一位后再发送另一位。

14.6   自同步数据

回想一下，数字电路根据时钟运行，时钟是一个持续产生脉冲的信号。时钟对于 I/O 尤其重要，因为每个 I/O 设备和处理器可以有单独的时钟速率（即每个控制器可以有自己的时钟）。因此，外部接口最重要的一个方面涉及接口如何适应时钟速率的差异。

术语自同步描述了一种机制，其中通过接口发送的信号包含允许接收方精确确定发送方如何编码数据的信息。例如，某些外部设备使用类似于第 2 章描述的无时钟逻辑机制的方法。其他外部设备使用一组额外的导线来传递时钟信息：发送数据时，发送方使用额外的导线通知接收方数据中位边界的位置。

14.7   全双工和半双工交互

许多外部 I/O 设备提供双向传输，这意味着处理器可以将数据发送到设备，或者设备可以将数据发送到处理器。例如，磁盘驱动器支持读取和写入操作。接口硬件使用两种方法来适应双向传输：

- 全双工交互。
- 半双工交互。

全双工交互。允许传输在两个方向同时进行的接口称为全双工接口。实质上，全双工硬件由两个并行设备构成，它们之间由两组独立的导线互联。每组用于在单一方向上传输数据。

半双工交互。全双工接口的替代方案称为半双工接口，只允许一次向一个方向进行传输。也就是说，必须共享一组连接处理器和外部设备的电线。在下一章中，我们将看到，共享需要协商——在它可以执行传输之前，处理器或设备必须等待当前的传输完成，并且必须独占使用底层线路。

14.8   接口的吞吐率和延迟

接口的吞吐率以每单位时间可传输的位数来衡量，通常以兆位每秒（Mbps）或兆字节每秒（MBps）来衡量。看起来串行接口总是会有较低的吞吐率，因为串行传输一次只传输一位，而并行接口可以同时传输多位。但是，当并行导线靠得很近时，数据速率必须受到限制，否则会导致电磁干扰。因此，在某些情况下，工程师能够通过串行接口，以比并行接口更高的吞吐率发送位。

接口的第二个主要衡量指标是延迟。延迟是指发送一个位的时刻和接收到该位的时刻之间的时间（即，传送单个位需要多长时间），通常以纳秒（ns）为单位进行测量。正如我们在内存中看到的那样，我们必须小心区分延迟和吞吐率，因为一些设备需要低延迟，另一些设备需要高吞吐率。

我们可以总结一下：

> 接口的延迟是执行传输所需时间的度量，接口的吞吐率是可以在单位时间内传输的数据的度量。

14.9　多路复用的基本思想

选择一个接口看起来可能是容易的：我们需要全双工、低延迟和高吞吐率。尽管需要高性能，但许多其他因素使得接口的选择变得复杂。回想一下，例如每个集成电路都有固定数量的提供外部连接的引脚。更宽的接口使用更多的引脚，这意味着其他功能的引脚更少。提供全双工能力的接口使用的引脚大约是提供半双工能力的接口使用的引脚的两倍。

大多数架构选择了外部连接的折中方案。该连接具有有限的并行性，并且硬件使用称为多路复用的技术来发送数据。虽然细节很复杂，但多路复用的概念很容易理解。这个想法是硬件将大量的数据传输分成片段，然后一次发送一个片断。我们使用术语多路复用器和数据分配器来描述处理数据复用的硬件。例如，图 14.3 说明了多路复用硬件如何将 64 位数据分成 16 位片断并通过宽度为 16 位的接口传输这些片断。在给定的时间只能发送一个片断。

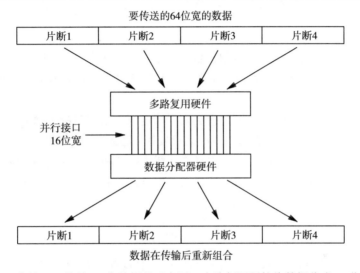

图 14.3　在 16 位接口上传输 64 位数据的示意图。多路复用硬件将数据分成 16 位宽的若干单元，并一次发送一个单元

实际上，处理器和外部设备之间的大多数物理连接使用多路复用。这样做可以让处理器传输任意数量的数据，而无须将许多物理引脚用于连接。在下一章中，我们将学习多路复用如何提高 CPU 性能。

总结一下：

> 多路复用可用来构建一个 I/O 接口，可以通过固定数量的并行导线传输任意数量的数据。多路复用硬件将数据分成块，并独立传输每个块。

请注意，我们的定义同样适用于串行传输——我们只是将串行接口解释为多路传输通过单一导线传输。因此，串行接口的片断大小是单个位。

14.10　每个接口支持多个设备

本章中的示例表明来自处理器的每个外部连接都连接到一个设备。为了帮助节省引脚和外部连接，大多数处理器并不是每个外部连接仅有一个设备。相反，一组引脚连接到多个设备，硬件配置为允许处理器在给定时间与其中一个设备通信。下一章将详细解释这个概念并给出例子。

14.11 从处理器角度看 I/O

回想一下，接口控制器硬件与一个外部连接相关联。因此，当处理器与外部设备交互时，处理器必须通过控制器来完成。处理器向控制器发出请求并接收应答；控制器将每个请求转换为适当的外部信号，以执行外部设备上的请求功能。重点是处理器只能与接口控制器进行交互，而不能与外部设备进行交互。

为了匹配架构概念，我们说控制器为处理器提供了一个编程接口。有趣的是，编程接口不需要精确地模拟底层设备的操作。在下一章中，我们将看到一个广泛使用的编程接口的例子，它将所有外部交互转换为简化的模式。总结一下：

> 处理器使用接口控制器硬件与设备交互；控制器将请求转换为适当的外部信号。

14.12 小结

计算机系统与外部设备交互以控制设备（例如，改变状态）或传输数据。外部接口可以使用串行或并行方式；可以同时发送的位数称为并行接口的宽度。双向接口可以使用全双工或半双工交互。

有两种接口性能测量方法。延迟是指从一个给定源向给定目标发送一位（例如从内存到打印机）所需的时间，吞吐率是指每单位时间可发送的位数。

由于引脚数量有限，处理器没有任意宽的外部连接。相反，接口硬件设计用于在较少的引脚上复用大量数据传输。另外，多个外部设备可以连接到单个外部连接；接口控制器硬件分别与每个设备进行通信。

习题

14.1 智能手机或笔记本电脑中的扬声器实际上是一种模拟设备，其音量与所提供的电压成正比。这是否意味着处理器必须具有用于音频的模拟输出？请说明。

14.2 与外部设备相关的主要和次要功能是什么？

14.3 使用 3.3 伏数字信号工作的设备能否连接到使用 5 伏数字信号工作的处理器上？请说明。

14.4 如果接口位宽为 16，这个接口是并行的还是串行的？请说明。

14.5 USB 被归类为串行接口。该分类意味着什么？

14.6 假设你正在购买网络 I/O 设备，并且供应商允许你选择半双工或全双工接口。你选择哪一个？为什么？

14.7 如果处理器和存储设备之间的接口位宽为 32 位，那么处理器如何传送由 64 位组成的数据项？

14.8 创建一个自同步并行接口，可以将数据从一侧发送到另一侧。提示：两端使用两根导线进行协调，并使用额外的导线传输数据。

14.9 假设串行接口的延迟为 200 微秒。通过接口传输一个位需要多长时间？在接口上传输 64 位数据需要多长时间？

14.10 假设并行接口的宽度为 32 位，延迟为 200 微秒。在接口上传输 32 位需要多长时间？在接口上传输 64 位数据需要多长时间？请说明。

总线及总线架构

15.1 引言

关于内存的章节讨论了处理器和内存系统之间的外部连接。前一章讨论了与外部 I/O 设备的连接，并展示了处理器如何使用这些连接来控制设备或传输数据。该章回顾了一些概念，如串行和并行传输，定义了术语，并介绍了以一套数据线进行多路复用传输数据的思想。

本章通过解释所有计算机系统的一个基本架构特征（即总线）扩展了这些思想。它描述了使用总线的动机，解释了基本的操作，并展示了内存和 I/O 设备是如何共享一个公共总线的。我们将了解总线定义的一个地址空间，同时将理解总线地址空间和内存地址空间之间的关系。

15.2 总线的定义

总线是一种数据通信机制，它允许两个或多个功能单元传送控制信号或数据。大多数总线都用于单个计算机系统，有些用于单个集成电路中。许多总线的设计方案之所以存在，是因为总线可以针对特定的目的进行优化。例如，内存总线旨在将处理器与内存系统相连，并且 I/O 总线倾向于将处理器与一系列 I/O 设备互连。我们将明白通用的设计方案是可以实现的。

15.3 处理器、I/O 设备以及总线

总线的概念非常广泛，可以包含大多数外部连接（即处理器和协处理器之间的连接）。因此，我们可以更精确地描述为两装置通过总线互连，而不是把处理器和设备之间的连接视为一组导线（见第 14 章）。图 15.1 使用了常见的工程图来说明这个概念。

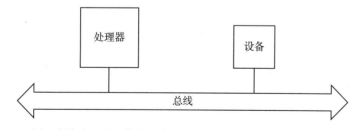

图 15.1 用于连接处理器和外部设备的总线示意图，总线用于大多数外部连接

总结一下：

总线是连接计算机系统功能装置的数据通信机制。计算机包含一个或多个总线，用于连接处理器、内存和外部 I/O 设备。

15.3.1   专用总线和标准总线

如果总线的设计是一个私有公司所拥有，而其他公司不可以使用（即涉及专利保护），那么这个总线设计就是专用总线。专有总线的替代者是标准总线，这意味着总线规格可以获得。因为他们允许两个或两个以上的供应商生产的设备进行沟通和互操作，标准总线允许计算机系统包含来自多个厂商的设备。当然，总线标准必须指定构造硬件所需的所有细节，包括精确的电气规格（例如电压）、信号的时序和对数据的编码。此外，为了确保正确性，连接到总线的每个设备都必须精确地实现总线标准。

15.3.2   共享总线和访问协议

我们说总线可以将处理器连接到 I/O 设备。事实上，大多数总线都是共享的，这意味着使用单一总线将处理器与一组 I/O 设备相连接。类似地，如果计算机包含多个处理器，则所有处理器都可以连接到共享总线。

为了实现共享，架构师必须定义一个在总线上使用的访问协议。访问协议规定一个与总线连接的设备如何确定总线是否可以使用还是正在使用，以及设备如何轮流使用总线。

15.3.3   多总线

典型的计算机系统包含多个总线。例如，除了连接处理器、I/O 设备和内存的中央总线，某些计算机有一个用于访问协处理器的专用总线。为了方便和灵活，计算机具有多条总线——有多个标准总线的计算机可以与更大范围的设备进行通信。

有趣的是，大多数计算机也包含内部总线（即计算机所有者不可见）。例如，许多处理器在处理器芯片上有一个或多个内部总线。芯片上的电路使用板载总线与另一个电路（例如，与板载缓存）通信。

15.3.4   一个并行的、被动的机制

正如第 14 章所描述的，可以将接口分类为使用串行数据传输或并行数据传输。大多数计算机系统中使用的总线为并行结构。也就是说，总线能够同时传输多位数据。

最简单的总线被归为被动总线，因为总线本身不包含电子元件。相反，每个连接到总线上的设备都包含在总线上通信所需的电子电路。因此，我们可以想象一个总线，它利用并行导线连接附加的设备⊖。

15.4   物理连接

物理上，总线可以由单个芯片上用硅蚀刻的微小导线、包含多条导线的电缆或电路板上的一组并行铜导线组成。大多数计算机使用 I/O 总线的第三种形式：总线是由在计算机主电路板上的一组并行导线实现的，称之为母板。除了总线之外，母板还包含处理器、内存和其他功能单元。

主板上连接到总线的一系列插槽使得设备可以容易地将接线插入和拔出（即设备只需通过接线插入插槽，就可以连接到总线）。通常，总线和插槽位于母板的边缘附近，使它们可

⊖   在实践中，一些总线确实包含一个称为总线仲裁器的数字电路，该总线仲裁器对连接到总线的设备进行协调。但是，这些细节超出了本书的范围。

以较为容易地连接外部。图 15.2 显示了母板上的总线和插槽。

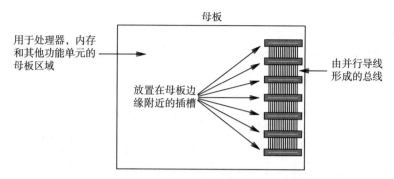

图 15.2　由并行导线组成的总线示意图，它连接母板插槽。母板包含未显示的其他部件

15.5　总线接口

将设备连接到总线不是那么容易的。为了正确地操作，设备必须遵守总线标准。例如，总线是共享的，并且指定访问协议，以确定给定设备何时可以访问总线以传输数据。为了实现访问协议，每个设备必须有一个数字电路连接到总线并且遵循总线标准。作为总线接口或总线控制器，该电路实现了总线访问协议，并且可以精确控制设备何时以及如何使用总线。如果总线协议较为复杂，接口电路规模可能很大，很多总线接口需要多个芯片。

总线接口电路和总线本身之间的物理连接是什么？有趣的是，许多总线的插槽使得印刷电路板可以直接插入。电路板必须刻蚀出一个与插槽相同大小的区域，并且必须有与插槽中的金属触点准确对齐的金属指状物。图 15.3 说明了这个概念。

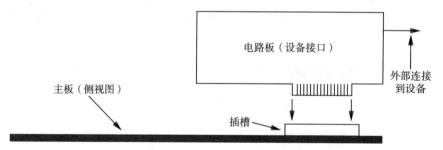

图 15.3　母板的侧视图阐释了印刷电路板是如何插入总线的插槽的。电路板上的金属指状物压向插槽中的金属触点

图 15.3 帮助我们设想一个计算机系统实物是如何构造的。如果母板位于机箱的底部，那么每个单独设备的母板将是垂直的，这意味着设备电路板将是竖直的。插槽的位置是物理布局的关键部分——通过在母板边缘附近安装插槽，设计者可以保证设备板安置于紧邻机箱的侧面。选择靠近侧面的位置意味着电路板与机箱外侧的连接较短。这种设计用于典型的 PC。

15.6　控制、地址和数据线

尽管总线的物理结构是有趣的工程挑战，但是我们更关心它的逻辑结构。我们将审视导线的使用情况、总线支持的操作以及对程序员的影响等。

非正式地说，构成总线的导线叫作信号线。从概念上讲，有三种功能的信号线：

- 总线的控制信息。
- 地址信息的规范。
- 数据的传输。

为了帮助理解总线是如何操作的，我们假设总线包含三组独立的信号线，并对应着三个功能[⊖]。图 15.4 说明了此概念。

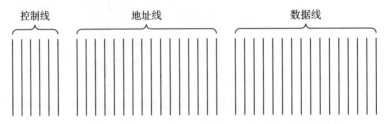

图 15.4　概念划分上，总线由控制线、地址线和数据线构成

如图 15.4 所示，总线的这些线不必在三种用途中等量划分。特别是控制功能通常需要的线比其他功能更少。

15.7　提取 – 保存范式

回顾第 10 章中内存系统使用提取 – 保存范式，其中处理器可以从内存中提取（即读取）一个值，或者保存（即写入）一个值到内存。总线使用相同的基本范式。也就是说，总线只支持提取和保存操作。尽管看起来不太可能，但我们会了解到当处理器与设备通信，或通过总线传输数据时，通信总是使用提取或保存操作。有趣的是，提取 – 保存范式适用于所有设备，包括麦克风、摄像机、传感器和显示器，以及存储设备（如磁盘）。

我们之后将了解使用提取 – 保存范式控制所有设备是可行的。目前，理解以下内容就已足够：

> 如同一个内存系统，总线采用提取 – 保存范式；所有的控制或者数据传输的操作都通过提取或保存来完成。

15.8　提取 – 保存和总线宽度

要知道总线使用提取 – 保存范式是用于帮助我们理解图 15.4 中所阐述的概念上的三种信号线。所有的这三种线都用于提取或保存操作。控制线用于确保任何时间只有一对实体尝试通过总线进行通信，并且使这两个通信实体有意义地交互。地址线用于传送地址，数据线用于传输数据的值。

图 15.5 解释了在一次提取或者保存操作过程中这三种类型的线是如何使用的。图中列出每个操作过程中所采取的步骤，并指出了每个操作中使用了哪一组线。

我们称大部分总线采用并行传输的方式——总线包含多条数据线，可以同时在每个数据线上各传输一位。所以，如果总线包含 K 个数据线，总线一次可以传输 K 位。使用第 14 章的术语，我们说总线的宽度是 K 位。因此，拥有 32 条数据线的总线（即同时传输 32 位）称为 32 位总线。

⊖　这里的描述简化了细节；后面的部分将讲述如何在没有独立的物理线路的情况下实现这些功能。

> **提取**
> 　　1. 使用控制线获取对总线的访问。
> 　　2. 将一个地址放在地址线上。
> 　　3. 使用控制线发出一个提取操作请求。
> 　　4. 测试控制线以等待操作的完成。
> 　　5. 从数据线上读取数值。
> 　　6. 设置控制线允许另一设备使用总线。
>
> **保存**
> 　　1. 使用控制线获取对总线的访问。
> 　　2. 将一个地址放在地址线上。
> 　　3. 将一个值放在数据线上。
> 　　4. 使用控制线发出一个保存操作请求。
> 　　5. 测试控制线以等待操作的完成。
> 　　6. 设置控制线允许另一设备使用总线。

图 15.5　在总线上执行提取或保存操作所采取的步骤，以及在每个步骤中使用的一组信号线

当然，某些总线是串行而不是并行的。串行总线一次仅能传输一位。技术上讲，串行总线只有一位的宽度。但是，工程师通常并不称其为一位宽度的总线，他们简称其为串行总线。

15.9　多路复用

总线应该有多宽？回顾第 14 章，并行接口代表了一种折中方案：虽然增加宽度增加了吞吐量，但更大的宽度也占用了更多的空间，并且所连接的设备需要更多的电子组件。此外，在高数据速率下，并行导线上的信号会相互干扰。因此，架构师在空间、成本和性能之间均衡折中选择总线宽度。

有一种特别有助于减少总线中线路数量的突出技术——多路复用。总线可以通过两种方式使用多路复用：仅数据线多路复用，或者是地址线和数据线的组合多路复用。

数据多路复用。在第 14 章中，我们学习了数据多路复用的工作原理。本质上，当一个附加到总线上的设备有大量的数据要传输时，它将数据划分成与总线宽度一样大的片断。然后，该设备反复使用总线，每次发送一个片断。

地址和数据多路复用。复用地址线的目的是减少线的数量。为了理解地址线复用的工作原理，请仔细思考图 15.5 中的步骤。在执行提取操作的情况下，地址线和数据线并不同时使用（即，在同一步骤中）。因此，架构师可以使用相同的线发送地址和接收数据。对于保存操作，多路复用可用于：总线硬件先发送地址，然后发送数据[⊖]。

大多数总线大量使用多路复用方式。因此，一个典型的总线有两组信号线，而不是概念上的三组信号线，即，一些用于控制的信号线和一组用于发送地址或数据的信号线。图 15.6 说明了这个思想。

多路复用具有两个优点。一方面，多路复用使

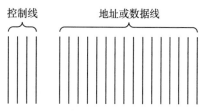

图 15.6　总线示意图，包含一组地址和数据都可以传输的线。使用这样一组线有助于降低成本

　⊖　当然，在复用总线上接收请求的设备必须在数据传输的时候存储地址。

架构师设计的总线具有较少的线。另一方面，如果总线中的线数是固定的，多路复用可以提高整体性能。要了解原因，请考虑数据传输。如果总线中的 K 条线是为地址保留的，那么在数据传输期间不能使用这 K 条线。但是，如果所有的线都是共享的，那么每个总线周期都可以传输额外的 K 位，这意味着更高的总吞吐率。

尽管有它的优点，多路复用确实有两个缺点。首先，多路复用需要花费更多的时间，因为一次保存操作需要两个总线周期（即一个周期传输地址，另一个周期传输数据）。其次，多路复用需要一个更复杂的总线协议，因此，也需要更复杂的总线接口硬件。尽管有缺点，许多总线设计者仍然会使用多路复用。在极端情况下，总线可以被设计为控制信息与数据和地址复用共同的信号线。

15.10   总线的宽度和数据项的大小

多路复用的使用有助于解释计算机体系结构的另一个方面：包括地址在内的所有数据对象的大小是统一的。我们将看到处理器、内存和设备之间的所有数据传输都发生在总线上。此外，由于总线在固定数量的信号线上复用传输，一个大小和总线宽度一样的数据项可以在一个周期内传输，但任何大于一个总线宽度的项需要多个总线周期。因此，架构师选择总线宽度的大小、通用寄存器的大小以及 ALU 或功能单元使用的数据值的大小（例如，整数或浮点值的大小）均相同是有意义的。更重要的是，由于地址也在总线上进行复用，因此架构师将地址和其他数据项设计为相同的大小也是有意义的。重点是：

> 很多计算机都在相同总线中采用总线复用对地址和数据值进行操作。为了优化硬件性能，设计者将地址和数据项设为相同大小。

15.11   总线地址空间

一个内存总线（即处理器用来访问内存的总线）是总线最容易理解的形式。前几章讨论了内存访问和内存地址空间的概念；我们将看到总线是如何实现这些概念的。如图 15.7 所示，内存总线提供处理器和一个或多个内存之间的物理互连。

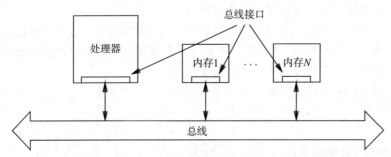

图 15.7   使用内存总线实现处理器和内存间的物理互连。每个设备中的控制器电路用于处理总线访问的细节

如图 15.7 所示，连接到内存总线的处理器和内存模块各包含一个接口电路。接口实现了总线协议，处理所有总线通信。接口使用控制线来获取对总线的访问，然后发送地址或数据值来执行操作。因此，只有接口了解总线细节，如电压的使用和控制信号的时序。

从处理器的角度来看，总线接口实现提取－保存范式。也就是说，处理器只能执行两种操作：一种是从总线地址中读取，一种是向总线地址中写入。当处理器遇到访问内存的指令，处理器的硬件调用总线接口。例如，在许多体系结构中，加载指令从内存中提取一个值，并将该值放在通用寄存器中。当处理器执行一次加载操作时，硬件发出一个到总线接口的提取指令。类似地，如果处理器执行向内存中写入一个值的指令，硬件将在总线接口上执行保存操作。

从程序员的角度来看，总线接口是不可见的。程序设计者把总线看作地址空间。创建一个单独的地址空间的关键在于内存配置——每个内存通过配置以响应特定的总线地址集。也就是说，内存 1 的接口被分配的地址集与内存 2、3、4 的接口不同，等等。当处理器在总线上申请提取或保存请求时，所有内存控制器都接收到请求。每个内存控制器将请求中的地址与分配到内存模块的地址集合进行比较。如果请求中的地址位于控制器的集合中，则控制器响应。否则，它会忽略这个请求。重点是：

> 当一个请求通过一个总线，所有连接在总线的内存模块都将接收到请求。仅当请求中的地址位于内存模块所分配到的地址集中，该内存模块才会响应。

15.12　潜在错误

图 15.8 列出每个内存模块接口实现的概念上的步骤。

总线硬件报告的错误被称为总线错误；典型的总线协议包括检测和报告各种总线错误类型的机制。允许每个内存模块独立运行，意味着有两种总线错误可能发生：

- 地址冲突。
- 未分配地址。

地址冲突。我们使用术语地址冲突来描述一种总线错误，当两个或更多的接口配置错误时，每个接口都会响应一个给定的地址。有些总线硬件设计成在系统启动时检测和报告地址冲突。其他硬件则设计成防止冲突。在任何情况下，大多数总线协议含有在运行时对地址冲突的检测——如果有两个或更多接口试图响应一个给定的请求，总线硬件会检测到问题，并且会设置一组控制线，指示一个错误发生了。当它使用总线时，处理器检查总线控制线并在发生错误时采取行动。

```
令 R 为分配给本模块的地址集
无限循环 {
       监听总线一直到一个请求出现；
       如果 ( 请求中的地址在 R 的范围中 ) {
       响应请求
       } 否则 {
       忽略请求
       }
}
```

图 15.8　内存模块中总线接口遵循的步骤

未分配的地址。如果处理器试图访问的地址是一个没有被分配到任何接口的地址，则发生了未分配的地址总线错误。要检测一个未分配的地址，大多数总线协议采用超时机制——在总线上发送请求后，处理器启动一个计时器。如果没有接口响应，计时器超时，这会使得处理器硬件报告总线错误。用于检测未分配的地址的超时机制，也可以用于检测有故障的硬件（例如，内存模块不响应请求）。

15.13　地址的配置和插槽

一些总线硬件可以防止总线错误。未分配地址的预防是一个棘手的问题。一方面，为了防止总线错误，每一个可能的地址都必须分配给一个内存模块。另一方面，大多数内存系统都是为了适应扩展而设计的。也就是说,总线通常包含足够的导线来寻址比已经安装在计算机中的内存更大的内存地址空间(即,一些地址将未分配)。

幸运的是,架构师设计了一个方案,有利于避免两个模块都响应给定请求——专门插槽。这个想法非常容易懂。内存是在很小的印刷电路上制造的,每个电路都插在母板的插槽上。为了避免配置错误造成的问题,所有的内存板是相同的,在内存板插入之前没有配置上的要求。相反,主板上会添加电路和导线,这样第一插槽只接收 0 到 $K-1$ 地址上的请求、第二插槽只接收 K 到 $2K-1$ 上的请求,以此类推。当一个插槽识别地址时,会把地址的低阶位传递给内存。重点是:

> 为了避免内存配置问题,架构师可以将内存放在小电路板上,每个电路板插到母板的插槽中。拥有者可以在不配置硬件的情况下安装内存,因为每个插槽都配置了内存应该响应的地址范围。

作为一种替代,一些计算机包含复杂的电路,允许 MMU 可以在计算机启动时配置插槽地址。MMU 决定了插槽的位置,并分配地址范围。虽然它增加了成本,但是用于防止冲突的附加电路使得安装内存更加容易——拥有者可以购买内存模块并将它们插入插槽,而不需要配置模块,并且没有发生冲突的危险。

15.14   多总线的问题

计算机系统应该有多个总线吗?如果有的话,需要多少?为高性能(如大型计算机)而设计的计算机通常包含多个总线。每个总线都是针对特定目的而优化的。例如,大型机可能有一个总线用于内存,一个用于高速 I/O 设备,另一个用于低速 I/O 设备。有一种选择方案,即功能不太强的计算机(例如,个人计算机)经常使用单个总线处理所有连接。单总线的主要优点是成本低、通用性强。处理器不需要多个总线之间的接口,单个总线接口既可以用于内存也可以用于设备。

当然,设计一个用于所有连接的总线意味着要取一个折中方案。也就是说,对于任何给定的目标,总线可能不是最优的。特别是,如果处理器使用单一总线访问内存中的指令和数据,以及执行 I/O,总线很容易成为瓶颈。因此,使用单一总线的系统通常需要一个很大的内存缓存,使其可以在不使用总线的情况下响应大部分内存请求。

15.15   对设备使用提取 – 保存

回想一下,将总线用作处理器和 I/O 设备之间的主要连接,总线上的所有操作都必须使用提取 – 保存范式。这两种说法似乎互相矛盾——尽管它对数据传输很有效,但提取 – 保存似乎看上去并不能对设备进行控制。举个例子,考虑一种操作,例如测试无线广播当前是否在接入点的范围内,或者控制纸张通过打印机。看起来只有提取和保存操作是不够的,设备需要大量的控制指令。

为了理解总线是如何工作的,我们必须记住,总线提供了一种将一组位从一个单元传输到另一个单元而不指定每一位的含义的方法。提取和保存的名字误导我们考虑内存中的值。然而,在总线上,每个设备的硬件接口提供了一种对这些位的唯一解释。因此,设备可以将某些位解释为控制操作,而不是传输数据的请求。

一个例子将阐明提取 – 保存范式和设备控制之间的关系。设想一个包含 16 个状态灯的简单的硬件设备，假设我们想将设备连接到总线上。因为总线只提供提取和保存操作，我们需要建立硬件接口，使用提取－保存范式进行控制。设计设备接口的工程师首先列出要执行的操作。图 15.9 列出了我们想象中的设备的 5个功能。

要在提取－保存范式中转化出控制操作，设计者选择一组不被其他设备使用的总线地址，并赋予每个地址意义。例如，如果我们的假想状态灯设备连接到一个 32 位宽的总线上，设计者可能会选择总线地址 10000 到 10011，并且可能根据图 15.10 分配含义。

> · 打开显示。
> · 关闭显示。
> · 设置显示亮度。
> · 打开第 i 个状态灯。
> · 关闭第 i 个状态灯。

图 15.9　假想中状态灯显示所需的功能的示例，每个功能都必须使用提取－保存范式实现

地址	操作	含义
10000 – 10003	保存	非零值则打开显示，零值则关闭显示
10000 – 10003	提取	显示关闭则归零，否则不归零
10004 – 10007	保存	改变亮度，低 4 位比特指定从 0（暗）到 15（亮）的亮度值
10008 – 10011	保存	低阶 16 位各控制一个状态灯，0 响应为灭灯，1 响应为亮灯

图 15.10　列出图 15.9 所示的设备控制功能的地址分配、操作和含义的示例

15.16　接口的操作

虽然总线操作被命名为提取和保存，但设备接口不像内存——数据不会被存储以再次使用。相反，一个设备将总线请求中的地址、操作和数据仅仅当作一组位来处理。该接口包含逻辑电路，将每个请求中的地址位与分配给设备的地址进行比较。如果匹配成功，接口激活电路来响应提取或保存操作。例如，图 15.10 中的第一项可以通过这样一个电路来实现：该电路在总线上测试地址为 10000 的保存请求的位，并对数据进行操作。本质上，电路执行以下测试：

```
if (address == 10000 && op == store && data != 0)
        turn_on_display;
} else if (address == 10000 && op == store && data == 0) {
        turn_off_display;
}
```

虽然我们使用编程语言符号来表示操作，但是接口硬件并不按顺序执行测试。相反，接口按布尔电路构造，以用来并行地测试地址、操作类型、数据值并采取正确的操作。

15.17　不对称赋值和总线错误

图 15.10 中的示例没有定义对某些地址进行提取或保存操作的影响。例如，规定中没有定义对地址 10004 的提取操作。为了得出这个想法，即不需要为每个地址定义提取和保存操作，我们说赋值是不对称的。图 15.10 中的规定是不对称的，因为处理器可以从地址 10004 开始存储一个 4 字节的值，但是处理器如果尝试从地址 10004 读取这个值时将会发生总线错误。

15.18   统一内存和设备寻址

在一些计算机中，单一总线能够对内存和 I/O 设备进行访问。在这样的体系结构中，总线上地址的分配定义了从处理器角度看到的地址空间。例如，想象一个单一总线的计算机系统，如图 15.11 所示。

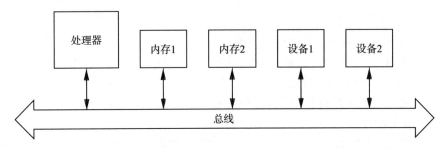

图 15.11　使用单一总线的计算机体系结构示意图，总线连接内存和设备

在图 15.11 中，总线定义了处理器可以使用的单个地址空间。必须为每个内存模块和每个设备分配总线地址中唯一的一个地址范围。例如，如果我们假设每个内存模块为 1 兆字节且每个设备需要 12 个存储位置，则总线必须分配使用 4 个地址范围，如图 15.12 所示。

我们也可以用类似第 11 章中内存地址空间的图来想象。当然，相对于内存占用空间，每个设备所占用的空间非常小，这意味着图中不会显示太多的细节。例如，图 15.13 显示了图 15.12 中分配的结果。

设备	地址范围
内存 1	0x000000 到 0x0 fffff
内存 2	0x100000 到 0x1 fffff
设备 1	0x200000 到 0x20000b
设备 2	0x20000c 到 0x200017

图 15.12　图 15.11 所示的一组设备的总线地址的一种可能分配的示意图

15.19   总线地址空间中的"洞"

图 15.12 中的地址分配被认为是连续的，这意味着地址范围不包含缺口，即分配给某一个范围的第一个字节是紧接着上一个范围的最后一个字节的。连续的地址分配并不必要——如果软件意外访问了未被分配的地址，总线硬件会检测问题并报告总线错误。

使用第 13 章中的术语，我们说如果地址的分配是不连续的，分配会在地址空间上留下一个或多个洞。例如，总线可以为内存保留较低的地址，并将较高的地址分配给设备，在这两个区域之间留下一个洞。

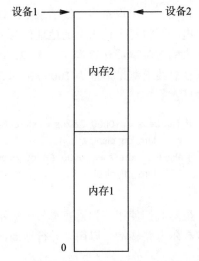

图 15.13　图 15.12 中地址分配形成的地址空间的示意图。相比于每块内存（1 兆字节）所占用的空间大小，每个设备（12 字节）所占空间大小不重要

15.20   地址映射

作为规范的一部分，总线标准规定每个地址上可以使用哪种硬件。我们称该规范为地

址映射。注意，地址映射不同于地址分配，因为地址映射只是规定地址分配的可能。例如，图 15.14 给出了 16 位总线地址映射的一个示例。

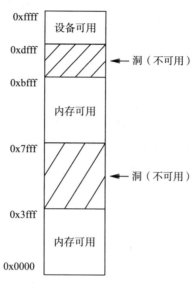

图 15.14　16 位总线的一种可能的地址映射示意图。其中两个区域分配给内存，一个区域分配给设备

在图 15.14 中，可用于内存的地址空间的两个区域是不连续的。相反，它们之间有洞。此外，另有一个洞位于第二个内存区域和设备区域之间。

当构建计算机系统时，拥有者必须遵循地址映射。例如，图 15.14 中的 16 位总线只允许有两块内存，总共 32 768 字节。所有者可以选择安装少于全部容量的内存，但不能多于。

总线地址映射中的设备空间特别有趣，因为为设备预留的空间通常比必要的要大得多。特别是，大多数地址映射为设备预留了一大块地址空间，使得极端情况下，总线可以容纳数千台设备。然而，一个典型的计算机拥有的设备少于十几个，一个典型的设备也只使用少许地址。其结果是：

> 在一个典型的计算机中，设备可用的地址空间是稀疏分布的——只有一小部分可用地址被使用。

15.21　总线的程序接口

从程序员的角度来看，使用总线有两种方法。一种是处理器提供了特殊的指令，用于访问每个总线；另一种是处理器将所有内存操作解释为对总线的引用。后者称为内存映射体系结构。图 15.10 中描述的对假想状态灯显示的地址分配，可作为使用内存映射方法的一个例子。要打开设备，程序必须在字节地址 10000 到 10003 中写入一个非零值。如果我们假设一个整数由 4 字节组成（即 32 位）并且处理器使用小端字节序，程序只需要把一个非零值存储为整数，在地址为 10000 的位置上。程序员可以使用下面的 C 语言代码来执行操作：

```
int    *ptr;      /* 声明 ptr 为一个指向整数的指针。*/
ptr = (*int)10000;  /* 设置指针指向地址 10000。*/
*ptr = 1;          /* 在地址 10000 ～ 10003 处保存非零值。*/
```

我们可以总结为：

> 处理器可以使用专门的指令访问总线，或者可以使用内存映射的方法，这种方法将正常的内存操作用于设备和内存的通信。

15.22　总线之间的桥

虽然单个总线具有简单和低成本的优点，但是给定的设备可能只能使用特定的总线。例如，某些耳机需要一个通用串行总线（USB），一些以太网设备需要外设组件互连（PCI）总线。显然，具有多个总线的计算机可以容纳非常多种类的设备。当然，一个多总线的系统既昂贵又复杂。因此，设计师们创造了一种廉价而直接的方法将多个总线连接到计算机上。一种方法是使用一个称为桥的硬件设备，连接两个总线，如图 15.15 所示。

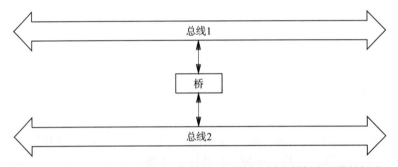

图 15.15　连接两个总线的桥的示意图，这座桥必须遵循每个总线的标准

该桥使用一组 K 个地址。每个总线选择大小为 K 的地址范围并将其分配给桥。两种分配通常不一样；桥的设计是为了执行翻译功能。每当一个总线上的操作涉及分配给桥的地址时，桥中的电路就转译地址并在另一个总线上执行操作。因此，如果总线 1 上的处理器对桥地址之一执行保存操作，桥的硬件在总线 2 上执行等效的保存操作。事实上，处理器和设备不会意识到这涉及多个桥，从这个意义上讲，桥是透明的。

15.23　主总线和辅助总线

从逻辑上讲，桥从一个总线的地址空间到另一个总线的地址空间执行一对一的映射。也就是说，桥将一组总线上的地址映射到另一个总线的地址空间中。图 15.16 展示了地址映射的概念。在图中，两个总线地址空间都从 0 开始，辅助总线的地址空间小于主总线的地址空间。更重要的是，架构师选择仅映射辅助总线地址空间的一小部分，并指定它映射到主总线为设备预留的区域。因此，辅助总线上，任何对应映射区域中地址的设备都将连接到计算机的主总线。

为了理解桥为什么受欢迎，可以考虑一个常见的情况，即一个新的设备必须添加到已经有了一个总线的计算机上。如果新设备上的接口与计算机的主总线不匹配，可以创建新的适配器硬件，或者可以使用桥将一个辅助总线添加到系统中。使用桥有两个优势：使用桥比给每个设备增加一个接口要简单，一旦一个桥已安装，计算机拥有者可以添加额外的设备给辅助总线，而不用进一步更改硬件。

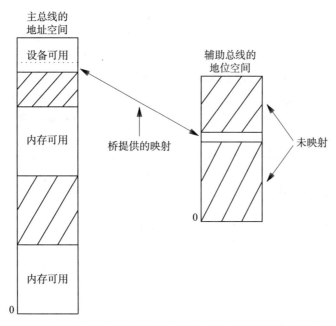

图 15.16　在辅助总线的地址空间与主总线的地址空间之间的桥提供的映射示意图，只需映射
　　　　一些总线地址

总结一下：

> 桥是连接两个总线并在它们之间映射地址的硬件设备。桥允许计算机有一个或多个辅助总线，可以通过计算机的主总线访问这些总线。

15.24　对程序员的影响

如图 15.16 所示，在两个地址空间中，映射地址集不需要相同。我们的目标是建立一个透明的桥，以至于软件不知道辅助总线的存在。不幸的是，编写设备驱动软件或配置计算机的程序员可能需要理解映射。例如，当一个设备被安装在一个辅助总线上，该设备获得一个总线地址 A。作为初始序列的一部分，该设备可能会把它的总线地址报告给驱动软件（第 17章解释了为什么设备驱动程序需要地址信息）。由于桥只转换地址，设备和使用数据线的驱动程序之间的通信不会发生改变。因此，为了在主总线上生成一个地址，驱动软件可能需要了解桥是如何映射地址的。

15.25　总线的替代者——交换结构

虽然对大多数计算机系统来说总线是基础的，但总线有一个缺点：总线硬件一次只能执行一次传输。也就是说，虽然多个硬件单元可以连接到一个给定的总线，但是任何时候最多只有一对连接单元可以通信。基本模式有三步：等待独占总线，进行传输，释放总线使其可以进行另一次传输。

有些总线扩展该模式，允许多个附加单元在每次获得总线时传输 N 字节的数据。对于总线架构不足够的情况，架构师已经发明了允许多个传输同时发生的替代技术。这些技术称为交换结构，使用多种形式。有些结构的设计是为了处理少数几个连接的单元，而其他的结构则要处理成百上千个单元。类似地，一些结构限制了传输，因此只有少数连接单元可以同时启动传输，而其他结构允许同时进行多个传输。结构种类繁多的原因之一来自经济方面：高性能（即更多的同步交流）意味着开销更大，更高的成本也许是不值当的。

也许最容易理解的交换结构是由纵横式交换矩阵开关组成的。我们可以把一个交叉开关看作是 N 个输入和 M 个输出的矩阵。交叉开关有 $N \times M$ 个电子开关，每个开关将一个输入连接到一个输出。在任何时候，交叉开关都可以打开开关来连接输入和输出对，如图 15.17 所示。

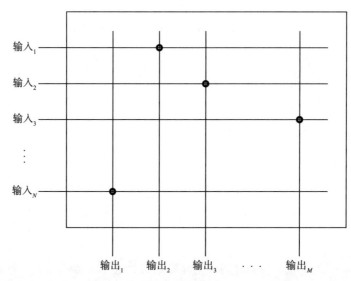

图 15.17   具有 N 个输入和 M 个输出的交叉开关的概念图，其中用黑点标明了活动连接。交叉
　　　　　 开关机制确保在任何时刻只有一个连接对给定行或给定列有效

此图帮助我们理解为什么交换结构价格昂贵。首先，图中的每一行表示由多条导线组成的并行数据通路。其次，输入和输出之间的每一个潜在的交叉点都需要一个电子开关，该开关可以将输入连接到该点的输出。因此，一个交叉开关需要 $N \times M$ 个开关部件，其中每个开关都必须能够并联连接。相比之下，总线只需要 $N+M$ 个电子元件（用来将每个输入和每个输出连接到总线）。尽管成本高，但是交换结构在高性能系统中很受欢迎。

15.26   小结

总线是用于在计算机系统中连接内存、I/O 设备和处理器的基本机制。大多数总线使用并行操作，即总线由允许多位同时传输的并行线路组成。

每个总线定义一个协议，附加的设备使用这个协议来访问总线。大多数总线协议遵循提取 – 保存范式；连接到总线的 I/O 设备用于进行提取或保存操作，并解释为对设备的控制操作。

从概念上讲，总线协议指定三种单独的信息形式：控制信息、地址信息和数据。实际上，总线中每种形式不需要独立导线，因为总线协议可以在一小组导线上进行多路复用通信。

总线定义一个可能包含洞（即未分配的地址）的地址空间。计算机系统可以有一个单独的总线来连接内存和附加的 I/O 设备，或者可以有多个总线，每个总线连接特定类型的设备。有一种替代方案，即一种称为桥的硬件设备，它可以通过映射所有或部分的辅助总线地址空间到计算机的主总线地址空间来添加多个辅助总线。

总线的主要替代者称为交换结构。虽然它们通过使用并行方式实现更高的吞吐率，但交换结构仅限于高端系统，因为交换结构比总线要昂贵得多。

习题

15.1 如果硬件架构师让你在两种方案中选择，方案一是单个的 32 位总线设计，复用数据和地址信息在总线上传输；方案二是 2 个 16 位总线，一个用于发送地址信息，另一个用来发送数据。你选择哪种设计？为什么？

15.2 在计算机中，什么是总线？总线连接了什么？

15.3 你的朋友说他们的电脑有一个特殊的总线，是苹果公司的专利。我们用什么术语来描述由一家公司所有的总线设计？

15.4 总线中导线的三种概念上的分类是什么？

15.5 什么是提取 – 保存范式？

15.6 如果将总线上的导线划分成控制线和其他线路，那么其他线路的两个主要用途是什么？

15.7 每个内存芯片中都有一个单独插槽的优点是什么？

15.8 假设为一个设备分配从 0x4000000 到 0x4000003 的地址，用 C 语言写出如何将值为 0xff0001A4 的数存储到此地址中。

15.9 如果总线可以每周期传输 64 位，并且以 66MHz 的频率运行，那么这个总线每秒的总吞吐量是多少 MB ？

15.10 什么是交换结构，与总线相比，它的主要优势是什么？

15.11 在 N 个输入和 M 个输出的交叉开关交换结构中可以发生多少次同步传输？

15.12 搜索因特网，列出各种交换结构设计。

15.13 在网上寻找对用于交换结构的 CLOS 网络的解释，并写一个简短的描述。

15.14 什么是桥连接？

可编程的 I/O 和中断驱动的 I/O

16.1 引言

先前的章节里介绍了 I/O。前一章解释了总线如何在处理器和一组 I/O 设备之间提供连接。该章还讨论了总线地址空间，展现了一个地址空间如何将内存和 I/O 设备结合起来。最后，该章说明了一个总线如何利用提取 – 保存范式，展现了如何利用提取和保存操作实现询问或控制外部设备。

这一章继续讨论。本章描述并比较了处理器和 I/O 设备间的两个基本交互方式。本章着重于中断驱动的 I/O，说明了操作系统上的设备驱动软件如何与外部设备交互。

下一章将通过以一个程序员的角度审视 I/O，采用不同的方法继续这一主题。该章将介绍各种独立的设备，并解释它们如何与处理器交互。

16.2 I/O 范式

我们从前一章得知 I/O 设备连接到总线，处理器可以与设备进行交互，主要通过给已经分配给设备的总线地址发出提取 - 保存操作。尽管 I/O 的基本机制容易设定，但仍然有一些遗留的问题。每个设备应该支持什么控制操作？运行在处理器上的应用软件如何在不了解硬件细节的情况下访问一个给定的设备？处理器与 I/O 设备间的交互是否会影响到系统总体的性能？

16.3 可编程的 I/O

早年的计算机采取直接的方法对待外设：一个外部设备由基础数字电路构成，这些电路控制硬件以响应提取 – 保存操作；CPU 处理所有的细节问题。举个例子，想要在硬盘上写数据，CPU 便逐个激活设备上的一系列电路。电路定位磁盘读取臂，并使得读写头写入一块数据。需要明确如下想法，即早期的外部设备只由基础电路构成以响应 CPU 的命令，因此，我们说这样的设备是非智能的，并且说这种 I/O 交互方式是可编程的。

16.4 同步

看起来通过写软件完成可编程的 I/O 是比较平常的：程序仅仅是将一个值赋到总线上的地址。然而，想要理解 I/O 编程，我们需要记住两件事。第一，一个非智能的设备不能记住一系列命令。取而代之的是，当处理器发出命令时，设备中的电路可以准确地完成每一个命令。第二，处理器比 I/O 设备的操作更快——即使是一个比较慢的处理器也可以在一个马达或者机械制动器移动物理装置的时间内一次执行几千条指令。

举个机械设备的例子，假设有一个打印机。打印机制可以在页面上喷墨，但任何时候都只能打印一条窄小的垂直带。打印从页面顶端开始。在打印了一条水平带之后，必须在下一条水平带被打印之前，将纸张推进。如果处理器仅发出打印一个字符的指令，则推进纸张打印另一个字符, 这就可能会在纸张还在移动的过程中打印第二个字符, 导致涂抹。在最糟糕的情况下, 如果打印机制不能在纸张推进机制运行时操作, 则硬件可能会损坏。

为了防止出现问题, 可编程的 I/O 依赖于同步。也就是说, 一旦它发出命令, 处理器就必须与设备交互, 等待设备准备好接收其他命令。我们可以总结如下:

因为处理器的运行速度比 I/O 设备快几个数量级, 所以可编程的 I/O 需要处理器与正在控制的设备同步。

16.5 轮询

处理器用于 I/O 设备的基本同步形式称为轮询。实质上, 轮询要求处理器在开始下一个操作之前反复询问操作是否已完成。因此, 为了执行打印操作, 处理器可以在每个步骤使用轮询。图 16.1 显示了一个例子。

```
• 测试打印机是否开机。
• 打印机加载一张白纸。
• 轮询确定何时装入纸张。
• 指定内存中的数据, 以指示要打印的内容。
• 轮询等待打印机加载数据。
• 使打印机开始喷涂墨带。
• 轮询以确定何时完成墨水机制。
• 使打印机将纸张送入下一个条带。
• 轮询确定纸张何时进入。
• 重复上述六个步骤来打印每个条带。
• 使打印机弹出页面。
• 轮询确定页面何时被弹出。
```

图 16.1 处理器和 I/O 设备之间的同步示例。处理器必须等待每一步完成

16.6 轮询的代码

软件如何执行轮询? 由于总线遵循提取 - 保存范式, 所以轮询必须使用提取操作。也就是说, 为设备分配的一个或多个地址对应于其状态信息——当处理器从地址提取值时, 设备通过给出其当前状态进行响应。

为了理解程序员如何看待轮询, 我们需要知道硬件设备的具体细节。不幸的是, 大多数设备非常复杂。例如, 许多供应商销售的三合一打印机可以用作扫描仪或传真机以及打印机。为了保持简单的例子, 我们将设想一个简单的打印设备, 并为设备创建一个可编程接口。虽然示例设备确实比商业设备简单得多, 但通常的方法是完全相同的。

回想一下, 在地址空间中为社备分配了地址, 并且该设备被设计为响应对这些地址的提取和保存指令。制造设备时, 设计人员不会指定将要使用的地址, 而是通过给出地址 0 到 $N-1$ 来写入相关规范。稍后, 当设备安装在计算机中时, 会分配实际地址。规范中相对地址的使用意味着程序员可以在不知道实际地址的情况下编写软件来控制设备。一旦设备安装完毕, 实际地址就可以作为参数传递给软件。

一个例子将阐明这个概念。我们的虚拟打印机定义了 32 个连续的地址字节。此外，该设计将这些地址组成 8 个字，每组为 32 位。字的使用是典型的。图 16.2 中的规范显示了设备如何解释每个地址的提取和保存操作。

地址	操作	含义
0～3	提取	打印机电源打开时非零
4～7	保存	非零则开始加载一张纸
8～11	保存	要打印的数据的内存地址
12～15	保存	非零导致打印机接收地址
16～19	保存	开始喷墨喷涂当前带
20～23	保存	非零使纸张进入下一个带
24～27	提取	忙时：设备忙时不为零
28～31	提取	四个八位组的 CMYK 墨水量

图 16.2   虚拟打印设备上的总线接口规范。处理器使用提取和保存来控制设备并确定其状态

图 16.2 给出了的提取和保存操作的含义，这些操作针对分配给虚构的 I/O 设备的地址。如上所述，规范中的地址从 0 开始，因为它们是相对的。当设备连接到总线时，设备将在总线地址空间的某处分配 32 字节，软件将在与设备通信时使用实际地址。

一旦程序员给定图 16.2 中类似的硬件规范，编写控制设备的代码就很简单。例如，假设我们的打印设备已分配了起始总线地址 0x110000。图 16.2 中地址 0 到 3 将对应于实际地址 0x110000 到 0x110003。为了确定打印机是否开机，处理器只需要访问地址 0x110000 到 0x110003 中的值。如果该值为零，则打印机关闭。访问设备状态的代码看起来像内存读取。在 C 中，可以写入状态测试代码：

```
int    *p = (int *)0x110000;

if (*p != 0) {      /* 测试打印机是否打开 */
           /* 打印机已打开 */
} else {
           /* 打印机关闭 */
}
```

该示例假定整数大小为 4 字节。该代码将 p 声明为一个指向整数的指针，将 p 初始化为 0x110000，然后使用 * p 获取地址 0x110000 处的值。

现在我们了解了软件如何与设备进行通信，我们可以考虑一系列步骤和同步。图 16.3 显示了执行图 16.1 中某些步骤的 C 代码。

图 16.3 中的代码假定设备已分配地址 0x110000，并且数据结构 mydata 包含要打印的数据，这些数据按打印机预期形式存储。要理解指针的使用，请记住 C 编程语言定义了指针运算：将 K 添加到整数指针将使指针前进 $K*N$ 字节，其中 N 是一个整数所占用的字节数。因此，如果变量 p 值为 0x110000，则 p+1 等于 0x110004。

示例代码演示了许多设备的另一个特性，这对于程序员来说可能看起来很奇怪：单个操作的多个步骤。在我们的示例中，要打印的数据位于内存中，并使用两个步骤指定数据。在第一步中，将数据的地址传递给打印机。在第二步中，指示打印机加载数据的副本。这两个步骤可能看起来没有必要——为什么一旦指定了地址，打印机不会自动开始加载数据？要理解原因，请记住，每个提取和保存指令都控制设备中的电路。设备设计人员可能会选择这样

的设计，因为他发现构建具有两个独立电路的硬件更容易，一个接受内存地址，另一个接收来自内存的数据。

```
int     *p;               /* 指向设备地址区域的指针 */

p = (int *)0x110000;      /* 初始化指向设备地址的指针 */
if (*p == 0)              /* 测试打印机是否开机 */
        error("printer not on");
*(p+1) = 1;               /* 开始加载纸张 */
while (*(p+6) != 0)       /* 轮询等待加载完成 */
        ;
*(p+2) = &mydata;         /* 指定数据在内存中的位置 */
*(p+3) = 1;               /* 导致打印机接收数据 */
while (*(p+6) != 0)       /* 轮询等待打印机完成加载数据   */
        ;
*(p+4) = 1;               /* 开始喷墨喷涂 */
while (*(p+6) != 0)       /* 轮询等待喷墨打印完成 */
        ;
*(p+5) = 1;               /* 进纸到下一个带 */
while (*(p+6) != 0)       /* 轮询等待纸张推进完成 */
        ;
```

图16.3 示例C代码，使用轮询在图16.2中指定的虚拟打印设备上执行图16.1中的某些步骤

没有编写过程序来控制设备的程序员可能会发现代码令人震惊，因为它包含四次while语句，每个语句都会成为一个无限循环。如果在传统应用程序中出现这样的语句，则语句将会出错，因为循环会不断地在内存位置测试值而不作任何更改。然而，在该示例中，指针p引用设备而不是内存位置。因此，当处理器从位置p + 6提取一个值时，请求传递给一个设备，该设备将其解释为对状态信息的请求。因此，与内存中的值不同，设备返回的值将随时间变化。如果处理器轮询足够多的时间，设备将完成其当前操作并将状态值返回为零。重点在于：

> 虽然轮询代码看起来包含了无限的循环，但是代码也是正确的，因为由设备返回的值是随时变化的。

16.7 控制和状态寄存器

我们使用术语控制和状态寄存器（CSR）来指代设备使用的一组地址。更具体地说，控制寄存器对应于一个连续地址集合（通常为整数的大小），对保存操作作出响应，而状态寄存器对应于一个连续地址集合（通常为整数的大小），对提取操作作出响应。

在实践中，CSR通常比图16.2中列出的简化版本复杂。例如，典型的状态寄存器为各个位分配含义（例如，状态字的低位指定设备是否处于运动中，下一位指定是否发生错误，等等）。更重要的是，为了节省地址，许多设备将控制和状态功能组合成一组地址。也就是说，一个地址可以同时提供这两种功能——对地址的保存操作控制设备，对同一地址的提取操作报告设备状态。

作为最后的细节，一些设备将提取操作解释为对状态信息和控制操作的请求。例如，触控板传递字节以指示用户手指的运动。处理器使用提取操作从触控板获取数据。此外，每次提取都会自动重置硬件以测量下一个动作。

16.8 使用结构来定义 CSR

图 16.3 中的示例代码使用指针和指针运算来引用单个项。在实践中，程序员通常会创建一个定义 CSR 的 C 结构，然后使用该结构的命名成员来引用 CSR 中的项。例如，图 16.4 显示了当使用结构来定义 CSR 时，图 16.3 中的代码如何表示。

如图 16.4 所示，使用结构的代码更易于阅读和调试。因为结构的成员可以被赋予有意义的名字，所以阅读代码的程序员可以根据目的猜测，即使他们并不熟悉设备。另外，使用结构可以改善程序的组织，因为个别 CSR 的所有偏移量都在一个地方指定，而不是嵌入整个代码中。总结如下：

> 程序员可以通过声明一个定义设备所有 CSR 的结构，然后在结构中引用字段来提高可读性，而不是在整个代码中分布 CSR 的引用。

```
struct    csr {              /* 打印机 CSR 的模板 */
    int    csr_power;        /* 打印机是否开机? */
    int    csr_load;         /* 装入一张纸 */
    int    csr_addr;         /* 指定要打印的数据的地址 */
    int    csr_getdata;      /* 从内存上传数据 */
    int    csr_spray;        /* 开始喷墨喷涂 */
    int    csr_advance;      /* 进纸到下一个带 */
    int    csr_dev_busy;     /* 非零表示设备忙 */
    int    csr_levels;       /*4 字节表示的 CMYK 墨水量 */
}
struct    csr    *p;         /* 指向设备地址的指针 */

p = (struct csr *)0x110000;  /* 设置 p 为设备地址 */
if (p->csr_power == 0);      /* 测试打印机是否开机 */
    error("printer not on");
p->csr_load = 1;             /* 开始加载纸张 */
while (p->csr_dev_busy)      /* 轮询等待加载完成 */
    ;
p->csr_addr = &mydata;       /* 指定数据在内存中的位置 */
p->csr_getdata = 1;          /* 导致打印机接收数据 */
while (p->csr_dev_busy)      /* 轮询等待打印机完成加载数据    */
    ;
p->csr_spray = 1;            /* 开始喷墨喷涂 */
while (p->csr_dev_busy)      /* 轮询等待喷墨打印完成 */
    ;
p->csr_ = 1;                 /* 进纸到下一个带 */
while (p->csr_dev_busy)      /* 轮询等待纸张推进完成 */
    ;
```

图 16.4 利用 C 结构重写图 16.3 的代码

16.9 处理器的使用和轮询

可编程 I/O 体系结构的主要优势来自经济效益：由于它们不包含复杂的数字电路，因此依赖于可编程 I/O 的设备比较廉价。可编程 I/O 的主要缺点来自计算开销：每一步都需要处理器与 I/O 设备交互。

为了理解轮询不受欢迎的原因，我们必须回想起 I/O 设备和计算之间的基本不匹配性：

因为它们是机电的，所以 I/O 设备的运行速度比处理器慢几个数量级。此外，如果处理器使用轮询来控制 I/O 设备，则处理器等待的时间量是固定的，并且与处理器速度无关。

重点可以总结如下：

由于典型的处理器比 I/O 设备快得多，因此使用轮询的系统的速度仅取决于 I/O 设备的速度；使用快速处理器不会增加执行 I/O 的速率。

转向这个陈述会产生一个必然结果：如果处理器使用轮询来等待 I/O 设备，那么使用更快的处理器仅仅意味着处理器将执行更多等待设备的指令（即循环将运行得更快，如图 16.3 所示）。因此，更快的处理器只会浪费更多的周期来等待 I/O 设备——如果处理器不需要轮询，处理器可能会执行计算。

16.10 中断驱动的 I/O

在 20 世纪 50 年代和 60 年代，计算机架构师开始意识到处理器和 I/O 设备的速度不匹配。当使用真空管的第一代计算机被使用固态器件的第二代替代时，这种差异尤其重要。尽管使用固态器件（即晶体管）提高了处理器的速度，但 I/O 设备的速度几乎保持不变。因此，架构师探索了解决 I/O 与处理器速度不匹配的方法。

有一种方法表现优越，并导致了计算机体系结构的革命，产生了第三代计算机。该方法称为中断机制，现在是处理器设计的标准。

中断驱动 I/O 的核心前提很简单：不是浪费时间轮询，而是允许处理器在 I/O 设备运行时继续执行计算。设备完成后，安排设备通知处理器，以便处理器可以处理设备。顾名思义，硬件会暂时中断正在进行的计算以处理 I/O。一旦设备被服务完，处理器就会正确地从它被中断的地方开始恢复计算。

在实践中，中断驱动的 I/O 要求计算机系统的所有方面都设计为支持中断，包括：

- I/O 设备硬件。
- 总线架构和功能。
- 处理器架构。
- 编程范式。

I/O 设备硬件。 不仅仅是在处理器的控制下操作，中断驱动的 I/O 设备一旦启动就必须独立操作。稍后，当它完成时，设备必须能够中断处理器。

总线架构和功能。 总线必须支持双向通信，允许处理器在设备上启动操作，并允许设备在操作完成时中断处理器。

处理器架构。 处理器需要一种机制，可以使处理器临时暂停正常计算，处理设备，然后恢复计算。

编程范式。 也许最显著的变化包含编程范式的转变。轮询使用顺序的同步编程风格，程序员在其中指定 I/O 设备执行的每个操作步骤。正如我们将在下一章中看到的，中断驱动编程使用了一种异步编程风格，程序员要编写代码来处理事件。

16.11 中断机制和取指 – 执行

正如术语"中断"所暗示的那样，设备事件是临时的。当设备需要服务时（例如，当操作完成时），设备中的硬件通过总线向处理器发送中断信号。处理器临时停止执行指令，保存稍后恢复执行所需的状态信息，并处理设备。处理完中断后，处理器重新加载保存的状态，并在中断发生处重新恢复执行。总结如下：

> 中断机制临时借用处理器来处理 I/O 设备。硬件保存中断发生时的计算状态，并在中断处理完成后恢复计算。

从应用程序员的角度来看，中断是透明的，这意味着程序员编写应用程序代码就好像中断不存在一样。如果在执行指令期间没有发生中断、发生一次中断或者发生许多中断则硬件设计为计算结果都是相同的。

I/O 硬件如何中断处理器？实际上，设备只需要请求服务。中断通过修改的取指－执行周期来实现，该周期允许处理器响应请求。如算法 16.1 所解释的，在执行两条指令之间发生中断。

算法 16.1　处理中断的取指－执行周期

无限循环 {
　　检测：如果任何设备已请求中断，则处理中断，然后继续循环的下一次迭代
　　取指：从程序保存的位置处，访问下一个步骤
　　执行：执行程序的步骤
}

16.12　处理中断

想要处理中断，处理器硬件需要采取如图 16.5 所示的 5 个步骤

保存和恢复状态最容易理解：当发生中断时（通常在内存中）硬件可以保存信息，并且来自中断指令的特殊返回操作将重新加载保存的状态。在某些体系结构中，硬件会保存完整的状态信息，包括所有通用寄存器的内容。在其他体系结构中，硬件会保存指令计数器等基本信息，并要求软件显式地保存和恢复值，例如通用寄存器。在任何情况下，保存和恢复状态都是对称操作——硬件被设计为使得从中断返回的指令重新加载与中断发生时硬件保存的完全相同的状态信息。我们说处理器在处理中断时临时切换执行上下文。

> - 保存当前执行状态。
> - 确定哪个设备发出中断。
> - 调用处理该设备的方法。
> - 清除总线上的中断信号。
> - 重载当前执行状态。

图 16.5　处理器硬件处理中断时执行的 5 个步骤，这些步骤对程序员来说是隐藏的

16.13　中断向量

处理器如何知道哪个设备正在中断？现在已经使用了几种机制。例如，某些体系结构使用专用协处理器来处理所有 I/O。要启动设备，处理器会向协处理器发送请求。当设备需要服务时，协处理器会检测到情况并中断处理器。

大多数体系结构使用总线上的控制信号来通知处理器何时需要中断。处理器在取指－执

行周期的每次迭代中检查总线。当它检测到中断请求时，处理器中的中断硬件通过总线发送一个特殊命令来确定哪个设备需要服务。总线被设计为一次只有一个设备可以响应。通常情况下，每台设备都分配一个唯一的号码，设备通过给出号码进行响应。

分配给设备的号码不是随机的。相反，数字的配置方式允许处理器硬件将该数字解释为指向内存中保留位置的指针数组的索引。数组中的一个条目称为中断向量，是指向处理设备的软件的指针；我们说中断是向量化的。该软件称为中断处理程序。图 16.6 显示了数据结构。

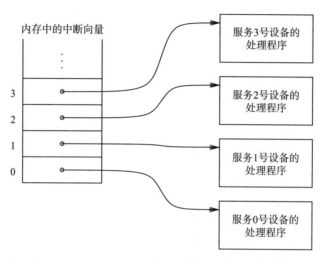

图 16.6　内存中的中断向量示意图。每个向量指向设备的中断处理程序

图 16.6 显示了最简单的中断向量排列，其中每个物理设备被分配一个唯一的中断向量。实际上，设计用于容纳许多设备的计算机系统通常使用一种变体，其中多个设备共享一个公用的中断向量。发生中断后，中断处理程序中的代码再次使用总线来确定哪个物理设备引起中断。一旦确定了物理设备，处理程序就会选择适合设备的交互。在多个器件之间共享中断向量的主要优势来自可扩展性——具有一组固定中断向量的处理器可以容纳任意数量的设备。

16.14　中断初始化和禁用中断

如何在中断向量表中初始化值？软件必须初始化中断向量，因为处理器和设备硬件都不会输入或修改表格。相反，硬件盲目地认为中断向量表已被初始化——当发生中断时，处理器保存状态，使用总线请求向量号，将该值用作向量表中的索引，然后分支跳转到该地址的代码。无论在向量中找到哪个地址，处理器都会跳转到该地址并尝试执行该指令。

为了确保在表被初始化之前没有中断发生，大多数处理器以禁用中断的模式启动。也就是说，处理器继续运行取指－执行周期而不检查中断。之后，一旦软件（通常是操作系统）初始化了中断向量，软件必须执行一个明确允许中断的专门指令。在许多处理器中，中断状态由处理器的模式控制；当处理器从初始启动模式变为适合执行程序的模式时，中断会自动启用。

16.15　中断一个中断处理程序

一旦中断发生且中断处理程序正在运行，如果另一个设备准备就绪并请求中断，会发生什么情况？最简单的硬件遵循一个简单的策略：一旦中断发生，进一步的中断会自动禁用，直到当前的中断完成并返回。因而不会发生混乱。

最复杂的处理器提供多级中断机制，也称为多中断优先级。每个设备都被分配一个中断优先级，通常在 1 到 7 的范围内。在任何给定的时间，处理器都被认为是以某一级优先级运行。优先级 0 表示处理器当前不处理中断（即正在运行应用程序）；大于零的优先级 N 意味着处理器当前正在处理来自一个设备的中断，该设备的优先级被赋予 N。

规则如下：

> 当处理器正在优先级 K 上操作时，它只能被具有优先级 $K+1$ 或者更高优先级的设备中断。

请注意，当优先级为 K 的中断发生时，优先级为 K 或更低的中断不会发生。结果是在每个优先级级别上最多可以有一个中断正在进行。

16.16   中断的配置

我们说每个设备都必须分配一个中断向量和（可能的）中断优先级。设备中的硬件和处理器上运行的软件必须对分配达成一致——当设备返回中断向量号时，相应的中断向量必须指向设备的处理程序。

中断分配如何进行？已经使用了两种方法：

- 仅用于小型嵌入式系统的手动分配。
- 在大多数计算机系统上使用的自动分配。

手动分配。一些小型嵌入式系统仍然使用这种方法，这种方法曾经在早期的计算机中使用过：计算机所有者通过手动方法配置硬件和软件。例如，某些设备是在电路板上使用物理开关制造的，开关用于输入中断向量地址。当然，操作系统必须配置为与设备选择的值匹配。

自动分配。自动的中断向量分配是最广泛使用的方法，因为它消除了手动配置，并允许在不需要修改硬件的情况下安装设备。计算机启动时，处理器使用总线来确定连接了哪些设备。处理器为每个设备分配一个中断向量号，将适当的设备处理程序软件的副本放入内存中，并在内存中构建中断向量。当然，自动分配意味着启动计算机时延迟较长。

16.17   动态的总线连接和可插拔设备

我们对总线和中断配置的描述是假设在计算机断电时，设备连接到总线，中断向量在启动时分配，并且所有设备在计算机运行时保持原位。早期的总线确实是按照我们所描述的设计的。然而，最近的总线已经被设计为在计算机运行时允许设备连接和断开。我们说这样的总线支持可插拔设备。例如，通用串行总线（USB）允许用户随时插入设备。

USB 如何操作？本质上，USB 在计算机的主总线上显示为单个设备。当计算机启动时，USB 像往常一样被分配一个中断向量号，并且处理程序被放置在内存中。之后，当用户插入新设备时，USB 硬件会生成中断，处理器将执行处理程序。反过来，处理程序又通过 USB 总线发送请求，询问设备并确定哪个设备已连接。一旦识别出该设备，USB 处理程序将加载一个从属的特定设备的处理程序。当一个设备需要服务时，该设备请求中断。USB 处理程序接收中断，确定哪个设备请求中断，并将控制权交给特定设备的处理程序。

16.18　中断、性能和智能设备

为什么中断机制会导致计算机体系结构的革命？答案很简单。首先，I/O 是计算必须优化的一个重要方面。其次，中断驱动的 I/O 自动重叠计算和 I/O，而不需要程序员采取任何特殊的行动。也就是说，中断自动适应任何速度的处理器和 I/O 设备。由于程序员不需要估计在 I/O 操作期间可以执行多少条指令，所以中断永远不会低估或高估。我们可以总结如下：

> 使用中断的计算机比使用轮询的计算机更容易编程并且提供更好的整体性能。另外，中断允许任意速度的处理器自动适应任意速度的 I/O 设备。

有趣的是，一旦发明了基本中断机制，架构师意识到可以进一步改进。要了解这些改进，考虑磁盘设备。底层硬件需要几个步骤才能从磁盘读取数据，并将其放入内存中。图 16.7 总结了这些步骤。

- 如果磁盘不旋转，将其全速运行。
- 计算包含请求块的柱面，并将磁臂移动到柱面上。
- 等待磁盘旋转到正确的扇区。
- 从磁盘上的块中读取数据字节并将它们放入硬件先进先出（FIFO）队列中。
- 将 FIFO 中的数据字节传输到内存中。

图 16.7　从磁盘设备读取块所需的步骤示例

早期的硬件要求处理器通过开始操作并等待中断来处理每个步骤。例如，处理器必须验证磁盘是否在旋转。如果磁盘空闲，处理器必须发出启动马达的命令并等待中断。

关键的见解是，I/O 设备包含的数字逻辑越多，设备需要依赖处理器的就越少。非正式地，架构师使用术语哑设备来指代需要处理器处理每个步骤的设备，而术语智能设备则用来表征可自行执行一系列步骤的设备。智能版本的磁盘设备包含足够的逻辑（甚至可能是嵌入式处理器）来处理读取块所涉及的所有步骤。因此，智能设备不会经常中断，也不需要处理器来处理每一步。图 16.8 列出了处理器和智能磁盘设备之间的交互示例。

- 处理器使用总线向磁盘发送内存中的位置并请求读取操作。
- 磁盘设备执行所有必需的步骤，包括将字节移入内存，并在操作完成后才会中断。

图 16.8　读取磁盘块时处理器和智能磁盘设备之间的交互

我们对设备交互的讨论忽略了许多细节。例如，大多数 I/O 设备检测并报告错误（例如，磁盘不旋转或盘面上的缺陷阻止硬件读取磁盘块）。因此，中断处理比描述更为复杂：发生中断时，处理器必须询问与磁盘相关的 CSR，以确定操作是成功还是发生错误。此外，对于报告软错误（即临时错误）的设备，处理器必须重试该操作以确定错误是临时的还是永久的。

16.19　直接内存访问

上面的讨论意味着智能 I/O 设备可以在不使用 CPU 的情况下将数据传输到内存中。实际上，这种传输不仅是可行的，而且是高速 I/O 的关键。允许 I/O 设备与内存交互的技术称为直接内存访问（DMA）。

要理解 DMA，回想一下在大多数体系结构中，内存和 I/O 设备都连接到中央总线。因此，I/O 设备和内存之间有直接的路径。如果我们想象一个智能 I/O 设备包含一个嵌入式处理器，那么 DMA 背后的想法应该是清楚的：I/O 设备中的嵌入式处理器会发出提取或保存请求，内存响应这些请求。当然，总线设计必须能够让多个处理器（每个智能设备中的主处理器和嵌入式处理器）轮流共享总线，并防止它们同时发送多个请求。如果总线支持这种机制，则 I/O 设备可以在不使用处理器的情况下在内存和设备之间传输数据。

总结一下：

> 称为直接内存访问（DMA）的技术允许智能 I/O 设备直接访问内存。DMA 通过允许设备在不使用处理器的情况下在设备和内存之间传输数据来提高性能。

16.20   用缓冲链扩展 DMA

看起来，使用 DMA 的智能设备足以保证高性能：数据可以在设备和内存之间传输，无须使用处理器，并且设备不会中断每一步的操作。但是，已经发现进一步提高性能的优化方法。

要了解如何改进 DMA，请考虑高速网络。数据包倾向于以簇集形式从网络中到达，这意味着一组数据包紧接着到达，连续的数据包之间时间间隔最短。如果网络接口设备使用 DMA，则设备将在接受传入数据包并将数据包放入内存后中断处理器。处理器必须为下一个数据包指定缓冲区的位置并重新启动设备。事件序列必须快速发生（即在下一个数据包到达之前）。不幸的是，系统上的其他设备也可能产生中断，这意味着处理器可能会稍微延迟。对于最高速网络，处理器可能无法及时服务中断，以捕获下一个数据包。

为了解决紧接到达的问题，一些智能 I/O 设备使用一种称为缓冲链的技术。处理器分配多个缓冲区，并在内存中创建链表。处理器然后将链表传递给 I/O 设备，并允许设备填充每个缓冲区。由于智能设备可以使用总线从内存中读取值，设备可以顺着链表，将传入的数据包放入连续的缓冲区中。图 16.9 说明了这个概念[⊖]。

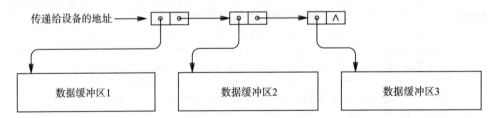

图 16.9   缓冲链的示意图。处理器传递一个缓冲链表给智能 I/O 设备，设备填充链表上的每一个缓冲区，而不用等待处理器

上面给出的网络示例描述了用于高速输入的缓冲链的使用。缓冲链也可用于输出：处理器将数据放入一组缓冲区中，链接列表中的缓冲区，将链接地址传递给智能 I/O 设备，然后启动设备。设备在列表中移动，从内存中的每个缓冲区获取数据并将数据发送到设备。

16.21   分散读操作和聚集写操作

缓冲链对软件使用的缓冲区小于 I/O 设备使用的数据块的大小的计算机系统特别有用。

⊖ 尽管该图显示了三个缓冲区，但网络设备通常使用 32 或 64 个缓冲区的链。

在输入时，链式缓冲区允许设备将大量数据传输分成一组较小的缓冲区。在输出时，链式缓冲区允许设备从一组小缓冲区中提取数据并将数据组合成一个单独的块。例如，某些操作系统通过将数据包头放在一个缓冲区中并将数据包装载到另一个缓冲区中来创建网络数据包。缓冲链允许操作系统发送数据包，而无须将所有字节复制到单个大型缓冲区中。

我们使用术语分散读来描述将大块输入数据划分成多个小缓冲区的想法，用术语聚集写来描述将来自多个小缓冲区的数据组合成单个输出块的想法。当然，要使缓冲链有用，输出缓冲区的链表必须指定每个缓冲区的大小（即要写入的字节数）。同样，输入缓冲区的链表必须包含一个长度字段，设备可以设置该长度字段以指定在缓冲区中存储多少字节。

16.22 操作链

尽管缓冲链可以处理在多个缓冲区上重复给定操作的情况，但是在设备可以执行多个操作的情况下可以进一步优化。要理解这个，请考虑一个磁盘设备，它可以在各个块上提供读取和写入操作。为了优化性能，我们需要在当前操作完成后立即开始另一个操作。不幸的是，这些操作是读写的混合。

用于毫无延迟地开始新操作的技术称为操作链。像缓冲链一样，使用操作链的处理器必须在内存中创建链表，并且必须将列表传递给智能设备。然而，与缓冲链接不同，链表上的节点指定了一个完整的操作：除了缓冲区指针外，该节点还包含一个操作和必要的参数。例如，与磁盘一起使用的链表上的节点可能会指定读取操作和磁盘块。图 16.10 说明了操作链。

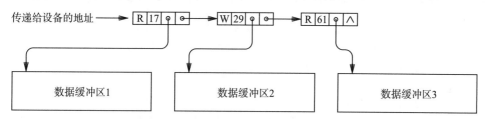

图 16.10　一个智能设备的操作链的示意图。每个节点制定了一个操作（R 或者 W）、磁盘块数量以及在内存中的缓冲区

16.23 小结

可以使用两种范式来处理 I/O 设备：可编程的 I/O 和中断驱动的 I/O。可编程的 I/O 需要处理器通过轮询设备来处理操作的每个步骤。由于处理器比 I/O 设备快得多，处理器花费很多周期来等待设备。

第三代计算机引入了中断驱动的 I/O，允许设备在通知处理器之前执行完整的操作。使用中断的处理器包含额外的硬件，每次执行一个取指 - 执行周期时都会测试一次，以查看是否有任何设备请求了中断。

中断是向量的，这意味着中断设备提供了一个唯一的整数，处理器将其用作指向处理程序指针数组的索引。为保证中断不会影响正在运行的程序，硬件会在中断期间保存并恢复状态信息。多级中断用于使某些设备优先级高于其他设备。

智能 I/O 设备包含额外的逻辑，无须处理器的帮助即可执行一系列步骤。智能设备使用缓冲链和操作链技术来进一步优化性能。

习题

16.1   假设一个 RSIC 处理器花费 2 毫秒来执行每一条指令，而且 I/O 设备在其中断请求被响应之前，最多能等待 1 毫秒。禁用中断时可以执行的最大指令数是多少？

16.2   列出并解释两种 I/O 范式。

16.3   写出缩写 CSR 的全称，并解释它的含义。

16.4   一名软件工程师正在尝试调试设备驱动程序，并发现似乎是无限循环的代码：

```
while (*csrptr->tstbusy != 0)
        ; /* 不执行任何操作 */
```

当软件工程师向你显示代码时，你如何回应？

16.5   阅读总线上的设备以及分配给每个设备的中断优先级。磁盘或鼠标是否具有更高的优先级？为什么？

16.6   在大多数系统中，部分或全部设备驱动程序代码必须用汇编语言编写。为什么？

16.7   从概念上讲，中断向量是什么数据结构？可以在中断向量的每个条目中找到什么？

16.8   使用链式操作的设备最显著的优势是什么？

16.9   中断相对于轮询的主要优势是什么？

16.10   假设一个用户将 10 台全部执行 DMA 的设备安装到一台计算机上，并试图同时操作这些设备。计算机中的哪些组件可能会成为瓶颈？

16.11   如果智能磁盘设备使用 DMA，并且磁盘上的块每个都包含 512 字节，那么当处理器传输 2048 字节（四个独立的块）时，磁盘会中断多少次？

16.12   当设备使用链时，设备驱动程序在内存中放置什么类型的数据结构，用于保存给设备的一组命令？

程序员视角的设备、输入 / 输出和缓冲

17.1 引言

前面的章节涵盖了计算机输入 / 输出的硬件层面，解释了用于互连设备、处理器和内存的总线架构，以及外部设备在一项操作完成时用于通知处理器的中断机制。

本章将视角转向软件，并从一个程序员的角度来考虑输入 / 输出。本章既会分析用于控制设备所需的软件，也会介绍使用输入 / 输出设备的应用软件。我们将带你理解设备驱动的重要概念，并了解驱动程序是如何实现读写等操作的。我们将获知设备的两个大类：面向字节的设备和面向块的设备。我们也将带你理解设备间的交互使用。

尽管只有很少的程序员会编写设备驱动程序，但理解设备驱动程序的工作方式及低级输入 / 输出的发生方式可以帮助程序员编写更高效的应用程序。一旦我们了解了设备驱动程序的工作机制，我们将会重点关注缓冲的概念，并了解为什么使用缓冲对程序员很重要。

17.2 设备驱动程序的定义

之前的章节解释了基本的硬件中断机制。现在让我们来思考，底层软件是如何使用中断机制来实现输入 / 输出操作的。我们使用术语"设备驱动程序"来指代在应用程序和外部硬件设备间提供接口的软件。在大多数情况下，计算机系统为每个外部硬件设备配有设备驱动程序，并且所有不同的应用程序通过同样的驱动程序访问给定的设备。通常情况下，设备驱动程序是计算机操作系统的一部分，这代表运行在计算机上的任何应用程序在与设备通信时都要使用设备驱动程序。

鉴于设备驱动程序了解特定硬件设备的细节，因此可以说驱动程序包含低级代码。驱动程序通过总线与设备进行交互，它"理解"设备的控制和状态寄存器（CSR），并处理来自设备的中断。

17.3 设备的独立、封装和隐藏

设备驱动程序存在的主要目的是设备的独立性。也就是说，设备驱动方法会将应用程序中的所有硬件细节都剔除掉，并将它们归入驱动。

为了理解设备的独立性为何重要这个问题，我们需要了解早期软件的构建方式。当时，每个应用程序都是为特定品牌的计算机、特定的内存大小以及特定的输入 / 输出设备集而设计的。应用程序包含了用于通过总线与特定设备通信的所有代码。不幸的是，为使用特定设备集所编写的程序不能用于任何其他的设备。例如，将打印机升级到新的型号需要重新编写所有的应用程序。

设备驱动程序通过为应用程序提供独立的设备接口来解决上述问题。例如，由于所有使用打印机的应用程序都依赖于打印机的设备驱动程序，应用程序无须掌握硬件的具体技术细节。因此，在更换打印机时只需变更设备驱动程序，而所有的应用程序保持不变。这就是

说，设备驱动程序向应用程序隐藏了硬件细节，即，设备驱动程序封装了硬件细节。

总结一下：

> 设备驱动程序由理解并处理与特定设备进行通信的所有低级细节的软件组成。由于设备驱动程序向应用程序提供了高级接口，因此当设备变更时，应用程序无须进行变更。

17.4 设备驱动程序的概念

设备驱动程序包含了多个必须协同工作的功能，包括通过总线进行通信的代码、处理设备细节的代码以及与应用程序进行交互的代码。此外，设备驱动程序必须与计算机操作系统进行交互。为了控制复杂度，程序员将驱动程序分为三个部分：

- 下半部分，由中断发生时调用的处理程序组成。
- 上半部分，由请求输入／输出操作时应用程序调用的函数组成。
- 一组共享变量，用于保存状态信息，这些信息用于协调这两部分。

上半部分和下半部分的名字反映了编写设备驱动程序的程序员的观点：硬件是低层的，应用程序是高层的。因此，在程序员的观点中，应用程序位于顶层，而硬件位于底层。图 17.1 展示了程序员的视角。

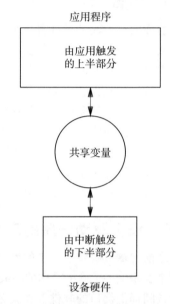

图 17.1   设备驱动程序从概念上可以划分为三部分。设备驱动程序提供了运行在高层的应用程序和运行在低层的设备硬件之间的接口

17.5 两类设备

为了能够更深入地理解设备驱动程序，我们需要对硬件提供给驱动程序的接口有更多的了解。基于设备使用的接口风格，设备可以分为两大类：

- 面向字符的设备。
- 面向块的设备。

面向字符的设备每次只传送单个字节的数据。例如，将键盘连接到计算机的串行接口，在每次按键时，只传送一个字符（这里指字节）。从设备驱动程序的角度来看，面向字符的设备在每次发送或接收一个字符时都产生一次中断——发送或接收一个由 N 个字符组成的块会产生 N 次中断。

面向块的设备每次传送整个块的数据。在某些情况下，底层硬件会指定块大小 B，所有的块必须有且仅有 B 字节。例如，磁盘设备定义的块大小等于磁盘的扇区大小。然而在其他情况下，块的大小是可变的。例如，网络接口定义的块大小和数据包一样大（尽管它给数据包的大小设定了上限，但数据包交换硬件允许数据包大小不同）。从设备驱动程序的角度来看，面向块的设备仅在发送或接受块时产生一次中断。

17.6　设备驱动程序的示例流程

编写设备驱动程序的具体细节超出本文的讨论范围。然而，为了帮助我们理解这个概念，我们将考虑驱动程序如何处理基本输出。在示例中，我们将假设应用程序通过因特网发送数据。应用程序指定要发送的数据，协议软件创建包，向网络设备的驱动程序发送包。图 17.2 说明了传送包涉及的模块，并列出了输出所需的步骤。

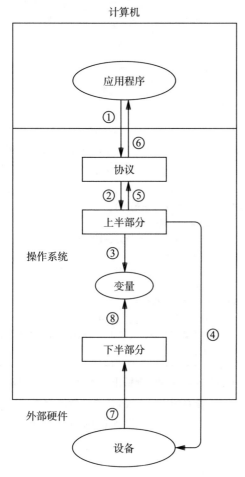

采取的步骤

1. 应用程序通过网络发送数据。

2. 协议软件将数据包传送给驱动程序。

3. 驱动程序把输出数据包存储在共享变量中。

4. 上半部分指定数据包位置并启动设备。

5. 上半部分返回协议模块。

6. 协议软件返回应用程序。

7. 设备中断，驱动程序的下半部分执行。

8. 下半部分将数据包从共享变量中删除。

图 17.2　应用程序请求输出操作的步骤简化示例。位于操作系统中的设备驱动程序处理与该设
　　　　备相关的所有通信

如图 17.2 所示，即使是很简单的操作也需要很复杂的一串步骤。当应用程序发送数据时，应用进程进入操作系统，同时控制权转移给创建包的协议软件。协议软件则反过来向适当的设备驱动程序的上半部分传递输出数据包。设备驱动程序把数据包置于共享变量部分，启动执行数据包传输的设备，并返回到协议软件，进而返回应用进程。

尽管控制权已经从操作系统归还，但输出数据包依旧保存在共享变量数据区域中，设备可以使用 DMA 访问。一旦设备完成数据包的发送，设备将产生中断同时控制权转移到下半部分。随后下半部分从共享区域移出数据包。

17.7 输出操作队列

虽然示例驱动程序中的设计是可行的，但这种方法在生产系统中效率过低。尤其，如果我们的应用程序在设备的前一数据包发送完成之前就发送下一数据包，则设备驱动程序必须轮询，直到设备使用完数据包。为了避免等待，生产系统中使用的设备驱动程序实现了一个请求队列。在输出时，上半部分无须等待设备准备就绪。相反地，上半部分把要写入的数据存入队列中，确保设备将产生中断，并返回应用程序。之后，当设备完成当前的操作并产生一次中断时，下半部分从队列中取出下一请求，启动设备，并从中断返回。上述概念的结构如图 17.3 所示。

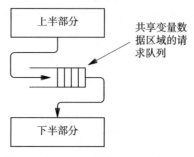

图 17.3 使用请求队列的设备驱动程序的概念组织结构。输出时，上半部分只需将项存入请求队列中，而无须等待设备；下半部分控制设备

使用输出队列的设备驱动程序非常优雅——请求队列提供了驱动程序上下两部分之间的协作。图 17.4 列出了在输出时设备驱动程序的上下两个部分需要完成的步骤。

如图 17.4 所示，设备驱动程序的上下两部分的步骤都很简单。值得注意的是，下半部分执行大部分工作：除了需要处理来自设备的中断，下半部分还要检查队列，而且在队列非空的情况下取出下一项并启动设备。由于设备每完成一项操作即产生一次中断，下半部分在执行每次输出操作时都会被调用，这使得设备可以开始下一操作。因此，下半部分将被持续调用直到队列为空。

初始化（计算机系统启动时）
　　1. 将输入队列初始化为空。
上半部分（应用程序执行写入操作时）
　　1. 将数据项存入队列中。
　　2. 使用 CSR（控制和状态寄存器）请求中断。
　　3. 返回到应用程序。
下半部分（中断发生时）
　　1. 如果队列为空，请停止设备中断。
　　2. 如果队列非空，则从队列中取出一个项并开始输出。
　　3. 从中断返回。

图 17.4 使用队列实现输出操作时，设备驱动程序的上半部分和下半部分的步骤。上半部分请求中断，但不会在设备上开始输出

在最后一个项从队列中移出后会发生什么呢？下半部分在最后一次输出操作完成后会被调用，但会发现队列为空。此时，设备将闲置。为了防止无用的中断，下半部分会控制设备停止所有中断。稍后，当应用程序调用上半部分并将新项置入队列中时，上半部分将再次启动设备中断，输出也将继续进行。

17.8 强制设备发出中断

由于请求队列在设备驱动程序中使用广泛，因此工程师们设计了可以很好地与图 17.4 中所示的编程范式协同工作的硬件。特别是一个设备通常包含一个 CSR 位，使得处理器可以设置强制设备发出中断。回想第 16 章，设置 CSR 位所需的代码十分简单。它只由一个单独的赋值语句组成。软件不需要检查当前的设备状态。相反，如果设备已经处于活动状态，

该机制的设计将使得该位的设置不起作用：

- 设备有一个 CSR 位 B，用于强制设备发出中断。
- 如果设备空闲，设置位 B 将会导致设备产生一个中断。
- 如果设备当前正在执行操作，设置位 B 将不起作用。

换句话说，如果当前操作完成时，有中断已经发生，设备将等待操作完成并如常产生中断；如果没有操作正在执行，设备会立即生成中断。上述概念（合理安排硬件使得在操作完成之前设置的 CSR 位不会影响正在工作的设备）极大地简化了编程。要明白为什么，请查看图 17.4 列出的步骤。上半部分不需要了解设备是否繁忙（即操作是否在进行中）。相反，上半部分总是设置 CSR 位。如果操作正在进行中，设备硬件会忽略这些设置了的位，并等待操作完成。如果设备空闲，把该位置 1 将导致设备立即发出中断，这将强制下半部分选取队列中的下一个请求并启动设备。

17.9　输入操作队列

设备驱动程序也可以使用输入队列。但是，额外的协调是需要的，基于以下两个原因。首先，在应用程序准备好读取输入（例如，用户键入）之前，将设备驱动程序配置好以接受输入。因此，在设备初始化时，输入队列必须创建好。其次，如果在应用程序读取之前，输入没有到来，则设备驱动程序必须临时阻塞应用程序，直到输入到达。图 17.5 列出了设备驱动程序在有队列时用来处理输入的步骤。

虽然我们对设备驱动程序的描述忽略了许多细节，但它给出了设备驱动程序使用的一般方法的准确描述。我们可以总结一下：

> **初始化（计算机系统启动时）**
> 　1. 将输入队列初始化为空。
> 　2. 强制设备发出中断。
> **上半部分（应用程序执行读取时）**
> 　1. 如果输入队列为空，则暂时停止应用程序。
> 　2. 从输入队列中取出下一个项。
> 　3. 将项返回到应用程序。
> **下半部分（中断发生时）**
> 　1. 如果队列未满，请启动另一个输入操作。
> 　2. 如果应用程序停止，请允许应用程序运行。
> 　3. 从中断返回。

图 17.5　使用队列时的设备驱动程序的上半部分和下半部分实现输入操作的步骤。上半部分暂时阻塞应用程序，直到数据可用

> 　产品级的设备驱动程序使用输入和输出队列来存储项。上半部分将请求放入队列中，下半部分处理与设备通信的细节。

17.10　异步设备驱动程序和互斥

在第 16 章中，我们说中断机制意味着一个异步编程模型。我们现在可以理解其原因。像传统程序一样，轮询是同步的，因为控制会从头到尾地通过代码。而处理中断的设备驱动程序是异步的，因为程序员对于响应不同的事件编写了单独的代码段。当应用程序请求 I/O 时，它会调用上半部分中的例程。当发生 I/O 操作或发生中断时，下半部分中的例程会被调用。在设备启动时，初始化部分的例程将被调用。

异步编程比同步编程更具挑战性。因为事件可以以任意顺序发生，所以程序员必须使用共享变量来对当前的计算状态（即过去发生的事件及其影响）进行编码表示。测试异步程序很困难，因为程序员无法轻松控制事件的顺序。更重要的是，在处理器和设备硬件上运行的应用程序可以同时生成事件。同时发生的事件会使编写异步设备驱动程序变得尤为困难。例

如，考虑使用命令链的智能设备。处理器在内存中创建一个操作链表，并且该设备将自动按照列表顺序执行操作。

程序员必须协调处理器和智能设备之间的交互。为了理解其原因，请想象一个智能设备从列表中取出项的同时，驱动程序的上半部分正在添加项。如果智能设备到达列表的末尾并恰好在设备驱动程序添加新项之前停止处理，那么就会出现问题。同样地，如果两个独立的硬件试图同时操纵列表中的指针，链接就可能会失效。

为避免同时访问造成的错误，与智能设备存在交互的设备驱动程序必须实现互斥。也就是说，设备驱动程序必须确保智能设备在列表更改完成之前不能访问列表，智能设备也必须确保设备驱动程序在列表更改完成之前不能访问列表。有很多种方案可用于确保独占访问。例如，某些设备具有特殊的 CSR 值，处理器可以设置该值以临时停止该设备访问命令列表。其他系统有一个可以允许处理器临时限制总线使用的设施（如果智能设备不能使用总线，它就不能更改内存中的列表）。最后，一些处理器提供了可用于提供互斥的测试并设置的指令。

17.11   从应用程序看 I/O

前几节描述了如何编写设备驱动程序。我们之前说过，很少有程序员编写过设备驱动程序。因此，CSR 地址、中断向量和请求队列的细节对于多数的程序员来说依旧是隐藏的。我们需要考虑设备驱动程序和底层 I/O 的动机是基于如下背景：它有助于我们理解如何有效地创建使用底层服务的应用程序。

由于程序员倾向于使用高级语言，因此很少有程序员直接调用低级 I/O 设施——为表示 I/O 操作，程序员使用编程语言提供的抽象。例如，应用程序很少使用磁盘设备。相反，编程语言或底层系统为程序员提供了高级文件的抽象。同样，大多数系统并不需要程序员接触到显示器硬件，而是给程序员提供了窗口的抽象。

重点是：

> 在许多编程系统中，I/O 对程序员是隐藏的。程序员无须对硬件设备（如磁盘和显示屏）进行操作，而只需操作文件和窗口等抽象。

即使在允许应用程序员控制 I/O 设备的嵌入式系统中，软件通常设计为向程序员隐藏尽可能多的细节。特别是应用程序只能指定通用的高级 I/O 操作。当编译器将程序翻译成用于特定计算机的二进制形式时，编译器会将每个高级 I/O 操作映射为一系列低级步骤。

有趣的是，典型的编译器不会将每个 I/O 操作直接转换为一系列基本的机器指令。相反，编译器会生成可以调用库函数来执行 I/O 操作的代码。因此，在程序执行之前，它必须与相应的库函数相结合。

我们使用术语"运行时库"来指代一组包含已编译的程序的库函数。当然，编译器和运行时库设计为一起工作——编译器必须知道哪些函数可用、每个函数使用的确切参数以及函数的含义。

> 应用程序员很少直接与设备驱动程序进行交互。相反，他们依靠运行时库来充当中介。

使用运行时库作为中介的主要优势来自灵活性以及易于改变。只有运行时库函数才能理解如何使用底层 I/O 机制（即设备驱动程序）。如果 I/O 硬件或设备驱动程序发生改变，则只需要更新运行时库——编译器可以保持不变。实际上，将运行时库与编译器分开允许只将代码编译一次，继而与各种运行时库结合使用，为多个版本的操作系统生成映像。

17.12　库 / 操作系统二元论

我们知道设备驱动程序驻留在操作系统中，而应用程序用来执行 I/O 的运行时库函数驻留在操作系统之外（因为它们与应用程序相链接）。从概念上讲，我们想象设备硬件上的三层软件，如图 17.6 所示。

我们会有几个疑问。每层软件提供哪些服务？应用程序和运行时库之间的接口或者运行时库和操作系统之间的接口是什么？使用这两个接口的相对开销是什么？

17.13　操作系统支持的 I/O 操作

我们首先检查运行时库和操作系统之间的接口。在诸如 C 语言这样的低级编程语言中，操作系统接口可直接供应用程序使用。因此，程序员可以选择使用 I/O 库或直接进行操作系统调用[⊖]。

尽管 I/O 操作的确切细节依赖于操作系统，但通用方法是很普及的。该方法称为"打开 / 读取 / 写入 / 关闭"范式，提供了六个基本功能。图 17.7 列出了 UNIX 操作系统使用的函数名称及其含义。

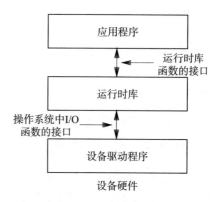

图 17.6　应用程序代码、运行时库代码以及标有接口的设备驱动程序之间概念上的布置

操作	含义
open	准备设备，以供使用（例如，接通电源）
read	将数据从设备传输到应用程序
write	将数据从应用程序传输到设备
close	终止使用设备
seek	移动到设备上新的数据位置
ioctl	其他控制功能（例如，改变音量）

图 17.7　六个基本的 I/O 功能，包括"打开 / 读取 / 写入 / 关闭"范式，这些名字取自 UNIX 操作系统

例如，考虑一个可以读取或写入数字视频光盘（DVD）的设备。打开（open）函数可用于启动驱动马达并确保光盘已插入。一旦驱动器启动后，读取（read）函数可用于从光盘读取数据，写入（write）函数可用于将数据写入光盘。寻找（seek）函数可以用于移动到一个新的位置（例如，一个特定的视频段），关闭（close）函数可以用来关闭光驱。最后，控制（ioctl）函数（I/O 控制的缩写）可用于所有其他功能（例如，弹出功能）。

当然，每个操作都需要指定细节的参数。例如，写入操作需要指定要使用的设备、数据的位置以及要写入的数据量的参数。更重要的是，设备驱动程序必须了解如何将每个操作和参数映射到底层设备上的操作。例如，当驱动程序接收到诸如弹出的控制操作时，驱动程序必须知道如何使用设备硬件执行操作（例如，如何设置设备的 CSR 寄存器的值）。

17.14　I/O 操作的成本

当应用程序调用运行时库的函数时，成本与调用函数完全相同，因为在构建程序时将库函数的代码副本合并到了应用程序中。因此，调用库函数的成本相对较低。

⊖　后面的部分讨论了与 C 语言一起使用的标准 I/O 库。

但是，当应用程序或运行时库函数触发一个 I/O 操作，如读取或写入，控制必须通过系统调用⊖传递给操作系统中相应的设备驱动程序。不幸的是，通过系统调用触发操作系统函数会产生极高的开销。有三个原因。首先，处理器必须变更权限模式，因为操作系统需要用比应用程序更高的权限运行。其次，处理器必须改变地址空间，从应用程序的虚拟地址空间变更为操作系统的地址空间。第三，处理器必须在应用程序的地址空间和操作系统的地址空间之间复制数据。

我们可以总结一下：

> 使用系统调用与设备驱动程序通信所涉及的开销很高；系统调用比传统的函数调用（例如库函数的调用）昂贵得多。

更重要的是，系统调用的大部分开销与调用本身相关，而不是与驱动程序执行的工作相关。因此，为了优化性能，程序员们想方设法地想最小化系统调用的次数。

17.15　减少系统调用的开销

要理解如何减少系统调用的开销，我们来考虑一个最坏情况下的例子。假设某应用程序需要打印一个文档，并假设打印需要该应用程序将总共 N 字节的数据发送到打印机。如果该应用程序传输每个字节的数据时，就进行一次单独的系统调用，则会产生最高的成本，因为应用程序会进行 N 次系统调用。作为一个替代，如果应用程序生成一个完整的文本行，然后进行一次系统调用以传输这整行，则开销将从 N 个系统调用减少为 L 个系统调用，其中 L 是文档中的行数（也就是说，L 小于 N）。

我们可以进一步减少打印一个文档的开销吗？是的，我们可以。可以重新设计应用程序，使得它可以分配足够的内存来存放文档中的整个页面，生成页面，然后进行一次系统调用以将整个页面传输到设备驱动程序。结果是，应用程序只进行 P 次系统调用，其中 P 是文档中的页数（大概是，P 远小于 N）。

这里可以提出一个通用原则：

> 为了减少开销并优化 I/O 性能，程序员必须减少应用程序调用系统调用的次数。减少系统调用的关键在于使得每次系统调用传输更多的数据。

当然，并不是总可以减少用于 I/O 的系统调用的数量。例如，像文本编辑器或电子邮件编辑器这样的应用程序，会在用户输入字符时显示字符。这类应用程序不能等到用户输入整行文本或整个页面才显示，因为每个字符都必须立即显示在屏幕上。类似地，来自键盘的输入通常需要程序每次都接收一个字符，而不能等待用户输入整行或页面后再接收。幸运的是，这样的应用程序通常涉及用户交互，I/O 相对较慢，所以优化并不重要。

17.16　缓冲的关键概念

上面的讨论表明，应用程序员可以通过重写代码，使系统调用的次数更少，以优化 I/O 的性能。优化对于高速 I/O 非常重要，它已纳入大多数计算机软件中。程序员无须重写代码，I/O 运行时库已被设计出来，可以自动处理优化。

⊖　一些计算机体系结构使用术语陷入代替系统调用。

我们使用术语"缓冲"来描述在 I/O 传输之前累积数据的概念,术语"缓冲区"则指的是一个内存区域,用于放置数据。

> 缓冲的原理:为减少系统调用的次数,将数据累积在缓冲区中,并在每次系统调用时,传输尽可能大量的数据。

为了实现缓冲自动化,库例程需要一个适用于任何应用程序的方案。因此,库函数不使用行或者页,而是使用固定大小的缓冲区。为了利用缓冲,应用程序必须调用库函数而非操作系统函数。对于包含内建 I/O 机制的编程语言,运行时库实现了缓冲,编译器可以生成调用相应库例程的代码;对于不包含内建 I/O 机制的编程语言,程序员必须调用缓冲库的例程,而非系统调用。

实现缓冲的库例程通常提供图 17.8 列出的五个概念性操作。

图 17.8 中列出的操作与操作系统提供的设备接口类似。事实上,我们将看到至少有一个缓冲 I/O 库的实现使用打开、读取、写入和关闭的变体函数名称。图 17.8 使用一组替代术语来帮助阐明两者的区别。

操作	含义
setup	初始化缓冲区
input	执行输入操作
output	执行输出操作
terminate	停止使用缓冲区
flush	强制写入缓冲区的内容

图 17.8　由典型库提供的概念性操作,
该库提供缓冲 I/O

17.17　缓冲输出的实现

要理解缓冲如何工作,考虑一个使用如图 17.8 所示的缓冲输出函数的应用程序。当应用程序开始时,它首先会调用 setup 函数来初始化缓冲。一些实现会提供一个参数,允许应用程序指定缓冲区大小;在其他实现中,缓冲区的大小是一个固定不变的常数$^\ominus$。不管情况如何,我们将假设 setup 函数分配了一个缓冲区,并将该缓冲区初始化为空。一旦缓冲区完成初始化,应用程序就可以调用 output 函数来传输数据。在每次调用时,应用程序会提供一个或多个字节的数据。最后,当数据传输完毕时,应用程序将调用 terminate 函数。(注:后面的部分会描述 flush 函数的使用。)

实现缓冲输出所需的代码量是微不足道的。图 17.9 描述了用于实现每个输出函数的步骤。在诸如 C 这样的编程语言中,每一步都可以用一两行代码来实现。

```
setup(N)
    1. 分配一个 N 字节的缓冲区。
    2. 创建一个全局指针 p,并将 p 初始化为缓冲区中第一个字节的地址。
output(D)
    1. 将一个字节的数据 D 放在缓冲区中指针 p 指向的位置,并使 p 指向
       缓冲区中的下一个字节。
    2. 如果缓冲区已满,则进行一次系统调用以将整个缓冲区的内容写入
       输出设备,并将指针 p 重置,使之指向缓冲区的起始位置。
terminate
    1. 如果缓冲区不为空,则进行一次系统调用,把指针 p 指向的位置之
       前的这部分缓冲区的内容写入输出设备。
    2. 如果缓冲区是动态分配的,则将它释放掉。
```

图 17.9　实现缓冲输出的步骤

$\ominus$　典型的缓冲区大小从 8KB 到 128KB 不等,具体取决于计算机系统。

现在，terminate 函数的存在动机已经显而易见了：因为是缓冲输出，所以当应用程序结束时，缓冲区可能是部分充满的。因此，应用程序必须强制写入缓冲区剩余的内容。

17.18　清空缓冲区

看起来，输出缓冲不能用于某些应用程序。例如，考虑一个允许两个用户通过计算机网络进行通信的应用程序。当应用程序发出一条消息时，它假定该消息将被发送，并传递到另一端。不幸的是，如果使用了缓冲，消息就可能会在缓冲区中等待而不被发送。

当然，程序员可以重写一个应用程序，在内部缓冲数据并直接进行系统调用。但是，通用缓冲库的设计人员设计了一种方法，允许使用缓冲 I/O 的应用程序指定何时需要进行系统调用。该机制由 flush 函数构成，即使缓冲区未满，应用程序也可以调用 flush 函数以强制数据发送。程序员使用词汇"清空缓冲区"来描述这一强制输出未满缓冲区中内容的过程。如果应用程序调用 flush 函数时，缓冲区为空，则该调用不起作用。但是，如果缓冲区包含数据，则 flush 函数会进行系统调用以写数据，然后重置全局指针，指示缓冲区为空。图 17.10 列出了清空操作的步骤。

```
flush
    1. 如果缓冲区为空，则不采取任何行动直接返回给调用者。
    2. 如果缓冲区不为空，则进行系统调用以将缓冲区的内容写入输
       出设备，并将全局指针 p 设置为缓冲区的第一个字节的地址。
```

图 17.10　在缓冲 I/O 库中实现 flush 函数所需的步骤。flush 允许应用程序在缓冲区满之前强制把数据写入输出设备

回顾一下图 17.9 给出的 terminate 函数的实现。如果库提供了 flush 函数，则可以通过调用 flush 函数来取代 terminate 函数的第一个步骤。

总结一下：

> 程序员使用 flush 函数指出，缓冲区中要传出的数据应被发送（即使缓冲区未满）。如果缓冲区当前为空，则 flush 操作不起作用。

17.19　缓冲输入

上面的描述解释了缓冲如何与输出一起使用。在很多情况下，缓冲也可以用来减少输入的开销。要了解如何做，请考虑按顺序读取数据。如果一个应用程序要读取 *N* 字节的数据，每次读取一个字节，则应用程序将进行 *N* 次系统调用。

假设底层设备允许传输多个字节的数据，则可以使用缓冲来减少系统调用的次数。应用程序（或运行时库）可以分配一个大的缓冲区，进行一次系统调用以填满缓冲区，然后满足缓冲区的后续请求。图 17.11 列出了所

```
setup(N)
    1. 分配一个 N 字节的缓冲区。
    2. 创建一个全局指针 p，并初始化 p，指示缓冲区为空。
input(N)
    1. 如果缓冲区为空，则进行系统调用，填充整个缓冲区，
       并设置指针 p 指向缓冲区的开始。
    2. 从缓冲区中指针 p 指向的位置取出一个字节 D，并使 p
       指向缓冲区中的下一个字节，然后将 D 返回给调用者。
terminate
    1. 如果缓冲区是动态分配的，则将它释放掉。
```

图 17.11　实现缓冲输入所需的步骤

需的步骤。与输出缓冲一样，输入缓冲的实现也很简单。在诸如 C 这样的语言中，每一步都可以用很少量的代码来实现。

17.20　缓冲的效率

为什么缓冲如此重要？因为即使是一个很小的缓冲区也会对 I/O 的性能产生很大的影响。要明白为什么，请注意，当使用缓冲 I/O 时，每个缓冲区只需要一次系统调用[一]。因此，大小为 N 字节的缓冲区将系统调用的次数缩小了 N 倍。因此，如果一个（没有缓冲区的）应用程序需要进行 S 次系统调用，那么一个大小仅为 8KB 的缓冲区都可以把系统调用的次数减少至 $S / 8192$。

缓冲不止存在于运行时库中。该技术非常重要，设备驱动程序通常都要实现缓冲。例如，在某些磁盘的驱动程序中，它在内存中保存了磁盘块的副本，并允许应用程序读或写磁盘块中的数据。当然，在操作系统中，缓冲并不能减少系统调用。但是，这种缓冲确实会提高性能，因为外部数据的传输比系统调用要慢。重要的一点是，当开销较高的操作可以被开销较低的操作所取代时，缓冲可用于减少 I/O 的开销。

我们可以总结出缓冲的重要性：

> 使用大小为 N 字节的缓冲区可以将对底层系统的调用次数缩小 N 倍。大的缓冲区意味着快速与极慢速 I/O 机制之间的差异。

17.21　与缓存的关系

缓冲与第 12 章介绍的高速缓存概念密切相关。它们的主要区别在于项的访问方式：高速缓存系统针对随机访问进行了优化，而缓冲系统针对顺序访问进行了优化。

本质上，高速缓存存储的是已被引用过的项，而缓冲存储的则是将要被引用的项（假定为顺序引用）。因此，在虚拟内存系统中，高速缓存存储整个内存页面——当页面上的任意字节被引用时，整个页面将被置入高速缓存中。与之相反，缓冲区存储连续的字节。因此，当一个字节被引用时，缓冲系统会预加载接下来的字节——如果被引用的字节位于页面的末尾，缓冲系统将预加载下一页的字节。

函数	含义
fopen	建立一个缓冲区
fgetc	一个字节的缓冲输入
fread	多个字节的缓冲输入
fwrite	多个字节的缓冲输出
fprintf	格式化数据的缓冲输出
fflush	缓冲输出的清空操作
fclose	结束缓冲区的使用

图 17.12　包含在 UNIX 操作系统中标准 I/O 库的函数示例，该库还包含未在此列出的其他函数

17.22　一个例子：C 语言的标准 I/O 库

最著名的缓冲 I/O 库的示例之一是为 C 语言和 UNIX 操作系统创建的库。该库称为标准 I/O 库（`stdio`），既支持输入缓冲，也支持输出缓冲。图 17.12 列出了 UNIX 标准 I/O 库中的一些函数及其用途。

17.23　小结

I/O 的两个方面是与程序员有关的。编写设备驱动程序代码的系统程序员必须了解设备

㊀　我们的分析忽略了应用程序经常调用 flush 的情况。

的底层细节，而使用 I/O 机制的应用程序员必须了解与之相关的成本。

设备驱动程序可分为三部分：与应用程序交互的上半部分，与设备本身交互的下半部分，以及一组共享变量。上半部分在应用程序读或写数据时接收控制；下半部分当设备产生输入或输出中断时接收控制。

程序员用来优化顺序 I/O 性能的基础技术称为缓冲。缓冲可以用于输入和输出，并且通常在运行时库中实现。因为它会把数据何时传输的控制权交给应用程序，所以 flush 操作允许缓冲与任意应用程序一起使用。

通过在每次系统调用中传输更多的数据，缓冲减少了系统调用的开销。缓冲可以提供显著的性能提升，因为一个 N 字节的缓冲区可以将应用程序的系统调用次数缩小 N 倍。

习题

17.1　设备驱动程序提供了什么？设备驱动程序如何使编写应用程序更简单？

17.2　设备驱动程序可以分为哪三个部分？试说明每一部分的使用方法。

17.3　请通过描述项在队列中插入和移除的方式和时间，解释设备驱动程序中输出队列的用法。

17.4　一个用户调用了一个写文件的应用程序。该应用程序显示了一个表示文件写入进度的进度条。当进度条达到 50% 时电池失效，设备崩溃了。当用户重新启动设备时，他发现实际上只写入了不到 20% 的文件。试解释为什么该应用程序显示已经写入了 50%。

17.5　当一个程序调用 fputc 函数时，它都具体触发了什么？

17.6　什么是清空操作？为什么需要该操作？

17.7　为了提高一个应用程序的性能，程序员重新编写了该应用程序——不再一次只读取一个字节，而是一次读取 8000 个字节，然后处理它们。该程序员使用了什么技术？

17.8　试比较使用 write 和 fwrite 复制大文件所需的时间。

17.9　标准 I/O 函数 fseek 允许随机访问。试测量在文件中的一个小区域内和一个大区域内使用 fseek 所需的时间差异。

17.10　试构建一个输出缓冲例程 bufputc。要求该程序接受一个将要打印的字符作为参数；在每次调用 bufputc 时，将字符参数存储在缓冲区中；调用一次 write 输出整个缓冲区。试对上述输出缓冲例程和一个对每个字符都调用一次 write 的程序的性能进行比较。

高 级 主 题

并　行

18.1　引言

以前的章节涵盖计算机体系结构的三个核心组件：处理器、内存和 I/O 系统，本章将开始讨论体系结构中跨边界的基本概念。

本章重点讨论并行硬件的使用，并说明并行性可以用来提高整个计算机系统的速度。本章将介绍概念和术语，展示一种并行架构的分类方法，并检查以并行性作为整个系统设计的基本范式的计算机系统。最后，本章还将讨论并行架构的局限性和存在问题。

下一章将对另一个基本技术（流水线技术）进行延伸讨论，我们将看到并行性和流水线在设计高速系统中的重要性。

18.2　并行性和流水线架构

某些计算机架构师声称只有两种基本技术能用于提高硬件速度：并行性和流水线。此前我们已经见过这两个技术的示例，了解了如何使用它们。

其他架构师更广泛地看待并行性和流水线技术，以它们为基础部分来设计系统。在许多情况下，架构完全由这两种技术之一所主宰，所得到的系统被非正式地称为并行计算机或流水线计算机。

18.3　并行的特征

相比将一个架构按是否并行分类，系统架构师更倾向于使用不同的词汇来刻画一个给定的设计中并行的类型和量级。在许多情况下，术语描绘了一类并行的可能的极端情况。我们可以通过说明架构位于两个极端之间的位置来对架构进行分类。图 18.1 列出了迈克尔·J. 弗林（Michael J. Flynn）在一篇经典论文中提出的使用命名法的关键特征[⊖]。后面几节将对这些术语进行解释并举例说明。

> - 微观与宏观。
> - 对称与非对称。
> - 细粒度与粗粒度。
> - 显式与隐式。

图 18.1　用于描述计算机体系结构中并行性数量和类型的术语

18.4　微观与宏观

并行性是基础，架构师并不能设计一台不考虑并行硬件的计算机。有趣的是，并行的普遍性意味着，除非计算机使用非常多的并行硬件，否则我们通常不讨论并行方面。为了表达这样一种思想，即一个计算机多数并行功能隐藏在子组件中，我们使用术语"微观并行"来描述。像我们周围世界的微生物一样，微观并行性是存在的，但如果不仔细检查就不会突显出来。

⊖ M. J. Flynn, "Some Computer Organizations and Their Effectiveness", IEEE Transactions on Computers, C-21(9):948--960, September 1972.

要点是：

> 并行是如此重要，事实上所有的计算机系统都包含着某些形式的并行硬件。我们使用术语微观并行来刻画存在但不是特别可见的并行机制。

更确切地说，我们说微观并行指的是在一个特定组件中（例如处理器内部或 ALU 内部）使用并行硬件，而宏观并行是指使并行作为体系结构设计的一个基本前提。

18.5　微观并行的例子

在先前的章节中，我们已经见到了微观并行在处理器、存储系统和输入/输出子系统中使用的例子。下面的小节将着重描述几个例子。

算术逻辑单元（ALU）。ALU 处理逻辑运算和算术运算。大多数 ALU 并行地处理多个位以执行整数运算。因此，设计为对整数进行操作的 ALU 包含了并行硬件，允许其在单次操作中对两个 32 位值执行布尔运算。另一种方案包含一个 ALU，它一次只处理一位，这是一种众所周知的位串行处理方法。应当很容易看出，位串行处理使用的时间比并行地计算位长得多。因此，位串行计算仅为特殊情况保留。

寄存器。CPU 中的通用寄存器大量利用了微观并行。寄存器中的每一位都是由单独的数字电路（具体地说，锁存器）实现的。此外，为了保证最高速的计算，通用寄存器和 ALU 间的数据移动还使用了并行数据通路。

物理内存。作为微观并行的又一个例子，回想一下，物理内存系统使用了并行硬件以实现提取和保存操作——这种硬件被设计为在每次操作中传输整个字。正如在 ALU 中一样，微观并行极大地提高了内存的速度。例如，在相同时间内，相较于一次只能存取一位的存储系统，实现了 64 位字传输的内存系统可以访问或存储大约 64 倍的数据。

并行总线架构。正如我们所看到的，计算机中的中央总线通常使用并行硬件实现处理器、内存和输入/输出设备之间的高速传输。典型的现代计算机拥有 32 或 64 位宽的总线，这意味着在单个步骤中，会有 32 位或 64 位的数据通过总线传输。

18.6　宏观并行的例子

正如前一节中的例子所示，微观并行对于高速性能是必不可少的——没有并行硬件，计算机系统的各种组件就不能高速运行。计算机架构师也注意到，全局架构对整个系统性能的影响比对任何单个子系统性能的影响更大。这意味着，在单个组件中添加更多的并行性可能不会提高系统的整体性能（第 21 章更详细地讨论了性能）。

为了达到最大的效果，并行化必须跨越系统中的多个组件——不是仅仅使用并行来提升单个组件的性能，而是计算机系统必须允许多个组件协同工作。我们使用术语"宏观并行"来刻画在计算机系统中跨越多个大规模组件的并行性使用。一些例子可以阐明这一概念。

多个同构处理器。应用宏观并行概念的系统通常以某种形式利用多个处理器。例如，一些个人计算机以双核或四核为卖点宣传，这意味着这些计算机在单芯片上包含两个或四个处理器拷贝。该芯片被设计为允许两个处理器同时工作。这种硬件并不会精确控制这些核如何使用。相反，操作系统将代码分配给各个核心。例如，操作系统可以将处理输入/输出（即，运行设备驱动程序）的任务分配给一个核心，并将运行应用程序的任务分配给其他核心。

多个异构处理器。宏观并行的另一个例子出现在广泛使用专用目的协处理器的系统中。例如，某台针对高速图形优化的计算机可能有四个附加的显示器，每个显示器均运行在一个专门的图形处理器上。图形处理器通常位于接口卡上，并不会采用与 CPU 相同的架构，因为图形处理器需要用于优化图形操作的指令。

18.7　对称与非对称

我们使用术语对称并行来描述使用多个相同部件（通常是处理器或核心）实现可同时操作副本的设计。例如，称前文中提及的多核处理器是对称的，因为所有的核心都是相同的。

对称并行设计的替代是非对称的并行设计。顾名思义，非对称的设计包含了多个同时工作但彼此不同的部件。例如，一台包含了 CPU、图形协处理器、数学协处理器和输入 / 输出协处理器的 PC 机被归类为使用了非对称并行，因为这四种处理器可以同时工作，但内部互不相同[⊖]。

18.8　细粒度并行与粗粒度并行

我们使用术语细粒度并行指代在单个指令或单个数据层级上提供并行性的计算机，使用术语粗粒度并行指代在程序或大块数据层级上提供并行性的计算机。例如，将使用 16 个并行硬件单元同时更新图像的 16 字节的图形处理器称为采用了细粒度并行。相反，使用一个核心打印文档、另一个核心撰写电子邮件的双核 PC 机会被描述为采用了粗粒度并行。

18.9　显式并行与隐式并行

如果架构中的硬件自动地处理并行而无须程序员初始化或控制并行执行，那么该架构称为提供隐式并行；如果需要程序员控制架构中的各个并行单元，则该架构称为提供显式并行。我们随后将讨论显式并行和隐式并行的优缺点。

18.10　并行体系结构的类型（弗林分类法）

尽管许多系统包含了一种或另一种形式的多个处理器，术语并行体系结构通常预留为指代那些允许以任意规模扩展的设计。也就是说，当架构师提到并行体系结构时，他们通常指代的是处理器数目可以任意大（或至少相当大）的设计。作为例子，考虑一台可以拥有一个或者两个处理器的计算机。尽管添加第二个处理器可以提高并行程度，这样的体系结构通常归类为双处理器计算机而非并行体系结构。类似地，拥有四个核的 PC 机归类为四核 PC 机。然而，一个由 32 台互连的 PC 机组成的、可以扩展为 1024 台 PC 机的集群可归类为并行体系结构。

最简单地理解并行体系结构的方法是将各种体系结构分为几个组，其中每组表示一种并行。当然，没有哪种划分是绝对的——大多数实际的计算机系统融合了多个组中的并行机制。不过，我们仍使用分类来定义基本概念和术语，这允许我们讨论和刻画不同的系统。

弗林提出了一种流行的用于描述并行性的方法，这种方法考虑是否可以存在多个指令或数据流。作为众所周知的弗林分类法，系统关注计算机是否具有多个独立的处理器，这些处

⊖　如果核心不能对等地访问内存和 I/O 设备，一些架构师也会将术语非对称应用于多核设计。

理器各自运行单独的程序，或是使用多个数据项的单个程序。图 18.2 列出了弗林分类法使用的用于定义并行的术语；下一节解释术语并给出例子。

18.11　单指令流单数据流

术语单指令流单数据流（SISD）用于描述不支持宏观并行性的体系结构。术语"顺序体系结构"或"单处理器体系结构"经常用来代替 SISD 以强调体系结构不是并行的。本质上，SISD 是指传统的（即，冯·诺依曼）体系结构——处理器遵循标准的取指 – 执行周期，一次执行一个操作。这个术语指代这样一个概念：单个传统处理器执行的指令均作用于单个数据项。也就是说，不同于并行体系结构，传统处理器在任何时候都只能执行一个指令，并且每个指令都只涉及单个运算。

名称	含义
SISD	单指令流单数据流
SIMD	单指令流多数据流
MISD	多指令流单数据流
MIMD	多指令流多数据流

图 18.2　用弗林分类法描述并行
计算机的术语[⊖]

当然，我们已经看到，SISD 计算机可以在内部利用并行性。例如，ALU 可以并行地在多个位上执行操作，CPU 可以调用协处理器，或利用某种机制，使其可以从两个存储体同时取出操作数。然而，SISD 体系结构的整体效果是顺序地执行各个指令，且每个指令作用于一个数据项。

18.12　单指令流多数据流

术语单指令流多数据流（SIMD）用于描述并行体系结构，其中每个指令指定单个操作（如，整数加法），但该指令会被同时应用到多个数据项。通常，SIMD 计算机具有足够的硬件来处理 64 个同时进行的操作（如，64 个同时进行的加法）。

向量处理器。SIMD 体系结构对于诸如文字处理或电子邮件这样的应用来说是没有用的；相反，SIMD 与那些将相同操作作用于一组值的应用程序一起使用。例如，图形应用程序和一些科学应用程序在 SIMD 体系结构上工作得很好，因为 SIMD 可以将操作同时应用于大量值。在数学概念"向量"和计算概念"阵列"之后，这种体系结构有时也称为向量处理器或阵列处理器。

作为 SIMD 机器工作的一个例子，考虑归一化包含 N 个元素的向量 V。归一化要求向量中的各项乘以浮点数 Q。在顺序体系结构（即 SISD 体系结构）上，使向量归一化所需的算法由如图 18.3 所示的循环组成。

```
for i from 1 to N {
    V[i] ← V[i] × Q;
}
```

图 18.3　向量归一化的顺序算法

在 SIMD 体系结构上，底层硬件可以对数组中的所有值同时应用算术运算（假设数组大小不超过硬件的并行上限）。例如，具有 64 个并行单元的硬件可以在单一步骤中将常数乘到具有 64 个元素的数组中的每个元素。因此，在 SIMD 计算机上执行向量归一化的算法仅需要一步：

V ← V × Q;

当然，如果向量 V（长度）大于硬件容量（并行单元的数目），则需要多个步骤。重要的

⊖　MISD 是一个为特殊硬件保留的专门类别，例如图 19.5 展示的流水线架构，它用于在同一块数据上执行多个指令，或者用于提高可靠性的冗余处理器。

一点是，SIMD 体系结构的向量指令不仅仅是循环语义的简化。相反，底层系统包含了多个并行操作的硬件单元，能提供实质的性能加速。这一性能改进十分显著，特别是对于那些使用大型矩阵的计算。

当然，并非 SIMD 体系结构中的所有指令都可以应用于成组数值。相反，架构师选出要与向量一起使用的操作子集，并为每个这样的操作定义一个专门的向量指令。例如，只有架构师选择将向量乘法指令（将向量中的每个元素乘以常数）纳入体系结构中，对数组的（并行）归一化才是可能的。

除了使用常量和向量的操作之外，SIMD 计算机通常提供使用两个向量的指令。也就是说，这类向量指令具有一个或多个操作数，每个操作数指定一个向量。例如，SIMD 体系结构常用于涉及矩阵乘法的问题中。在大多数 SIMD 机器上，指定为向量的操作数给出了两条信息：向量在内存中的位置和指定向量大小的整数（即向量的元素数目）。在一些机器上，向量指令由专用目的寄存器控制——每个向量的地址和大小在调用向量指令之前被加载到这些寄存器中。无论如何，软件应当确定向量中元素的数目，这取决于硬件支持的最大大小⊖。

图形处理器。SIMD 体系结构也很受图形领域的欢迎。要理解为什么，重要的是要知道：典型的图形硬件使用内存中的顺序字节来存储屏幕上的像素值。例如，考虑一个视频游戏，其中前景图在背景场景停留在原地的时候移动。游戏软件必须将对应于前景图的字节从内存中的一个位置复制到另一个位置。顺序体系结构要求程序员指定一次复制一个字节的循环。然而，在 SIMD 体系结构中，程序员可以指定一个向量大小，然后发出一个简单的拷贝命令。随后，底层 SIMD 硬件可以同时复制多个字节。

18.13　多指令流多数据流

术语多指令流多数据流（MIMD）用来描述一种并行体系结构，其中每个处理器同时执行彼此独立的计算。尽管不少计算机都包含多个内部处理单元，但 MIMD 这一名称仍为那些多处理器对程序员可见的计算机而保留。也就是说，MIMD 计算机可以同时运行多个独立的程序。

对称多处理器（SMP）。MIMD 体系结构中最广为人知的例子是被称为对称多处理器（SMP）的计算机。一个 SMP 包含一组 N 个可用于运行程序的处理器（或核心）。在一个典型的 SMP 设计中，处理器是完全一致的：它们每个都具有相同的指令集，以相同的时钟速率操作，可以访问相同的存储器模块，并且可以访问相同的外部设备。因此，每个处理器都可以执行与其他任何处理器完全相同的计算。图 18.4 说明了这个概念。

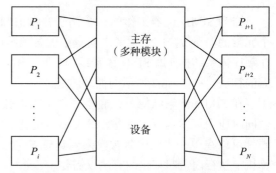

图 18.4　一个对称多处理器的概念性组织，包含 N 个相同的处理器，每个处理器都可以访问内存和 I/O 设备

一些研究人员致力于探索能够提高芯片速度和效能的方法，而另外一些研究人员则探索对称多处理器形式的 MIMD，作

⊖　习题 18.8 考虑了向量超过硬件容量的情况下的加速比；加速比的定义可以在 18.15 节中找到。

为提供更强大的计算机的另一种方法。其中一个最著名的项目在卡内基 – 梅隆大学进行，并产生了一个称为卡内基多处理器（C.mmp）的原型。在 20 世纪 80 年代，厂商首先推出使用 SMP 技术的商业产品，并被非正式地称为多处理器（multiprocessor）。Sequent 公司（目前属于 IBM）推出了可运行 UNIX 操作系统的对称多处理器。Encore 公司也推出了名为 Multimax 的对称多处理器。

非对称多处理器（AMP）。虽然对称多处理器占据了主流，但其他形式的 MIMD 体系结构也是可行的。SMP 设计的主要替代方案是非对称多处理器（AMP）。AMP 包含一组 N 个可同时操作的可编程处理器，但并不要求所有处理器具有相同的能力。比如，AMP 设计可以为给定任务选择相应的处理器（即，某个处理器可能为高速磁盘存储设备的管理而优化，另一个处理器可能为图形显示而优化）。

在大多数情况下，AMP 体系结构遵循主从方法，即其中一个处理器（在某些情况下或为一组处理器）控制整体执行，并根据需要调用其他处理器。控制执行的处理器称为主处理器，其他处理器称为从处理器。

理论上，有 N 个处理器的 AMP 体系结构可以包含多种不同的处理器。然而，在实践中，大多数 AMP 设计只包含两到四种类型的处理器。典型地，一个通用 AMP 体系结构包括至少一个为整体控制而优化的处理器（主处理器），以及其他一些为诸如算术运算或 I/O 等辅助功能而优化的处理器。

数学和图形协处理器。使用非对称体系结构的商业计算机系统已被推出。在 20 世纪 80 年代末、90 年代初，当 PC 制造商开始销售数学协处理器时，一种如今广为人知的 AMP 设计开始流行。数学协处理器的思想很直观：协处理器是一个专用的芯片，CPU 可以调用它来执行浮点运算。由于被设计为针对单个任务优化，协处理器可以比 CPU 更快地执行相应任务。

CDC 外围处理器。控制数据公司（CDC）率先提出了在大型机中使用 AMP 体系结构的想法，并推出了相应的 6000 系列大型机。CDC 体系结构使用十个外围处理器来处理 I/O，图 18.5 展示了在 CPU 和 I/O 设备之间的外围处理器的概念性组织。有趣的是，CDC 的外围处理器不只限于 I/O 处理——外围处理器更像是支持通用指令集的小型计算机，可供程序员选择使用。外围处理器可以访问内存，这意味着外围处理器可以读取或存储任何位置的值。尽管比 CPU 慢得多，CDC 上的所有十个外围处理器都可以并发运行。因此，可以通过在外围处理器和 CPU 之间划分任务来优化程序性能。

虽然 CDC 计算机已经停产，但可编程 I/O 处理器的基本思想还在继续发挥作用。令人惊讶的是，多核芯片令通用方法可行，因为众多数目的核心使得有可能将 I/O 任务单独分配给一个或多个核心。

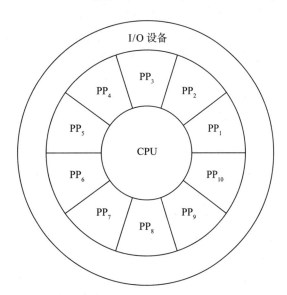

图 18.5 CDC 6000 大型计算机中使用的非对称体系结构示意图

I/O 处理器。大多数大型机使用 AMP 体系结构，能够高速处理 I/O 请求而避免减缓 CPU 速度。每个外部 I/O 连接都配有专用的可编程处理器。CPU 不再管理总线或处理中断，而仅仅将程序下载到可编程处理器中。随后，这些处理器将负责处理 I/O 的所有细节。例如，IBM 公司销售的大型计算机使用了可编程的 I/O 处理器，并命名为通道。

18.14 通信、协同和竞争

很显然，多处理器体系结构总会比单处理器体系结构具有更好的性能。例如，考虑一个对称多处理器 M。直觉上，多处理器 M 可以胜过单处理器，因为 M 可以在任何时刻执行 N 倍的操作。此外，如果芯片供应商找到了一种方法，可以制造出比 M 运行得更快的单处理器，那么销售 M 的厂商只需要将 M 中的每个处理器都更换为新的单处理器芯片，就可以获得更快的多处理器。事实上，许多制造多处理器的公司都用这些论述吸引顾客。

不幸的是，我们有关计算机性能的直觉可能是错误的。在设计高性能并行体系结构的过程中，架构师发现了三个主要的挑战：

- 通信。
- 协同。
- 竞争。

通信。虽然看起来一台具有几十个独立处理器的计算机算得上稀松平常，但计算机必须提供一种机制，允许处理器与其他处理器、内存和 I/O 设备通信。更重要的是，通信机制必须能够扩展以应对大量的处理器。架构师必须花费大量精力来创建没有严重通信瓶颈的并行计算机系统。

协同。在并行体系结构中，处理器必须一起工作以执行计算。因此，需要协调机制允许处理过程受控。我们提过，非对称设计通常指定其中一个处理器作为控制和协调所有处理过程的主处理器；一些对称设计也会使用主从方法。其他体系结构使用分布式协调机制，其中的处理器必须要可编程，以在没有主控的情况下相互协调。

竞争。当两个或多个处理器试图同时访问一个资源时，我们称处理器竞争资源。资源竞争是设计并行体系结构的最大挑战之一，因为竞争随着处理器数量的增长而增加。

为了理解为什么竞争是一个问题，考虑内存。如果一组 N 个处理器都可以访问指定内存，那么必须引入一种机制，使得在任何时候只允许一个处理器访问内存。当多个处理器试图同时访问内存时，硬件竞争机制阻塞除一个处理器之外的所有其他处理器。也就是说，在内存访问期间，有 N-1 个处理器处于空闲状态；在下一轮访问中，仍有 N-2 个处理器被闲置。显而易见的是：

在并行体系结构中，共享资源的竞争极大地降低了性能，因为任何时候都只有一个处理器可以使用给定的资源；硬件竞争机制迫使其他处理器在等待访问时保持闲置。

18.15 多处理器的性能

多处理器体系结构并没有满足可扩展、高性能计算的承诺。有几个原因：操作系统瓶颈、内存竞争和 I/O。在现代计算机系统中，操作系统控制所有处理，包括向处理器分配任务以及处理 I/O。一台设备不能同时接受来自多个处理器的命令，所以只能有一个操作系统的副本可以运行。因此，在多处理器中，任何时刻最多只能有一个处理器运行操作系统软件，而这也意味着操作系统是处理器必须争用的共享资源。因此，操作系统迅速成为使得处理器必须串行访问的瓶颈——如果 K 个处理器需要访问，则其中 $K-1$ 个处理器必须等待。

内存竞争已被证明是一个特别困难的问题。首先，多端口内存的硬件非常昂贵。其次，内存系统中最重要的优化之一（缓存）在与多处理器一起使用时会产生问题。如果缓存是共享的，处理器就竞争访问；如果每个处理器都有一个私有缓存，则必须对缓存进行协调，使得任何更新被传播到所有缓存。不幸的是，这种协调会引入开销。

许多多处理器体系结构还面临着另一个缺陷：这些体系结构只有在执行密集计算时才优于单处理器。令人意外的是，大多数应用程序并不因其计算量而受限；相反，大多数应用程序是 I/O 受限，这意味着应用程序会花费更多的时间等待 I/O 而不是执行计算。例如，常见应用程序（如电子表格、视频游戏或网页浏览）中的大多数延迟都来自对文件或网络的 I/O 等待。因此，为底层计算机提供额外的计算能力并不会减少执行计算所需的时间——额外的处理器会因为等待 I/O 而被闲置。

为了评估具有 N 个处理器的系统的性能，我们将加速比的概念定义为单个处理器的性能与多处理器性能之比。具体而言，我们定义加速比为：

$$加速比 = \frac{\tau_1}{\tau_N}$$

其中 τ_1 表示程序在单个处理器上执行花费的时间，τ_N 表示程序在多处理器上执行花费的时间[⊖]。在每种情况下，我们均假设采用可用的最佳算法来测量性能（即，我们允许重构程序以充分利用并行硬件的优势）。

当执行通用计算任务时，测量多处理器，一个有趣的结果出现了。在理想情况下，我们预期随着多处理器系统中处理器个数的增加，系统性能将线性提升。然而经验表明，内存竞争、处理器间通信和操作系统瓶颈等问题会使多处理器系统无法获得线性加速。相反，其性能往往会触及某个极限，如图 18.6 所示。

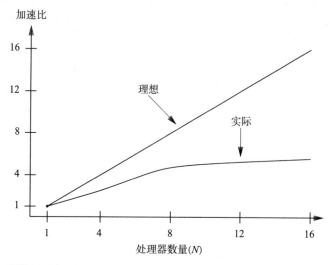

图 18.6　当处理器数量增加时，多处理器的理想及实际性能示意图。y 轴上的值为系统相较于单个处理器的相对加速比

⊖　我们期望程序在单个处理器上的处理时间大于其在多处理器上的处理时间，所以我们期望加速比大于 1。

令人惊讶的是，在实践中，即便是图 18.6 中所示的性能曲线也可能无法实现。在一些多处理器设计中，通信开销和内存竞争主导着运行时间：随着越来越多处理器的加入，系统的性能甚至会开始下降。例如，某个特定的对称多处理器设计中，系统可以因为少数几个处理器的加入而表现出少量的性能提升。然而，当使用多达 64 个处理器时，通信开销使得系统的性能比单个处理器更差。我们可以总结如下：

> 当用于通用计算时，多处理器的性能可能无法很好地发挥。在某些情况下，新增的开销意味着系统性能会随处理器的增加而降低。

18.16　对程序员的影响

并行通常会使编程变得更加复杂。程序员必须了解并行执行，还必须防止一个并行活动与其他并行活动相冲突。下面几节描述了程序员为此使用的一些机制和技巧。

18.16.1　锁和互斥

编写使用多个处理器的代码天然地比编写使用单个处理器的代码复杂。为了理解这种复杂性，考虑共享变量的使用。例如，假设两个处理器使用变量 x 来存储一个计数值。程序员编写了如下的一条语句：

```
load    x, R5      # 将变量 x 载入 R5
incr    R5         # 递增 R5 中的值
store   R5, x      # 将 R5 中的值存回 x
```

图 18.7　机器指令序列的示例，用于递增内存中的变量。在大多数体系结构中，递增数值需要借助加载和存储操作

x = x + 1;

编译器将语句转换为如图 18.7 所示的机器指令序列。

不幸的是，如果两个处理器试图在几乎相同的时刻递增 x，那么 x 的值可能会递增一次，而不是两次。出现这样的错误是因为这两个处理器各自独立运行，并竞争访问内存。因此，实际操作可能按图 18.8 中给出的顺序执行：

为了防止如图 18.8 所示的问题出现，多处理器硬件提供了硬件锁。程序员必须将锁与每个共享项相关联，并使用锁确保在数据项更新的过程中没有其他处理器可以进行更改。例如，如果锁 17 与变量 x 相关联，程序员必须在更新 x 之前获取锁 17。这种思想称为互斥，即处理器必须取得对数据项的独占使用后才能对其进行更新。图 18.9 说明了这样的指令序列。

底层硬件保证在任何时刻都仅有一个处理器能被授予某个锁。因此，如果两个或多个处理器同时试图获得特定的锁，则其中一个处理器获得访问权（即，继续执行），而其他处理器会被阻塞。事实上，当某个处理器持有锁时，任意数量的其他处理器都可能被阻塞。一旦持有锁的处理器释放了锁，硬件会选择一个被阻塞的处理器，授予其锁，并允许

- 处理器 1 将 x 加载到寄存器 5。
- 处理器 1 递增寄存器 5 中的值。
- 处理器 2 将 x 加载到寄存器 5。
- 处理器 1 将寄存器 5 中的数值存入 x。
- 处理器 2 递增寄存器 5 中的值。
- 处理器 2 将寄存器 5 中的数值存入 x。

图 18.8　当两个独立的处理器或核访问共享内存中的变量 x 时可能出现的一系列步骤

```
lock    17         # 等待锁 17
load    x, R5      # 将变量 x 载入 R5
incr    R5         # 递增 R5 中的值
store   R5, x      # 将 R5 中的值存回 x
release 17         # 释放锁 17
```

图 18.9　用于保证独占访问变量的指令示意图，每个共享项都被分配了单独的锁

该处理器继续运行。因此，硬件确保在任何时候都只能有至多一个处理器持有给定的锁。

由于以下几个原因，锁为程序的编写增加了不寻常的复杂性。第一，由于加锁是不寻常的，不习惯为多处理器编程的程序员很容易忘记锁定共享变量；并且由于不受锁保护的访问可能不总是导致错误，所以程序的问题会更加难以检测。第二，加锁会严重降低性能——如果 K 个处理器试图同时访问共享变量，那么硬件会使 $K-1$ 个处理器保持空闲以等待访问。第三，由于需要使用单独的指令来获取和释放锁，加锁使得开销增加。为此，程序员必须决定是否为每个单独的操作获取锁；或是首先获得锁，随后保持锁并对变量执行一系列操作，最后再释放锁。

18.16.2 显式并行和隐式并行的计算机编程

对程序员而言，并行性最受关注的方面在于究竟是软件负责管理还是硬件负责管理——为隐式并行的系统编程显然比为显式并行的系统编程更容易。例如，考虑这样一个处理器，其被设计用于处理来自计算机网络的数据包。在隐式设计中，程序员按照处理单个数据包来编写代码，硬件会自动、并行地对 N 个数据包应用相同的程序。在显式设计中，程序员必须有计划地读取 N 个数据包，将每个数据包发送到不同的核心，等待核心完成处理，并提取处理后的数据包。在许多情况下，用于控制并行核心以及确定它们何时完成的代码比执行所需计算的代码更加复杂。更重要的是，控制并行硬件单元的代码必须允许硬件按照任意顺序执行。例如，由于处理数据包所需的时间取决于数据包的内容，所以控制器必须为此准备，允许硬件单元以任意顺序完成处理。重点是：

> 从程序员的角度来看，为使用显式并行的系统编程要比为使用隐式并行的系统编程复杂得多。

18.16.3 对称与非对称多处理器编程

对称性最重要的优点之一来自它为程序员带来的积极结果：对称多处理器着实比非对称多处理器更容易编程。第一，如果所有的处理器都是相同的，程序员只需一个编译器和一种程序语言。第二，对称性意味着程序员不需要考虑哪些任务最适合哪种类型的处理器。第三，因为相同的处理器通常以相同的速度运行，所以程序员不需要担心在给定处理器上执行任务所需的时间。第四，因为所有处理器对指令和数据使用相同的编码，所以二进制程序或数据值可以从一个处理器迁移到另一个处理器。

当然，任何形式的多处理器都会带来复杂性：抛去其他因素不谈，程序员也必须考虑编码决策对性能的影响。例如，考虑处理来自网络的数据包的计算。传统程序会在内存中保留全局计数器，并在数据包到达时予以更新。然而，在共享内存的体系结构中，更新内存中值的代价会更为高昂，因为处理器必须在更新内存中的共享值之前获得锁。所以，程序员需要考虑各种小细节的影响——例如，更新内存中的共享计数器。

18.17 冗余并行体系结构

我们现有的讨论集中在使用并行硬件来提高性能或增加功能性。然而，使用并行硬件来提高可靠性和防止故障也是可行的。也就是说，可以使用多个硬件副本来验证各个计算过程。

术语"冗余硬件"通常指以并行方式执行操作的多个硬件单元副本。冗余硬件和之前描述的并行体系结构之间的基本区别来自它们所使用的数据项：并行体系结构会安排硬件的各个副本对不同的数据项进行操作；冗余体系结构则安排所有的硬件副本执行完全一致的操作。

使用冗余硬件的目的是验证计算是否正确。当硬件的冗余副本出现不一致的结果时会发生什么？答案取决于底层系统的细节和目标。一种可能性是使用投票：硬件单元的 K 个副本各自执行计算并产生一个值；随后，另一个专门的硬件单元比较各个输出，并选择出现次数最多的值。另一种可能性是使用冗余硬件来检测硬件故障：如果硬件的两个副本发生不一致，系统显示错误消息并随后宕机，直到有缺陷的单元被修复或替换。

18.18   分布式集群计算机

本章讨论的并行体系结构被称为是紧耦合的，因为各个硬件单元均位于同一计算机系统内。作为替代，另一种称为松耦合的体系结构使用了多个计算机系统，这些计算机系统通过可跨越较长距离的通信机制互连。例如，我们使用"分布式体系结构"这个术语来指由计算机网络或互联网连接的一组计算机。在分布式体系结构中，每台计算机独立运行，但是计算机可以通过在网络中发送消息的方法进行通信。

有一种特殊形式的分布式计算系统，称为网络集群或集群计算机。本质上，集群计算机由一组独立的计算机（如商用个人电脑）组成，并通过高速计算机网络相联。科学家使用集群计算机执行基于极大数据集的计算，互联网搜索公司使用集群来响应用户的搜索请求，云服务供应商使用集群的方法来构建云数据中心。一般的想法是，对于具有 N 台计算机的集群，计算任务可以分割成多路。集群中的计算机是灵活的，它们可用于解决单个问题，也可用于解决多个独立的问题。集群中的计算机各自独立运行。如果它们在处理单个问题，那么它们各自的结果可以被收集起来以生成最终输出。

集群计算的一个特例是用来构建处理大量较小请求的高负载网站。集群中的每个计算机都运行着同一 Web 服务器的副本。一种称为 Web 负载均衡器的专用系统将进入的请求分发到集群中的计算机上。每次当请求到达时，负载均衡器在集群中选择负载最低的计算机并将请求转发给它。因此，具有 N 台计算机集群的网站每秒可以响应大约 N 倍于单台计算机的请求。

另一种松散耦合的分布式计算形式称作网格计算。网格计算使用全球因特网作为大量计算机之间的通信机制。这些计算机（通常为个人拥有）同意为网格提供空闲的 CPU 执行周期时间。每个计算机运行软件，重复地接受请求、执行请求的计算，并返回结果。要使用网格，问题必须被分成许多小块。该问题的每个小块都被发送到一台计算机，所有的计算机都可以同时执行。

18.19   现代超级计算机

非正式地讲，超级计算机一词用来指一种比大型计算机具有更大的处理能力的高级计算系统。因为它们经常用于科学计算，所以超级计算机通常以其每秒可以执行的浮点操作数来评估。

并行在超级计算机中一直扮演着重要的角色。早期的超级计算机具有 16 或 64 个处理器。现代超级计算机由借助高速局域网互连的许多 PC 机的集群构成。此外，每个 PC 中的处理器都具有多个核心。现代超级计算机将并行性推向了惊人的程度。例如，中国的天河二号超级计算机由 16 000 个英特尔处理器节点组成的集群构成。每个节点都有自己的内存和一组处理器，且每个处理器都具有多个核心。由此产生的系统总共有 3 120 000 个核心。具有超过 300 万个核心的计算机的计算能力是难以想象的。

18.20　小结

并行性是一种用于提高硬件性能的基本优化技术。计算机系统的大多数组件都包含并行硬件；但只有当体系结构包含并行处理器时，该体系结构才被归类为并行的。显式并行性赋予程序员对并行部件的控制；隐式并行性则自动处理并行性。

单处理器计算机被归类为单指令流单数据流（SISD）体系结构，因为在任何给定的时刻都仅有单个指令对单个数据项进行操作。单指令流多数据流（SIMD）体系结构允许指令在一组值上操作。典型的 SIMD 机器包括向量处理器和图形处理器。多指令流多数据流（MIMD）体系结构利用了多个独立处理器，这些处理器可以同时操作，并且可以执行不同的程序。典型的 MIMD 机器包括对称和非对称多处理器。SIMD 和 MIMD 体系结构的替代方案包括冗余、分布式、集群和网格体系结构。

理论上，具有 N 个处理器的通用多处理器应该比单个处理器快 N 倍。然而，在实践中，内存竞争、通信开销和协调意味着多处理器的性能不会随着处理器数量的增加而线性增加。在极端情况下，这些开销意味着系统性能会随着额外处理器的加入而降低。

为使用多个处理器的计算机编程可能是一个挑战。除了其他考虑，程序员必须使用锁来保证对共享项的独占访问。

现代超级计算机由大量的处理器的集群构成。如果一个问题可以被划分为几个子部分，那么超级计算机集群中的处理器就可以并行地工作在这些子问题上。

习题

18.1　给出宏观并行的定义并举一个例子。

18.2　如果计算机有四个核心和两个 GPU 核心，那么系统是否具有对称并行性、非对称并行性或两者兼而有之？ 请说明。

18.3　使用弗林分类方案对双核智能手机进行分类。

18.4　什么是竞争？它如何影响性能？

18.5　C 程序员正在编写将在多个核心上运行的代码，并且必须递增共享变量 x。不使用如下代码：

x = x + 1

C 程序员写的是：

x++;

第二种形式是否保证两个核心可以执行增量而不会相互干扰？ 请说明。

18.6　你将获得两份相同薪水的工作机会，一份为使用显式并行性的系统编写代码，另一份为使用隐式并行性的系统编写代码。你选择哪个？为什么？

18.7　考虑在具有向量功能但将每个向量限制为 16 个元素的计算机上，执行两个 10×20 的矩阵乘法。如何在这样的计算机上处理矩阵乘法？需要多少次向量乘法？

18.8　在上一题中，单核处理器（即 SISD 体系结构）需要多少次标量乘法？ 如果我们忽略加法并且仅测量乘法，那么加速比是多少？执行 100×100 的矩阵乘法时加速比是否会改变？

18.9　如果你可以访问使用相同时钟速率的单处理器和双处理器计算机，请编写占用大量 CPU 时间的程序，在两台计算机上运行多个副本，并记录运行时间。什么是有效加速比？

18.10 在上一个问题中，更改程序以引用大量内存（例如，重复将大数组设置为值 x，然后将数组设置为值 y，依此类推）。内存引用如何影响加速比？

18.11 多处理器能否实现比线性更好的加速比？要找出答案，请考虑一个加密破解算法，该算法必须尝试 24 种（4 的阶乘）可能的加密密钥，并且必须执行多达 1024 个操作来测试每个密钥（仅在找到答案时提前停止）。如果我们假设多处理器需要 K 毫秒来执行 1024 次操作，那么处理器平均花费多少时间来解决整个问题？ 32 个处理器的 MIMD 机器花多少时间来解决该问题？ 最终的加速比是多少？

18.12 搜索网络，查找排名前 10 的超级计算机的列表。每台机器有多少个核心？

数据流水线

19.1 引言

先前的章节展示了处理器、内存系统和 I/O 等计算机体系结构的基本方面。上一章展示了如何使用并行性来提高性能，并介绍了各种并行体系结构。

本章重点介绍用于提高性能的第二个主要技术：数据流水线。本章讨论流水线的动机，解释流水线的各种使用方法，并说明为什么流水线可以提高硬件性能。

19.2 流水线的概念

术语"流水线"一般指代任何具有这样特征的体系结构：数字信息流经一系列"站点"（例如，处理组件），每个站点检查、解释或修改信息，如图 19.1 所示。

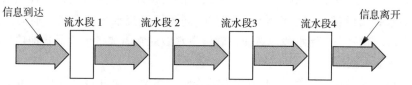

图 19.1 流水线的概念性示意图。该示例流水线具有四段，信息从各段中流过

尽管我们主要感兴趣的是硬件体系结构，以及流水线在单个计算机系统中的应用，但流水线这一概念本身并不局限于硬件。流水线技术不局限于单个计算机、特定类型或大小的数字信息，抑或是具体的特定长度的流水线（即特定数量的段）；相反，流水线是计算过程可能在各种情况下使用的一个基本概念。

为了帮助理解这一概念，我们将考虑一组特性。图 19.2 列出了描述流水线的一些特征，下面将依次解释。

硬件实现或软件实现。流水线既可以在软件中实现，也可以在硬件中实现。例如，UNIX 操作系统提供了可用于创建软件流水线的管道机制——一组进程创建管道，该管道可将一个进程的输出连接到下一个进程的输入。我们将在后续部分考虑硬件流水线。然而，应当注意，软件流水线和硬件流水线是独立的：在未使用硬件流水线体系结构的计算机上，可以创建软件流水线，并且流水线硬件对于程序员来说也不是必须可见的。

- 硬件实现或软件实现。
- 大规模或小规模。
- 同步流或异步流。
- 缓冲流或无缓冲流。
- 有限块或连续位流。
- 自动数据馈送或手动数据馈送。
- 串行路径或并行路径。
- 同构段或异构段。

图 19.2 在数字系统中，流水线的各种方式

大规模或小规模。流水线中各段的功能可以从简单到强大不一，流水线的长度也可以从短到长不等。在极端情况下，芯片上一个小的功能单元内就能完全包含一条硬件流水线；而在另一种极端情况下，也可以传递数据依次通过一系列程序，从而创建一条软件流水线，这些程序分别运行在单独的计算机上，并使用因特网进行通信。类似地，较短的流水线可以仅由两段组成：一段生成

信息，另一段接受信息；而长流水线则可以包含数百个段。

同步流或异步流。同步流水线像装配线一样工作：在特定时刻，每个段都在处理着一些信息（例如，一个字节）。全局时钟控制着数据流动，这意味着所有段会同时将其数据（即处理结果）转发到下一段。另一种方法是异步流水线，该方法允许每段在任意时刻转发信息。异步通信对于数据的处理时间依赖于该段接收到的数据的情况尤其有吸引力。然而，异步通信也意味着如果一个段延迟了很长时间，则随后的段也必须因此而等待。

缓冲流或无缓冲流。图 19.1 的概念图表明，流水线中的段直接将数据发送到另一个段。构造一个段与段之间有缓冲的流水线也是可行的。缓冲对于异步流水线非常有用：在异步流水线中，信息处理是突发的（即一个流水线中包含这样一个流水段，它重复地发射稳定输出，随后停止发射输出，接着再次开始发射稳定输出）。

有限块或连续位流。通过流水线的数字信息可以由一系列小数据项（例如，来自计算机网络的数据包），或者是任意长的位流（例如，连续的视频信号）组成。此外，对单个数据项进行操作的流水线也可以按不同的方式设计：既可以将所有数据项视为具有相同的大小（例如，均为 4KB 大小的磁盘扇区），也可以将数据项的大小视为不固定的（例如，一系列长度不同的以太网数据包）。

自动数据馈送或手动数据馈送。一些流水线的实现使用单独的机制来移动信息，而其他一些实现要求每个段都参与信息移动。例如，同步硬件流水线通常依靠辅助机制将信息从一个流水段移动到另一个流水段。然而，软件流水线通常需要各个段显式地输出需传出的数据，以及读取输入数据。

串行路径或并行路径。图 19.1 中的大箭头暗示着有一条并行路径负责将信息从一个流水段移动到另一个流水段。虽然一些硬件流水线确实使用了并行路径，但很多流水线仍使用串行通信。此外，各段之间的通信也并不一定需要采用传统的通信方式（例如，各段可以借助计算机网络或共享存储器进行通信）。

同构段或异构段。虽然在图 19.1 中流水线的各个段具有相同的尺寸和形状，但这种同构性不是必需的。一些流水线的实现方案选择了适合于各个段的硬件类型。

19.3 软件流水线

从程序员的角度来看，软件流水线是有吸引力的，主要有两个原因。首先，软件流水线提供了一种处理复杂性的方法。其次，软件流水线允许复用程序。本质上，这两个目标的实现是因为软件流水线允许程序员将一个大的、复杂的任务划分为更小的、更一般的问题。

作为软件流水线的示例，考虑 UNIX Shell（即命令解释器）提供的管道机制。要创建软件流水线，用户需要输入一个命令名列表，该列表由垂直制表符分隔，以指定这些程序应该作为一个管道运行。Shell 负责安排程序，以使上一个程序的输出成为下一个程序的输入。每个程序可以有零个或多个参数来控制处理过程。例如，在 Shell 中输入以下命令将把三个程序 cat、sed 和 more 组装成一个管道：

```
cat x | sed 's/friend/partner/g' | more
```

在该示例中，cat 程序生成文件 x（应当是文本文件）的副本并写入其输出，该输出随后成为 sed 程序的输入。流水线中间的 sed 程序接收来自 cat 的输入，并将输出发送到 more。sed 包含一个参数，它规定将出现的所有单词 "friend" 转换成 "partner"。

管道的最后一道程序 more 接收来自 sed 的输入，并将其在用户的屏幕上显示出来。

虽然上面的例子没有多少复杂，但它说明了软件流水线是如何帮助程序员的。将程序分解为一系列较小的、不太复杂的程序，可以更容易地创建和调试软件。此外，如果仔细选择划分，则可以在程序之间复用一些片段。特别是，程序员经常发现，使用流水线将输入和输出处理与计算过程分离，允许执行计算的代码与各种形式的输入 / 输出一起复用。

19.4 软件流水线的性能和开销

相比单个程序，使用软件流水线似乎导致了更低的性能。操作系统必须同时运行多个应用程序，并在程序对之间传递数据。如果流水线的早期阶段通过了大量随后就被丢弃的数据，那么低效率的情况可能会尤为显著。例如，考虑以下包含比上一个示例多一个阶段的软件流水线：新增了一次对 sed 的调用，其作用是删除任何包含字符 W 的行。

cat x | sed 's/friend/partner/g' | sed '/W/d' | more

如果我们预期所有行中有 99% 包含字符 W，则流水线的前两个阶段会执行不必要的工作（即处理会在流水线的后续阶段丢弃的文本行）。在该示例中，可以通过将删除操作移动到较早阶段来优化流水线。然而，使用软件流水线的开销似乎仍然存在：将数据从一个程序复制到另一个程序的效率低于在单个程序中执行所有计算的效率。

令人惊讶的是，即使底层硬件不使用多个核，软件流水线也可以比大型的单个程序表现得更好。要理解原因，需要考虑底层架构：计算、内存和 I/O 都是由独立的硬件构造的。操作系统通过在应用程序（即进程）之间自动切换处理器来利用这一独立性：当一个应用程序在等待 I/O 时，让另一个应用程序运行。因此，如果一个流水线由许多小应用程序组成，那么操作系统可以通过在流水线中运行一个应用程序，而让另一个应用程序等待 I/O，提高总体性能。

19.5 硬件流水线

像软件流水线一样，硬件流水线可以帮助设计者应对复杂性——复杂任务可以被分解成更小、更易处理的任务。然而，架构师选择硬件流水线最重要的原因是对性能的提升。硬件流水线有两种不同的使用方法，每种方法都能提供高性能：

- 指令流水线。
- 数据流水线。

指令流水线。第 5 章解释了处理器中的取指 – 执行周期是如何借助流水线来解码和执行指令的。确切地说，我们使用"指令流水线"这个术语来描述这样一种流水线，即流经的信息由机器指令组成，且流水线各段负责解码和执行这些指令。由于各种处理器支持的指令集和操作数类型各不相同，因此对于指令流水线的段数或在特定段上需要执行的确切操作并没有统一的规定[⊖]。

数据流水线。除指令流水线之外，还存在着一种被称为数据流水线的硬件流水线。也就是说，流经这种流水线的并非指令——数据流水线被设计用来将数据从一个段传递到另一个段。例如，如果使用数据流水线处理从计算机网络到达的数据包，则每个数据包顺序地通过流水线的各个段。数据流水线提供了一些最不寻常和最有趣的流水线使用方式。正如我们将

⊖ 在本章后面给出的超流水线的定义也涉及指令流水线。

看到的，数据流水线也有潜力实现最大的整体性能。

19.6　硬件流水线如何提升性能

为了理解为什么流水线是硬件设计的基础，我们需要考虑一个关键点：流水线可以显著提高性能。要了解这是如何实现的，可以比较数据流水线和单体化设计的不同。例如，考虑互联网服务提供商（ISP）在客户和网站之间转发数据包所使用的互联网路由器的设计。路由器连接到多个网络，其中一些网络通向客户，其余至少有一个通向互联网。网络包可以从任何网络中到来，而路由器的任务是将每个包发送到其目的地。为了说明这个例子，我们假设路由器会在每个包上执行 6 个基本操作，如图 19.3 所示。理解每个具体的操作并不重要，只要领会到这个例子的真实性即可。

---

1. 接收数据包（即从网络设备中读取数据包，并将读取到的字节转移到位于内存的缓冲区中）。
2. 验证数据包的完整性（例如，使用校验和来验证传输和接收过程中数据包是否发生变化）。
3. 检查转发循环（即递减包头中的某个数值，并用新值重构包头）。
4. 选择路径（即使用数据包中的目的地址字段来选取一个可能的输出网络，并在该网络中选取一个目的地）。
5. 准备传输（即计算将随数据包一起发送的信息，该信息将被接收方用于验证完整性）。
6. 发送数据包（即将数据包传送到输出设备）。

图 19.3　互联网路由器硬件转发数据包所执行的一系列步骤示例

考虑实现图 19.3 中步骤的硬件设计。因为这些步骤涉及复杂的计算，所以似乎应该使用处理器来执行数据包转发的过程。然而，对于高速网络来说，单个处理器是不够快的。因此，大多数设计采用了前面章节中描述的两个优化：智能 I/O 设备和并行化。智能 I/O 设备可以在不借助处理器的情况下向内存或从内存传输数据包，而并行设计使用单独的处理器来处理各个输入。

具有智能 I/O 接口的并行路由器设计意味着每个处理器都实现了重复执行 6 个基本步骤的循环。图 19.4 说明了处理器是如何连接到输入的，并展示了处理器运行的算法。

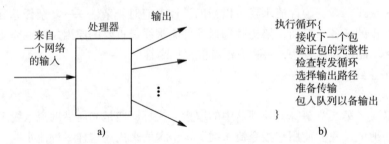

图 19.4　a) 用于互联网路由器的并行实现中处理器的连接示意；b) 处理器执行的算法。每个处理器处理来自一个网络的输入

假设一个并行体系结构如图 19.4 所示，依然太慢。也就是说，假设现有的处理器无法在下一个包到达接口之前执行完算法的所有步骤，并且当前没有更快的处理器可用。怎样才能获得更高的性能？更高速度的一个可能性在于数据流水线：使用包含多个处理器的流水线来代替单个处理器，如图 19.5 所示[⊖]。

⊖　流水线提供了前一章中提到的弗林 MISD 类型的并行体系结构的示例。

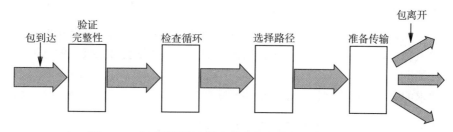

图 19.5　在互联网路由器中单个处理器的流水线示意图

图 19.5 中的流水线似乎不比图 19.4 中的单个处理器快。毕竟，流水线架构在每个包上执行的操作与单个处理器完全相同。此外，如果图 19.5 中的每个处理器与图 19.4 中的处理器速度相同，则执行给定操作的时间将相同。例如，用于验证完整性的步骤在两个架构上花费相同的时间，用于检查转发循环的步骤在两个架构上花费的时间也相同，等等。因此，如果我们忽略为在流水线各个阶段之间传递数据包而引入的延迟，则处理数据包所花费的总时间与单处理器体系结构所需的时间完全相同。

> 数据流水线将数据在一系列流水段中传递，每个段均负责检查或修改数据。如果它使用与非流水线架构相同速度的处理器，则数据流水线将不会减少处理给定数据项所需的总时间。

如果流水线和非流水线架构中处理数据的总时间相同，那么数据流水线的优点是什么？令人惊讶的是，即使图 19.5 中的各个处理器与图 19.4 中的处理器速度完全相同，流水线架构也可以每秒处理更多的数据包。要了解原因，请注意（流水线架构中）单个处理器在每个包上执行了更少的指令。此外，对一个数据项进行操作之后，处理器就可以继续处理下一个数据项。因此，数据流水线架构允许给定处理器比非流水线架构更快地开始对下一个数据项的处理。结果是数据可以以更高的速率进入（和离开）流水线。

总结如下：

> 即使数据流水线使用与非流水线架构相同速度的处理器，数据流水线仍具有较高的总吞吐量（即每秒处理的数据项的数量）。

19.7　何时使用流水线

流水线并不会在任何情况下都带来更高的性能。图 19.6 列出了使流水线比单个处理器更快执行需要满足的条件。

可划分的问题。必须有可能将处理过程划分成可以相互独立计算的子阶段。使用一系列顺序步骤的计算可以在流水线中工作得很好，然而涉及迭代的计算往往不能。

同等的处理器速度。显然，如果数据流水线中使用的处理器慢到一定程度，执行计算所需的总时间将远远高于在单个处理器上所需的时间。流水线中的处理器不必比单个处理器更快，只需要大约和单个处理器一样快即可。也就是说，在流水线处理器上执行给定计算所需的时间不能

- 可划分的问题。
- 同等的处理器速度。
- 低开销的数据移动。

图 19.6　数据流水线比相同的单个处理器表现更佳所需的三个关键条件

超过在单个处理器上执行相同计算所需的时间。

低开销的数据移动。除了执行计算所需的时间之外，数据流水线还有额外的开销：将数据项从流水线的一段移动到下一段所需的时间。如果移动数据会带来极高的延迟，流水线将难以提升性能。

这些要求的出现是因为这样一条重要的原则：

> 流水线的吞吐量受到占用时间最长的流水段的限制。

作为示例，考虑图 19.5 中的数据流水线。假设流水线中的所有处理器都是相同的，并且假设流水线处理器执行指令所需的时间与单个处理器的完全相同。为了使示例具体化，假设处理器每微秒可以执行 10 条指令。进一步假设图中的四段分别需要 50、100、200 和 150 条指令来处理数据包。最慢的流水段需要 200 条指令，这意味着处理数据包最慢的流水段花费的总时间是：

$$\text{总时间} = \frac{200 \text{ 条指令}}{10 \text{ 条指令 / 微秒}} = 20 \text{ 微秒} \tag{19.1}$$

换个角度来看，我们可以发现流水线每秒可处理数据包的最大数量与流水线中最慢流水段处理每个数据包所需的时间成反比。因此，示例流水线的总吞吐量 T_P 可通过以下计算给出：

$$T_P = \frac{1 \text{ 数据包}}{20 \text{ 微秒}} = \frac{1 \text{ 数据包} \times 10^6}{20 \text{ 秒}} = 50\,000 \text{ 数据包 / 秒} \tag{19.2}$$

相反，非流水线架构必须在每个数据包上执行所有 500 条指令，这意味着每个数据包所需的总时间为 50 微秒。因此，非流水线架构的吞吐量为：

$$T_{np} = \frac{1 \text{ 数据包}}{50 \text{ 微秒}} = \frac{1 \text{ 数据包} \times 10^6}{50 \text{ 秒}} = 20\,000 \text{ 数据包 / 秒} \tag{19.3}$$

19.8   处理过程的概念划分

数据流水线之所以能够提升性能，是因为流水线提供了一种特殊形式的并行性。通过将一系列顺序操作划分成组并将各组交由流水线的单独段处理，流水线允许各段并行运作。当然，流水线架构与传统的并行架构有很大不同：虽然各个段并行运行，但是给定的数据项必须经过所有段。图 19.7 说明了这个概念。

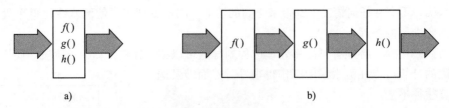

图 19.7   a) 传统处理器的处理；b) 数据流水线上的等价处理。顺序执行的函数被划分到流水线的各段

图 19.7 中的三个流水段是并行运行的。第三流水段对一个数据项执行函数 h，同时第二流水段对第二个数据项执行函数 g，第一流水段对第三个数据项执行函数 f。只要流水线充满（即数据项之间没有延时），整个系统就会因 N 个段的并行运行而受益。

19.9　流水线架构

回顾前一章，我们区分了仅仅使用并行性的硬件架构以及将并行性作为围绕整个系统设计的核心范式的硬件架构。类似地，我们将使用了流水线的硬件架构以及把流水线视为围绕整个系统设计的核心范式的硬件架构进行区分。我们为后者保留了"流水线体系结构"这一名称。因此，人们可能会听到架构师说某个系统中的处理器使用了指令流水线，但是架构师不会将该系统描述为流水线体系结构，除非该系统的总体设计以流水线为中心。

大多数采用流水线体系结构的硬件系统都致力于实现特殊用途的功能。例如，上面的例子描述了如何利用流水线提高数据包处理系统的性能。流水线在网络系统中尤其重要，因为当通过光纤发送数据时，使用的高数据速率超过了常规处理器的处理容量。

基于以下两个原因，通用计算机系统较少使用流水线体系结构。首先，只有很少的应用程序可以分解成一组能够顺序执行的独立操作。取而代之的是，大多数典型的应用程序随机访问数据项，并保有大量的附加状态信息。其次，即使在对数据执行的操作可以分解为流水线的情况下，流水线的段数和实现各个流水段所需的硬件通常也无法预先知道。因此，通用计算机通常将流水线硬件限制为处理器中的指令流水线或 I/O 设备中的专用流水线。

19.10　流水线的建立、延迟以及排空时间

我们对流水线的描述忽略了许多实际细节。例如，许多流水线实现有与启动和停止流水线相关的开销。我们使用术语"建立时间"来描述经过一段空闲期后启动流水线所需的时间。建立可能涉及流水段之间的同步处理，或在流水线中传送特殊的令牌以重新启动各个流水段。对于软件流水线来说，建立开销可能是特别高昂的，因为各个流水段之间的连接是动态创建的。

与其他体系结构不同，流水线可能需要大量的时间来终止处理。我们使用术语"排空时间"指代在输入不可用后，流水线完成其当前处理经过的时间量。我们说，在流水线关闭之前必须排空流水线中的项。

基于以下两个原因，排空一个流水线中通过的数据项是必要的。首先，当第一流水段没有输入时，流水线转为空闲。其次，正如我们所看到的，当流水线的一个流水段延迟时（即由于某段不能完成处理而产生延迟），其后的流水段转也变为空闲。在高速硬件流水线中，诸如内存引用或 I/O 操作之类的平常操作都可能导致流水段延迟。因此，较长的排空（或建立）时间会显著降低流水线性能。

19.11　超流水线架构的定义

最后的这个概念将完成我们对流水线的描述。架构师使用术语"超流水线"来描述一种流水线方法的扩展，其中流水线的某些段被细分为一组子流水段。超流水线最常用于指令流水线，但是这个概念同样适用于数据流水线。总体思路是：如果将处理过程划分为 N 个段可以提高总体吞吐量，则添加更多段可以将吞吐量进一步提高。

传统的指令流水线可能有五个段，对应为：指令提取、指令解码、操作数获取、ALU操作和内存写入。超流水线架构将一个或多个段细分为多个子段。例如，超流水线可以将操作数获取阶段细分为四个步骤：解码操作数、获取立即数或从寄存器取值、从内存中获取值、获取间接操作数。与标准流水线一样，细分的目的是获得更高的吞吐量——因为每个子段花费更少的时间，所以超流水线的吞吐量高于标准流水线的。

19.12　小结

流水线是一个广泛的、基础的概念，它可同时用于硬件和软件。可以在不提供流水线的硬件上使用软件流水线，该软件流水线将一组程序串联，并使数据在其中通过。

硬件流水线要么归类为指令流水线，用于在处理器内部处理机器指令；或者归类为数据流水线，可在其中通过任意数据。超流水线技术通常与指令流水线一起使用，其中流水线的段被进一步细分为子段。

数据流水线不会减少处理单个数据项所需的总时间。然而，使用流水线确实增加了总吞吐量（每秒处理的项数）。流水线的吞吐量受到处理数据项所需时间最长的流水段的限制。

习题

19.1　科学家使用一组 PC 集群，安排在每个处理器上安装软件并执行计算的一个步骤。处理器读取最多 1 MB 的数据（各种类型），处理数据，然后通过 32 位总线将其输出传递给下一个处理器。这种安排有哪些特性来自图 19.2？

19.2　团队的任务是将视频处理程序从旧的单核处理器转移到核心之间具有高速互连的新的四核处理器。传统的并行方法不起作用，因为必须按顺序处理视频帧。你建议哪种技术可以使用新硬件来提高性能？

19.3　工程师使用 8 个处理器构建数据流水线。为了测量性能，工程师在一个处理器上运行软件并测量处理单个数据项所花费的时间。然后，工程师将软件分为 8 段，并测量处理单个数据项所花费的时间。测量结果显示了什么？

19.4　大多数数据流水线硬件用于专门任务（例如，图形处理）。在所有计算机上安装数据流水线会增加所有程序的性能吗？请说明理由。

19.5　经理注意到公司有 10 个数据中心，且每个数据中心都有一些空闲的计算机。这些数据中心遍布全国各地，且数据中心之间使用低速互联网连接通信。经理提出，并不是在本地数据中心使用计算机，而是在所有 10 个数据中心之间建立"巨型数据流水线"以提高性能。对于这个想法，你给经理什么建议？

19.6　你将获得一个在一个核上运行的程序，并被要求将程序划分为多个部分，这些部分将在数据流水线中使用多达 8 个核。你可以通过两种方式划分程序。在一种方式中，每个核执行 680、2000、1300、1400、800、1900、1200 和 200 条指令。在另一种方式中，每个核执行 680、1400、1300、1400、1400、1000、1200 和 1100 条指令。你选择哪种划分，为什么？

19.7　有一条同构流水线，其中包含 4 个处理器，每个处理器每秒处理 100 万条指令，并且处理一个数据项分别需要 50、60、40 和 30 条指令。假设所有类型的指令都有一个恒定的执行时间，求这条同构流水线的最大吞吐量。

19.8　在上一题中，与不使用流水线的架构相比，吞吐量的相对增益是多少？什么是最大加速比？

19.9　通过考虑速度分别为每秒 100 万、120 万、90 万和 100 万条指令的异构处理器来扩展上一题。

19.10　如果要求你应用超流水线来细分现有流水线的其中一段，你应该选择哪个流水段？为什么？

功率与能耗

20.1 引言

与功耗与总能耗的相关主题已经在计算机系统设计中变得越来越重要。对于便携设备，设计力求在最大化电池续航和用户所需的特征之间取得一个平衡。对于大型的数据中心，功耗和随之而来的冷却需求都是设计和可扩展中的关键因素。

本章简要介绍这个主题，并不会深入细节。本章定义术语，解释数字电路功率消耗的类型，描述功率和能耗之间的关系。最重要的是，本章描述如何用软件系统来关闭系统的部分功能从而降低功耗。

20.2 功率的定义

我们将功率定义为能量消耗的速率（例如，转移或转化）。对于电子电路，功率是电压和电流的乘积。采用物理学的定义，功率是以瓦特（W）为单位度量的，其中瓦特被定义为 1 焦耳每秒（J/s）。电子设备的瓦特数越大，它消耗的功率就越大；一些设备用千瓦（10^3W）来计量功率。对于大型数据中心集群，集群中所有计算机消耗的总功率非常大，故以兆瓦（10^6W）来计量。对于小的手持设备（例如手机），因为它们的功率需求非常小，所以我们一般使用毫瓦（mW）计量。

重要的是要注意，一个系统的功率可以随时间而变化。例如，智能手机在屏幕关闭时比屏幕使用时的功率更小。因此，确切地说，我们将时刻 t 的瞬时功率记为 $P(t)$，它是 t 时刻电压 $V(t)$ 和电流 $I(t)$ 的乘积：

$$P(t) = V(t) \times I(t) \tag{20.1}$$

我们将看到，无论对非常大或非常小的计算系统（例如，数据中心的超级计算机或小型的电池供电设备），系统调节其功率随时间变化的能力都是重要的。

系统使用的最大功率对于大型系统（例如大型数据中心中的计算机集群）尤其重要。我们使用"峰值瞬时功率"这个术语来指系统需要的最大功率。在构建大型计算系统时，峰值功率尤为重要，因为设计者必须满足峰值功率的要求。例如，在规划数据中心时，设计者必须保证电力设施能够提供足够的功率以满足峰值瞬时功率的需求。

20.3 能耗的定义

从上文中，系统使用的总能量以给定时间内功率的总和来计算，单位是焦耳。电能通常是功率与单位时间的乘积。通常时间单位为小时，功率的单位为千瓦、兆瓦或者毫瓦。因此，数据中心在一周内所消耗的电能以千瓦时（kWh）或者兆瓦时（MWh）来计量，而电池在一周内所消耗的电能以毫瓦时（mWh）来计量。

如果功率利用率是恒定的，则可以轻松地通过将功率 P 乘以做功的时间来计算。例如，在从 t_0 到 t_1 的时间段中所消耗的能量由下式确定：

$$E = P \times (t_1 - t_0) \qquad (20.2)$$

一个功率为 6kW 的系统 1 小时内消耗 6kWh，和一个功率为 3kW 的系统 2 个小时内消耗的能耗相同。

正如上文中所描述的，大多数系统的功耗不是恒定的。相反，功耗是随着时间变化的。由于功率连续变化，因此我们定义能耗为瞬时功率随着时间的积分：

$$E = \int_{t=t_0}^{t_1} P(t)\mathrm{d}t \qquad (20.3)$$

虽然功率定义为一个瞬时测量的随着时间变化的量，但一些电子系统明确地标出系统的平均功率值。回想一下，功率是能耗被使用的速率，这意味着在一段时间内的平均功率可以通过将这个时间段内所使用的能耗除以时间来计量：

$$P_{\mathrm{avg}} = \frac{E}{(t_1 - t_0)} \qquad (20.4)$$

20.4　数字电路的功耗

回想一下，数字电路是由逻辑门构成的。在最底层，所有的逻辑门都是由晶体管构成的，晶体管以两种方式消耗功率[⊖]：

- 切换功率 P_s 或动态功率 (P_d)。
- 漏电功率 (P_{leak})。

切换功率。术语"切换"指的是响应输入的输出变化。当一个或者多个门电路的输入改变，输出将随之改变。输出的改变可以仅仅受流过晶体管的电流的影响。单个晶体管在切换时消耗更多功率，这意味着系统的总功率增加。

漏电功率。虽然我们认为数字电路具有二进制值（开或者关），但是固体物理学家认识到晶体管是不完美的开关，也就是说，当晶体管关闭时，一些电子仍然可以穿过边界。因此，当把数字电路接入电源中时，即使输出不打开，仍然会有一定量的电流流过。我们使用"漏电流"来指当电路不工作时流过的电流。

对于给定的晶体管，漏电流的量是微不足道的。然而，单个处理器可以有十亿个晶体管，这意味着总的漏电流可以很大。事实上，对于一些数字系统来说，漏电流占到功率利用率的一半以上。这一点可以概括如下：

　在一个典型的计算系统中，系统功率的 40% 到 60% 是漏电功率。

在电源管理的讨论中还有一点是很重要的。基本原则是，当电源接通时漏电流总是存在：

　漏电流只能通过关闭电路中的电源消除。

20.5　CMOS 数字电路的切换功耗

我们关注的是使用软件来管理数字电路的功率使用。为了理解电源管理技术，我们需要

⊖　功率除了这两个主要来源之外，还消耗少量的短路功率，因为 CMOS 晶体管在切换时在源极和基极间短暂接通。

一些基本概念。首先，我们将考虑切换所消耗的总能耗。门的一次切换变化所需的能耗被表示为 E_d，由下式确定：

$$E_d = \frac{1}{2} C V_{dd}^2 \qquad (20.5)$$

其中 C 是电容值，依赖于底层的 CMOS 技术，V_{dd} 是电路工作的电压⊖。

为了理解式（20.5）中的功率推论，可以考虑时钟。时钟以固定频率产生方波。假设时钟信号与反相器相连。在一个时钟周期中，当时钟信号在从 0 变为 1 且从 1 变为 0 时，反相器的输出将改变两次。因此，如果时钟的周期为 T_{clock}，则所使用的平均功率为：

$$P_{avg} = \frac{C V_{dd}^2}{T_{clock}} \qquad (20.6)$$

时钟频率是其周期的倒数：

$$F_{clock} = \frac{1}{T_{clock}} \qquad (20.7)$$

这意味着，我们可以根据时钟频率重写式（20.6）：

$$P_{avg} = C V_{dd}^2 F_{clock} \qquad (20.8)$$

有一个用于计算平均功率的附加项：电路输出切换时电路的一个系数。我们用 α 表示这个系数，$0 \leqslant \alpha \leqslant 1$，因而表示平均功率的式（20.8）的最终形式为：

$$P_{avg} = \alpha\ C V_{dd}^2 F_{clock} \qquad (20.9)$$

式（20.9）展示了功率的三个主要成分，与以下讨论相关。常数 C 是一个由底层技术决定的属性，不能轻易改变。因此，可以控制的三个部分是：

- 电路的活动因子 α。
- 时钟频率 F_{clock}。
- 电路的电压 V_{dd}。

20.6 冷却、功耗密度和功率墙

回想一下，瞬时功率通常与数据中心或其他大型设备相关，其中的关键是峰值功率利用率。除了电力设施能否提供峰值所需的兆瓦级功率之外，设计者还关注功率使用的两个其他方面——冷却和功耗密度。

冷却。数字设备工作时产生热量。一个巨大的功率负载意味着许多设备正在运行，并且每个设备都在产生热量。因此，产生的热量与功率消耗有关。所有电子电路都需要冷却，否则电路就有可能过热或烧坏。对于最小型设备，热量散发到周围的空气中，不需要冷却措施。对于中等尺寸的设备，需要用风扇不断将冷空气吹过电路来进行冷却；空气必须通过供热通风与空气调节（HVAC）系统进入。在最极端的情况下，通过空气冷却是不够的，还需要液体冷却的形式。

功耗密度。虽然电路产生的总热量决定了所需的总制冷量，但热量的另一方面也很重

⊖ 符号 V_{dd} 用于指定操作 CMOS 电路的电压；如果理解上下文，则可以使用符号 V（电压）。

要：在小面积范围上的热量聚集。例如，在一个数据中心，如果相邻地放置许多计算机，它们就会过热。因此，应该增加计算机之间和机架之间的距离，以使冷空气流过机架，从而带走热量。

功耗密度对于单个集成电路也是很重要的，其中功耗密度指的是单位面积硅片耗散的功耗。一直以来，半导体行业遵循摩尔定律。单个晶体管的尺寸不断减小，每十八个月，一个芯片上的晶体管的数量就增加一倍。然而，遵循摩尔定律也会带来负面影响：功耗密度也增加了。随着功耗密度的增加，单位面积产生的热量增加，这意味着现在的处理器每平方厘米产生的热量比以前的多。

因此，晶体管的封装已经导致了一个主要问题：我们将要达到芯片的散热极限。工程师把这种限制称为功耗墙，因为它意味着功率不能增加。以目前的冷却技术，这个极限可以近似为：

$$功耗墙 \approx 100 \ W/cm^2 \tag{20.10}$$

20.7 能耗使用

功率是测量电流的瞬时流动，与此不同，能耗测量在给定时间内消耗的总功率。对于使用电池的便携式设备来说，更应格外关注能耗。我们可以把电池想象为一个装着能量的桶，设想设备可以根据需要提取能量。电池能为一个设备供电的总时间（以毫瓦时计量）可由电池中的总能量算出。

将电池建模为能量桶（类似于一桶水）过于简单化。然而，水桶的三个特点适用于电池。第一，像桶里的水一样，储存在电池里的能量会蒸发掉。对于电池而言，它的化学和物理过程是不完美的，内部电阻造成了电池内的微量电流。虽然这个电流很小，但电池长时间放置（例如一年）将导致电量的损失。第二，就像从桶里倒出水时一些水会溅洒，在电池使用中，一些能量也会丢失。第三，就像水可以以不同的速率从桶中抽取一样，电池可以以不同的速率消耗能量。第三个属性背后的重要思想是电池在较小的电流（即较小功率）下变得更有效。因此，设计者应寻找使用电池供电的设备的功率最小化的方法。

20.8 功率管理

上述讨论表明，在所有情况下，降低功耗是可取的。在大型数据中心，降低功耗则降低了产生的热量。对于小型便携式设备，降低功耗则会延长电池寿命。这就引出两个问题：什么样的方法可以用来降低功耗？哪些功率降低技术可以通过软件控制？

回想式（20.9），其中有三个主要影响功耗的因素：电路活动因子 α、时钟频率 F_{clock} 和电路操作电压 V_{dd}。下一节描述了如何利用电压和频率来降低功耗；后面的小节考虑电路活动因子。

20.8.1 电压和延迟

因为功率取决于电压的平方，所以降低电压会产生最大的功率降低。然而，电压不是一个独立变量。首先，降低电压会增加门延迟，即门电路在输入改变后改变输出所花费的时间。精心设计处理器以便所有硬件单元能根据时钟操作。如果单个门延迟变得足够大，则整个硬件单元（多个门电路）的延迟将超过设计规范。

对于当前的技术，延迟可以通过下式估计：

$$延迟 = \beta \frac{K V_{dd}}{(V_{dd} - V_{TH})} \qquad (20.11)$$

其中 V_{dd} 是所使用的电压，V_{TH} 是由底层 CMOS 技术确定的阈值电压，K 是取决于该技术的常数，β 是常数（当前技术下约为 1.3）。

功率与电压有关的另一方面是漏电流。漏电流取决于电路的温度和 CMOS 技术的阈值电压。降低电压可以减小漏电流，但有一个有趣的结论：低电压意味着增加延迟，这会导致总能耗增大。为了理解为什么增加漏电流是重要的，回想一下，漏电功率可以占电路使用功率的 40% 到 60%。要点是：

> 虽然功率取决于电压的平方，但降低电压会增加延迟，从而增加总能耗的使用。

尽管有这些问题，但电压仍是降低功率的最显著因素。因此，固体物理和硅技术研究人员发明了在非常低电压下可以正确操作的晶体管。例如，早期的数字电路工作在 5V，而用于蜂窝电话的当前技术工作在更低的电压。一个充满电的手机电池提供 4V 电压，电池放电使得电路持续工作。事实上，使用镍氢电池的手机仍然使用 1.2V 的电池来接通电话，而当电压降到 0.8V 以下时，则认为手机电池耗尽。（锂电池则在 3.65V 时耗尽）。

20.8.2 降低时钟频率

时钟频率是影响功率利用率的第二个因素。理论上，功率与时钟频率成正比，因此降低时钟频率可以节省功率。实际上，降频降低了性能，而性能可能是有实时性要求的系统的关键（例如，视频和音乐播放系统）。

有趣的是，调节时钟频率可以与降低电压结合使用。也就是说，较慢的时钟频率可以适应低压造成的延迟增加。因此，如果设计者随着电压降低来降低时钟频率，性能将受到影响，但电路会正确操作。

当时钟频率和电压都降低时，引起的功率降低会是巨大的。在特定的情况下，将时钟频率降低为原来的一半，允许电压除以 1.7。因为电压在功率方程（式（20.9））中被平方，所以降低电压使所得功率急剧降低。对于这个例子，得到的功率大约是原始功率的 15%。节能取决于所使用的技术，总体思路可以概括如下：

> 如果降低时钟频率时，电路能提供足够的性能，则可以大幅削减功耗，因为降频也允许电压降低。

英特尔发明了一个有趣的方法，通过动态变化来减少时钟频率。这个想法很简单。当处理器繁忙时，操作系统将时钟频率设很高。如果处理器超过预设的热极限（即过热）或功率限制（例如，电池即将耗尽），则操作系统降低时钟频率，直到处理器在规定的范围内工作。例如，时钟频率可以通过 100MHz 的倍数动态地增加或减小。如果处理器空闲，可以降低时钟频率以节省功耗。英特尔宣传"睿频加速"（Turbo Boost）特性而不是"动态减速"能力来扭转营销局势。

20.8.3 更慢的时钟频率和多核处理器

在 21 世纪初，同一时间的功率成为一个问题，芯片供应商引入了多核处理器。从表面上看，向多核架构转变似乎适得其反，因为两个核将需要单核两倍的功率。当然，多个核心可以共享一些电路（例如，内存或总线接口），这说明双核芯片的功耗不会正好是单核芯片的两倍。不过，第二个核心增加了大量额外的功率需求。

如果降低功耗是重要的，那厂商为什么会引入更多的核心呢？为了理解这个问题，仔细观察时钟频率。在多核芯片出现之前，处理器时钟频率随着新处理器的出现，每隔几年就增加。从上面的讨论中我们知道，降频到原来的一半可以降低电压并显著降低功耗。现在考虑双核芯片。假设每个核心运行的频率为单核处理器的一半，此时双核版本的计算能力仍然近似与两倍频率运行的单核一样。然而，就功率利用率而言，电压可以降低，意味着双核处理器中的每个核心都需要单核处理器所需的功率的 F 倍。结果，多核芯片的功耗大约是单核版本的 $2F$ 倍。如果 F 小于 50%，较慢的双核芯片功耗更低。如果例子中的 F 是 15%，双核芯片在等效计算能力下只需原始功率的 30%。我们可以总结一下：

> 一种多核芯片（其中每个核心以较低频率和较低电压运行）可以提供与单核芯片近似相同的计算能力，并显著降低功率。

当然，以上讨论为多核处理提供了一个重要的假设。也就是说，它假定计算任务可以划分给多个核心。然而，第 18 章指出并行经验并不乐观。对于并行方法不可行的计算，较慢的时钟会使系统无法正常使用。即使某些并行可行的情况下，内存竞争和其他低效率也会导致失望的性能。当并行同时处理多个输入项时，两个核心的总吞吐量可以与单个更快的核心相同。然而，延迟（即，处理给定条目所需的时间）更高。最后，应该清楚，我们讨论的重点是切换功率——漏电流仍然是一个重要问题。

20.9 能耗使用的软件控制

系统上的软件通常很少有或没有增减电压的权限。相反，软件通常局限于两个基本操作：

- 时钟门控。
- 功率门控。

时钟门控。该术语是指将时钟频率降低到零，从而有效地停止处理器。在处理器停止之前，程序员必须安排一种方式以重启它。通常，代码镜像保存在持续供电的内存中。因此，每当处理器重新启动时，镜像就准备就绪。

功率门控。这个术语指的是切断处理器的电源。一种特殊的具有极低漏电流的固态器件可用于切断电源。与时钟门控一样，程序员必须为重启做出安排，既可以保存然后恢复内存镜像拷贝，也可以保持内存供电以保留镜像。

提供功率门控能力的系统不适用于整个系统的门控。相反，系统被划分成块，门控可应用于其中一些块，而其他的则可继续正常操作。内存缓存形成了一个特别重要的功率区块——如果内存缓存断电，所有缓存的数据都将丢失。我们从第 12 章知道，缓存对于性能非常重要。因此，缓存可以放置在不会断电的功率区块中，处理器的其他部分则会断电。

一些处理器扩展了这个想法，提供了一套可以用软件来降低功耗的低功耗模式。供应商使用多种名称来描述这些模式，如睡眠、深度睡眠和休眠。我们将使用通用名称 LPM0、LPM1、LPM2、LPM3 和 LPM4。通常，低功耗模式按层次排列，LPM0 断开电路数量最少，恢复最快；LPM4 是最深度睡眠模式，几乎关闭了整个处理器。因此，从 LPM4 重新启动比其他低功耗模式要长得多。

20.10 选择何时睡眠和何时唤醒

有两个必须解答的问题：什么时候系统进入睡眠模式，什么时候被唤醒？选择何时从睡眠模式中醒来通常是直截了当的：按需醒来。也就是说，硬件一直等待，直到请求处理器的事件发生，然后硬件将处理器退出睡眠模式。例如，屏幕保护程序在用户移动鼠标、触摸触摸屏或按下键盘上的键时重新启动正常显示。

何时进入低功耗模式更为复杂。动机是降低功率利用率。因此，如果子系统在相当长的时间内不被需要，则我们希望挂起子系统（即关闭它）。因为我们通常不能知道未来的需求，大多数系统采用一种启发式方法来估计子系统何时被需要：如果一个子系统在足够长的时间内不活动，便假设它将在更长的时间内不活动。通常，如果处理器或设备在 N 秒内保持不活动，则处理器或设备进入睡眠模式。启发式也可以应用于使设备进入更深的睡眠。如果处理器在轻睡眠状态保持 K 秒，则硬件将其调整为更深的睡眠状态（即关闭处理器的额外部分）。

睡眠模式的超时值 N 应该设置为多少？与用户交互的子系统一般允许用户设定超时时间。例如，屏幕保护程序允许用户设定在进入屏保程序前，输入设备应保持多长时间无输入。允许用户设定超时时间意味着每个用户可以根据需要来定制系统。

在不涉及人类偏好的系统中，决定超时时间则需要更细致的分析。一个简单的模型有助于说明计算。对于该模型，假设两种状态：运行状态，其中处理器以全功率运行；关闭状态，其所有功率都被去除。当处理器进行转换时，消耗的时间以 $T_{shutdown}$ 和 T_{wakup} 表示。图 20.1 表示该简化模型。

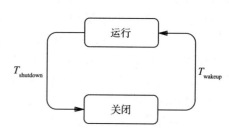

图 20.1　在低功耗模式间转换的简单模型

每次转换过程（即保存状态信息或为转换准备 I/O 请求）中都产生能耗。为了简化计算，我们将假设转换过程中功率恒定。因此，转换过程消耗的能量为所使用的功率乘以经过的时间：

$$E_{shutdown}=E_s=P_{shutdown}\times T_{shutdown} \tag{20.12}$$

而且

$$E_{wakeup}=E_w=P_{wakeup}\times T_{wakeup} \tag{20.13}$$

理解转换、系统运行和系统关闭时所需的能量，可以使我们能够评估潜在的节能情况。本质上，如果在相同时间内关机、睡眠和稍后唤醒比持续运行消耗更少的能量，那么关机是有助于减少功耗的。

设 t 是所考虑的时间间隔，如果假定运行系统所使用的功率是恒定的，则系统保持运行 t 时间所消耗的能量是：

$$E_{run}=P_{run}\times t \tag{20.14}$$

如果系统进入睡眠模式持续时间 t 所消耗的能耗包括每个转换阶段所需的能量加上当处理器关闭时所消耗的能量 P_{off}（如果有的话）：

$$E_{sleep}=E_s+E_w+P_{off}(t-T_{shutdown}-T_{wakeup}) \tag{20.15}$$

如果满足下式，关闭系统将有益于减少能耗：

$$E_{sleep} < E_{run} \tag{20.16}$$

联立式（20.12）到（20.15），不等式可以用单个自变量 t 来表示。因此，有可能计算出一个用于关闭系统以节能的 t 的最小临界值。

当然，上面的分析基于一个简化的模型。功率可能不会保持恒定；转换所需的时间和功率可能取决于系统的状态。更重要的是，分析的重点是切换功耗，而没有考虑漏电功耗。然而，分析的确说明了一个基本点：

> 即使对于只有一个低功率状态的简化模型，诸如状态转换期间所消耗的能耗的细节，将会使确定进入低功耗模式的时机变得复杂。

20.11　睡眠模式和网络设备

许多设备有低功耗模式，用于节约能耗。例如，打印机通常在不活动的 N 分钟后睡眠。类似地，无线网络适配器也可以进入睡眠模式以降低功耗。对于网络适配器，处理输出（传输）是平常的，因为每当应用程序产生一个输出包时，适配器就可以被唤醒。然而，输入（接收）对低功耗模式极具挑战，因为计算机无法知道其他设备什么时候才会向它发送数据。

作为一个例子，Wi-Fi（802.11）标准包括节电轮询（PSP）模式。为了节能，笔记本电脑和其他使用 Wi-Fi 的设备关闭适配器并且只能周期性地唤醒它。我们用术语工作循环来描述设备运行然后关闭的重复循环。当无线访问接入点发射信号时，收发器必须被唤醒。Wi-Fi 基站周期性地发送信标，该信标包括基站仍有未发送的数据包的接收者列表。信标足够频繁以保证当设备适配器处于工作循环的运行期时能接收信标。如果设备发现自己在接收者列表上，则该设备被唤醒以接收数据包。

我们使用两种基本方法来让网络适配器不会在不确定是否丢失数据包的情况下睡眠。第一种方法，每个设备将其休眠周期与无线基站同步。第二种方法，基站多次发送每个数据包，直到接收设备被唤醒并接收它为止。

20.12　小结

功率是能量消耗的瞬时速率度量；能耗是在给定时间内使用功率的总和。数字电路使用动态或切换功率（即，对输入变化的响应引起的输出变化）和漏电功率。漏电功率可占电路总功率的 40%～60%。

通过使部分电路不活动、降低时钟频率、降低电压，可以使功耗降低。降低电压具有最大的效果，但也增加了延迟。功耗密度是指单位空间内的功耗；功耗密度与热量有关。功耗墙指的是每平方厘米大约 100 瓦的极限，这是使用目前的冷却技术从硅芯片中移除热量的系统的最大功耗密度。

时钟门控和功率门控可以用来关闭电路（或电路的一部分）。对于使用电池的设备，电源管理系统的总体目标是总能耗的减少。由于进入和退出低功耗（睡眠）模式消耗能量，所以如果进入睡眠模式所需的能耗小于保持运行所需的能耗，睡眠才有必要。一个简化的模型表明计算涉及关闭和唤醒系统的成本。

设备也可以使用低功耗模式。网络接口提出了挑战，因为接口必须唤醒以接收数据包，并且计算机并不知道数据包何时到达。Wi-Fi 标准包括一个节电轮询模式。

习题

20.1　估算 18、19 节所述的天河二号超级计算机所需的功率。提示：首先查找单个处理器使用的瓦特数估计值。

20.2　假设时钟频率降低 10%，所有其他参数保持不变。功率降低了多少？

20.3　假设电压 V_{dd} 降低 10%，所有其他参数保持不变。功率降低了多少？

20.4　使用式（20.16）查找 t 的损溢平衡值。

20.5　扩展图 20.1 所示的模型，变成 3 状态系统，其中处理器有睡眠模式和深度睡眠模式。

评估性能

21.1 引言

前面介绍了计算机体系结构用于构建计算机系统的三种基本机制：处理器、内存和 I/O 设备。它们描述了每种机制，并解释了其突出特征。前面的章节考虑了两种用于提高计算性能的技术：并行性和流水线技术。

本章从更广泛的角度来看待性能。本章研究如何测量性能，并讨论架构师如何评估指令集。更重要的是，本章介绍阿姆达定律，并解释计算机体系结构带来的后果。

21.2 测量计算能力和性能

我们如何测量计算能力？是什么让一个计算机系统比另一个更好？这些问题引起了科学界的研究，引起了以商业计算机供应商销售和营销部门为代表的激烈争论，并产生了各种答案。

引起性能评估的主要问题源于通用计算机系统的灵活性：计算机被设计用于执行各种任务。更重要的是，因为优化涉及在备选方案中进行选择，所以优化给定任务的体系结构意味着该体系结构对于其他任务而言不是最佳的。因此，计算机系统的性能取决于系统的使用方式。

我们可以总结一下：

> 由于计算机用于执行各种任务，并且没有一种体系结构对于所有任务是最优的，因此系统的性能取决于正在执行的任务。

性能与正在执行的任务的依赖性有两个重要的影响。首先，这意味着许多计算机供应商都可以声称他们拥有功能最强大的计算机。例如，计算机高速执行矩阵乘法的供应商在测量性能时使用矩阵乘法示例，而计算机高速执行整数运算的供应商在测量性能时使用整数示例。两家供应商都声称他们的计算机性能最佳。其次，从科学的角度来看，我们可以看到，没有任何一种计算机系统性能衡量标准可以满足所有情况。这一点对于理解性能评估至关重要：

> 存在各种性能指标，因为没有一种测量可以满足所有情况。

21.3 计算能力的测量

回想一下，早期的计算机系统由一个很少或没有 I/O 能力的中央处理器组成。因此，计算机性能的早期测量集中在 CPU 的执行速度上。但是，即使性能测量仅限于 CPU，也需要采取多种测量指标。计算机系统优化目的之间最重要的区别在于：

- 整数计算。
- 浮点数计算。

由于科学和工程计算在很大程度上依赖于浮点运算，因此采用浮点运算的应用通常称为科学应用，由此产生的计算称为科学计算。当评估计算机在科学应用中的表现时，工程师完全聚焦于浮点运算的性能。他们忽略整数运算的速度，并测量浮点运算的速度（特别是浮点加法、减法、乘法和除法）。当然，加法和减法通常比乘法和除法更快，并且程序包含其他指令（例如，调用函数和控制迭代的指令）。然而，在许多计算机上，浮点运算比典型的整数指令花费的时间长得多，浮点运算在程序的整体性能中占主导地位。

工程师不是报告执行浮点运算所需的时间，而是报告每单位时间可执行的浮点运算的数量。特别是，主要度量是硬件每秒可执行的浮点运算的平均数（FLOPS）。

当然，浮点运算速度只适用于科学计算；浮点硬件的速度与使用整数的程序无关。更重要的是，对于不提供浮点指令的 RISC 处理器，FLOPS 的测量没有意义。因此，作为测量浮点性能的替代方案，供应商可以选择排除浮点并报告处理器每单位时间可以执行的其他指令的平均数量。通常，这些供应商测量每秒百万条指令数（MIPS）。

简单的性能测量（如 MIPS 或 FLOPS）仅提供对性能的粗略估计。要了解原因，请考虑执行指令所需的时间。例如，考虑一个执行浮点乘法或除法需要浮点加法或减法的两倍时间的处理器。如果我们假设加法或减法指令花费 Q 纳秒并对四种指令类型中的每一种进行相等的加权，那么计算机执行浮点指令的平均时间为 T_{avg}：

$$T_{avg} = \frac{Q+Q+2\times Q+2\times Q}{4} = 1.5Q \text{ 纳秒 / 指令} \tag{21.1}$$

然而，当计算机执行加法和减法时，所需的时间仅为每条指令 Q 纳秒（即，比平均值少 33%）。类似地，当执行乘法或除法时，计算机每条指令需要 $2\times Q$ 纳秒（即，比平均值多 33%）。在实践中，加法和除法所需的时间可以相差两倍以上，这意味着实际性能可以变化超过 33%。习题 21.2 要求计算一个可能的比例。

重点是：

> 由于某些指令执行时间要比其他指令长得多，因此执行指令所需的平均时间仅提供了粗略的性能近似值。所需的实际时间取决于执行哪些指令。

21.4 应用相关的指令数

我们如何才能对性能进行更准确的评估？答案在于评估特定应用程序的性能。例如，假设我们需要知道在两个 $N \times N$ 矩阵相乘时浮点硬件单元将如何执行。通过检查程序，可以导出一组表达式，这些表达式给出将执行的浮点加法、减法、乘法和除法的数量（作为 N 的函数）。例如，假设乘以一对 $N \times N$ 矩阵需要 N^3 次浮点乘法和 N^3-N^2 次浮点加法。如果每次加法需要 Q 纳秒并且每次乘法 . 需要 $2\times Q$ 纳秒，则两个矩阵相乘所需总共时间是：

$$T_{total} = 2\times Q\times N^3 + Q\times(N^3-N^2) \tag{21.2}$$

作为精确分析的替代方案，工程师使用加权平均值。也就是说，不是计算每条指令的确切执行次数，而是使用近似百分比。例如，假设在许多输入数据集上运行图形程序，计算浮点运算的数量以获得图 21.1 中的列表。

指令类型	数量	百分比
加法	8 513 508	72
减法	1 537 162	13
乘法	1 064 188	9
除法	709 458	6

图 21.1　在许多输入值上运行的图形应用程序的指令计数示例。第三列显示每种指令类型的相对百分比

一旦获得了一组指令计数，就可以使用加权平均来评估硬件的性能。当图形应用程序在上述硬件上运行时，我们希望每个浮点指令的平均时间为：

$$T_{avg}=0.72Q+0.13Q+0.09\times2Q+0.06\times2Q=1.16Q \text{ 纳秒 / 指令} \qquad (21.3)$$

如示例所示，加权平均值可以与等权平均显著不同。在这种情况下，加权平均值比使用相同指令权重获得的式（21.1）中的平均值小 23%。

21.5　指令混合

虽然它提供了更准确的性能测量，但上述加权平均示例仅适用于一个特定应用，仅评估浮点性能。我们可以给出更一般的评估吗？有一种方法变得流行：使用大量程序来获得每种类型指令的相对权重，然后使用相对权重来评估给定体系结构的性能。也就是说，不是关注浮点运算，而是为每种指令类型保留一个计数器（例如，整数算术指令、位移指令、子程序调用、条件分支），并且使用计数器和相对权重来计算一个加权的平均性能。

当然，权重取决于所选择的具体程序。因此，为了尽可能准确，我们必须选择代表典型负载的程序。架构师选择代表典型程序的指令混合。

除了帮助评估计算机的性能之外，指令混合还有助于架构师设计有效的指令集。架构师草拟一个指令集，为每条指令分配预期成本，并使用指令混合中的权重来查看所提出的指令集将如何执行。本质上，架构师使用指令混合来评估所提出的架构将如何在典型程序上执行。如果性能不令人满意，架构师可以改变设计。

总结一下：

指令混合包括一组指令以及通过计算一组示例程序中的指令执行而获得的相对权重。架构师可以使用指令混合来评估提议的架构将如何执行。

21.6　标准化测试程序

应该使用什么指令混合来比较两种架构的性能？要回答这个问题，我们需要知道如何使用计算机——计算机要运行的程序，以及程序将接收的输入类型。实质上，我们需要找到一组典型的应用程序。工程师和架构师使用术语"基准"来指代此类程序——基准测试提供了标准工作负载，使得计算机可以被测量。

当然，设计一个基准很困难，如果每个供应商创建一个单独的基准，整个社区就不会受益。为了解决这个问题，20 世纪 80 年代成立了一家独立的非营利性公司。该公司被命名为标准性能评估公司（SPEC），旨在"建立、维护和认可一套可应用于最新一代高性能计算

机的标准化相关基准"[⊖]。SPEC 设计了一系列用于比较性能的标准基准。例如，SPEC cint2006 基准测试用于评估整数性能，SPEC cfp2006 基准测试用于评估浮点性能。

SPEC 生成的基准主要用于测量，而不是设计。也就是说，每个基准都包含一组运行和测量的程序。运行 SPEC 基准测试（称为 SPECmark）产生的分数在业界经常被引用为独立于供应商的计算机性能测量。

有趣的是，SPEC 已经制作了许多基准测试，每个测试都测试了性能的一个方面。例如，SPEC 提供六个独立的基准测试，专注于整数算术，另外十四个基准测试专注于浮点性能的各个方面。此外，SPEC 还提供基准来评估计算机消耗的功率、Java 环境的性能以及运行网络文件系统（NFS）的 UNIX 系统在软件开发任务期间进行远程文件访问的性能。

21.7　I/O 和内存瓶颈

CPU 性能仅占计算机系统整体性能的一部分。个人计算机的用户已经意识到，更快的 CPU 或更多核心不能保证对所有计算任务的更快响应。作者的一位同事抱怨说，尽管 CPU 能力每十年增加一个数量级，但启动应用程序所需的时间似乎也在增加。

是什么阻止了更快的 CPU 提高整体速度？我们已经看到了一个答案：冯·诺依曼瓶颈（即内存访问）。回想一下，内存的速度会影响获取指令的速率以及访问数据的速率。因此，不是仅仅测量 CPU 性能，而是设计一些基准来测量内存性能。内存基准测试由一个重复访问内存的程序组成。一些内存基准测试旨在测试顺序访问（即，访问连续字节），而其他内存基准测试旨在测试随机访问。更重要的是，内存基准测试还会重复引用内存位置来测试内存缓存。

正如关于 I/O 的章节所指出的那样，外围设备和外围设备间通信的总线也可能成为瓶颈。因此，一些基准测试旨在测试 I/O 设备的性能。例如，测试磁盘的基准测试将重复执行写入和读取操作，每个操作都将一块数据传输到磁盘，然后再读取数据。与内存一样，某些磁盘基准测试侧重于在访问顺序数据块时测量性能，而其他基准测试则侧重于在访问随机块时测量性能。

21.8　硬件与软件的权衡

计算机性能的基本原则之一源于硬件和软件的相对速度：硬件（特别是为专门用途设计的硬件）比软件更快。因此，将给定功能移动到硬件，将导致比在软件中执行更高的性能。换句话说，架构师可以通过添加专用硬件单元来提高整体性能。

来自一个同样重要的原则的推论是：软件比硬件提供更多的灵活性。结果是用硬件实现的功能无法改变。因此，架构师可以通过允许软件处理更多功能来提高整体灵活性和通用性。最近 FPGA 的使用是硬件功能转向软件的一个例子——不是构建具有固定门的芯片，而是使用 FPGA 以对设计中的功能进行编程。

关键是使用硬件还是软件代表了一种权衡：

> 通过将功能从软件移动到硬件，可以提高性能；通过将功能从硬件转移到软件，可以提高灵活性。

⊖　描述来自 SPEC 章程（参见 http://www.spec.org）。

21.9　选择拟优化的部件——阿姆达尔定律

当架构师需要提高性能时，架构师必须选择要优化的项。在设计中添加硬件会增加成本，专用的高速硬件特别昂贵。因此，架构师不能仅仅指定使用任意数量的高速硬件。相反，必须谨慎选择将使用传统硬件处理的功能，以及用高速硬件优化的功能。

应该如何做出选择？计算机架构师 Gene Amdahl 发现，优化很少使用的功能是浪费资源。例如，考虑用于处理除零的硬件或用于关闭计算机系统的电路。优化这种硬件没有什么意义，因为它很少使用。

Amdahl 建议，通过优化占用时间最多的功能，可以获得最大的性能提升。他的原则（即阿姆达尔定律）专注于那些每个都需要进行大量计算的操作或最频繁执行的操作。通常，该原则以潜在的加速比的形式陈述：

> 阿姆达尔定律：可以通过更快的硬件技术实现的性能提升受限于可以使用更快技术的时间比例。

阿姆达尔定律可以定量地表达为：使用可优化时间的硬件的比例和该优化措施带来的部件加速比来表示整体加速比。式（21.4）给出了整体加速比：

$$整体加速比 = \frac{1}{1- 可优化时间的硬件的比例 + \dfrac{可优化时间的硬件的比例}{所带来的部件加速比}} \tag{21.4}$$

该等式适用于两个极端情况。如果从未使用过可优化的硬件（即可优化时间的硬件的比例为 0），则没有加速比，式（21.4）的比率为 1。如果在 100% 的时间内使用可优化的硬件（即，可优化时间的硬件的比例为 1），整体加速比等于可优化的硬件的加速比。比例在 0 到 1 之间时，根据使用可优化的硬件的比例对总体加速比进行加权。

21.10　阿姆达尔定律和并行系统

第 18 章讨论了并行体系结构，并解释了性能令人失望（的原因）。特别是，处理器之间通信的开销和对诸如内存和 I/O 总线之类的共享资源的争用限制了系统的有效速度。因此，包含 N 个处理器的并行系统的性能不会达到单个处理器的 N 倍。

有趣的是，阿姆达尔定律可直接适用于并行系统，并解释了为什么添加更多处理器无济于事。通过优化处理能力（即添加额外的处理器）可以实现的加速限于处理器被使用的时间量。由于并行系统大部分时间都在等待通信或总线访问而不是使用处理器，因此添加额外的处理器不会显著提高性能。

21.11　小结

存在各种性能指标。处理器性能的简单度量包括计算机每秒可执行的浮点运算的平均数（FLOPS）或计算机每秒可执行的平均指令数（MIPS）。更复杂的度量使用加权平均值，其中更频繁使用的指令的权重更大。可以通过计算程序或一组程序中的指令来导出权重；这些权重特定于所使用的应用程序。我们所说的权重对应于指令混合，在评估指令集时是有用的。

基准是指用于评估性能的标准化程序或程序集；每个基准可选来表示一种典型的计算。一些最著名的基准测试由 SPEC 公司制作，称为 SPECmarks。除了测量整数和浮点运算的各个方面的性能之外，SPEC 基准测试还可用于测量远程文件访问等机制。

　　阿姆达尔定律帮助架构师选择要优化的功能（例如，从软件转移到硬件，或从传统硬件转移到高速硬件）。该定律指出，要优化的功能应占最多时间。阿姆达定律解释了为什么并行计算机系统并不总能从大量处理器中受益。

习题

21.1　编写一个 C 程序来测量整数加法和减法运算符的性能。各执行至少 10 000 次操作并计算每种操作的平均时间。

21.2　编写一个计算程序，测量整数加法和整数除法之间执行时间的差异。执行两种操作各 100 000 次，并比较运行时间的差异。重复实验，并验证计算机上没有其他活动干扰测量。

21.3　扩展上一题中的测量，以比较 16 位、32 位和（如果你的计算机支持）64 位整数加法的性能。也就是说，根据需要使用 short、int、long 或 long long 变量。请解释结果。

21.4　计算机专业人员通常使用加法、减法、乘法和除法作为衡量处理器性能的方法。但是，许多程序也使用逻辑运算，例如逻辑与、逻辑或、位补码、右移、左移等。测量此类操作，并将性能与整数加法进行比较。

21.5　如果浮点加法和减法各需要 Q 微秒，浮点乘法和除法各需 $3Q$ 微秒，所有四个运算所需的平均时间是多少？

21.6　扩展上一题并计算加法时间和平均时间之间的百分比差异，以及乘法时间和平均时间之间的百分比差异。

21.7　在上一题中，在启用编译器优化的情况下重复测量并确定相对加速比。

21.8　编写一个程序，比较执行整数算术运算所需的平均时间和引用内存所需的平均时间。计算内存成本与整数算术成本的比率。

21.9　编写一个程序，比较执行浮点运算和整数运算所需的平均时间。例如，比较执行 10 000 次浮点加法所需的平均时间和执行 10 000 次整数加法所需的平均时间。

21.10　程序员决定测量内存系统的性能。该程序员发现，根据 DRAM 芯片制造商的说法，访问物理内存中的整数所需的时间是 80 纳秒。程序员编写汇编语言程序，将值存储到一个内存位置 40 亿次，测量所花费的时间，并计算平均性能。令人惊讶的是，每次写操作只需要平均 52 纳秒。这样的结果如何成为可能？

21.11　把上一题反过来，并说明为什么难以准确测量物理内存。

21.12　散列函数将值放在称为散列表的数组中的随机位置中。程序员发现，即使关闭内存缓存，在极大的散列表（16MB）中写入然后查找 50 000 个值的性能也比在较小的散列表（16KB）中使用相同的数据差。请解释原因。

体系结构的例子和层次

22.1 引言

前面的章节解释了理解计算机体系结构所必需的概念和术语。这些章节讨论了处理器、内存和 I/O 的基本方面，并解释了每个方面的作用。前面章节也讨论了如何使用并行性和流水线来提高性能。

本章考虑一些架构示例。本章不是介绍新的想法，而是展示前面章节的想法如何用于描述和解释数字系统的各个方面。选择的例子展示了一系列可能性。

22.2 体系结构的层次

回顾前面的章节，可以在多个抽象层次上呈现体系结构。为了帮助我们了解体系结构概念如何广泛应用于数字系统，我们将探索体系结构规范的层次结构。层次结构的大小范围从完整的计算机系统到单个集成电路上的小功能单元。我们使用术语系统级架构（有时称为宏观架构）、板级架构和芯片级架构（有时称为微观架构）来表征范围。对于每个级别，我们将看到前面章节中的概念使我们能够理解基本组件及其互连。此外，我们将看到，在给定层次，可以指定逻辑（即概念）架构或指定更详细的实现。图 22.1 总结了我们将考虑的层次。

层次	描述
系统级	带有处理器、内存和 I/O 设备的完整计算机。典型的系统架构描述了组件间的总线互连
板级	构成计算机系统一部分的独立电路板。典型的电路板架构描述了芯片间的互连以及总线接口
芯片级	用于电路板的单个集成电路。典型的芯片架构描述了功能单元和门的互连

图 22.1 体系结构的概念层次以及各自的目的

22.3 系统级架构——个人电子计算机

从概念上讲，个人计算机由处理器、内存和一组 I/O 设备组成，这些设备都连接到单个总线。然而，在实践中，即使是个人计算机也包含各种各样的总线和互连机制，每个总线和互连机制都旨在填补特定的角色。

底层硬件的一些变化和复杂性源于特殊的性能要求和成本。例如，视频卡需要比软盘更高的数据吞吐量，而高分辨率屏幕需要比低分辨率屏幕更高的吞吐量。遗憾的是，将设备互连到高速总线的硬件成本远高于将设备互连到低速总线的硬件，这意味着使用多个总线可以降低系统的总体成本。

多个 I/O 总线的第二个动机源于供应商希望为更新、更强大的系统提供低成本迁移路径。也就是说，供应商致力于创建一种处理器，该处理器具有更高性能和更多功能的优势，同时保留了使用现有外围设备的能力。我们使用术语向后兼容性来表征使用现有硬件的能力。

　　向后兼容性对于总线体系结构尤其重要，因为总线形成 I/O 设备和处理器之间的互连。计算机供应商如何设计新的、更高速的总线，同时仍保留连接旧外围设备的能力？一种可能性是创建具有多个总线接口的处理器。更便宜的答案在于使用桥接。

22.4　总线互连和桥接

　　通过历史示例，可以很容易地理解使用桥接来实现向后兼容性。在历史的某个时刻，所有个人计算机都使用由 IBM 公司开发的工业标准体系结构（ISA）总线。PC 的外围设备设计有 ISA 总线接口。后来，开发了更高速的总线架构——外围组件互连（PCI）总线。PC 总线的这两个标准是不兼容的——插入 ISA 总线的接口无法连接到 PCI 总线。因此，如果用户拥有 ISA 设备，则他不太可能购买仅接受 PCI 设备的计算机。

　　为了吸引计算机所有者将他们的计算机升级到带有 PCI 总线的计算机，供应商创建了一个桥接器来连接新的 PCI 总线和旧的 ISA 总线。逻辑上，桥接器提供了图 22.2 所示的互连。

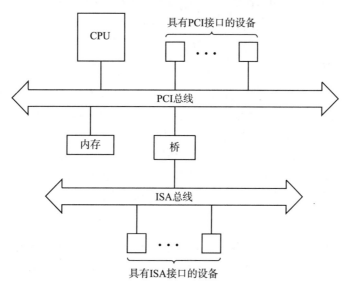

图 22.2　使用桥接器互连 ISA 总线和 PCI 总线的 PC 架构的概念视图。该桥使得可以将较旧的
　　　　　ISA 设备与较新的处理器一起使用

　　在图 22.2 中，CPU 和任何具有 PCI 接口的 I/O 设备直接连接到 PCI 总线。桥接器提供与 ISA 总线的连接，ISA 总线由具有 ISA 接口的 I/O 设备使用。在最好的情况下，桥接器提供的互连是透明的。也就是说，各自使用本地总线协议进行通信而不了解互连——CPU 对 ISA 设备进行寻址，就好像它们连接到 PCI 总线一样，ISA 设备响应就像 CPU 连接到 ISA 总线一样。

22.5　控制器芯片和物理架构

　　虽然图 22.2 中所示的体系结构提供了 PC 体系结构的概念性解释，但实现方式比图 22.2 中所示的要复杂得多。首先，虽然 PC 提供外部设备用于连接到每个总线的插槽，但 PC 内部不使用相同的技术。相反，PC 通常包含两个专用控制器芯片，供所有总线和内存互连。其次，控制器芯片被配置为给出多个总线的错觉。

要了解对控制器芯片的需求，请考虑 PC 中所需的功能。架构师需要连接处理器、内存和 I/O 总线（或总线）。除了提供电气兼容的互连之外，架构师还必须设计一种允许一个组件与另一个组件通信的机制。例如，CPU 和 I/O 设备都需要访问内存。

不幸的是，复制硬件接口很昂贵。特别是架构师无法构建一个系统，其中每个组件都有多个接口单元，每个接口单元处理与另一个组件的通信。例如，虽然处理器和大多数 I/O 设备需要访问内存，但是考虑到成本，限制架构师为每个设备提供内存接口。

为了节省工作和费用，架构师经常采用集中控制器芯片的方法。控制器芯片包含一组 K 个硬件接口，每个类型的硬件各一个，并在它们之间转发请求。当硬件单元需要访问另一个硬件单元时，请求总是进入控制器。控制器将每个传入请求转换为适当的形式，然后将请求转发到目标硬件单元。类似地，控制器翻译每个回复。

关键的想法是：

> 架构师使用控制器芯片来提供计算机中组件之间的互连，因为这样做比为每个单元配备一组接口或构建一组离散桥以互连总线更便宜。

22.6　虚拟总线

控制器芯片引入了一种有趣的可能性。由于总线用于通信，我们希望将两个或更多设备连接到每个总线（例如，处理器和磁盘）。但是，在使用控制器芯片的计算机中，创建一个只包含一个连接设备的总线是合理的。例如，如果只有一个设备需要 ISA 总线而所有其他设备都使用 PCI 总线，则可以创建一个控制器芯片，该芯片使用 ISA 协议与 ISA 设备通信并使用 PCI 协议与其他设备通信。即使控制器芯片使用 ISA 协议与 ISA 设备通信，计算机也不需要用于 ISA 设备的插槽，并且通常意义上不具有物理 ISA 总线。

也就是说：

> 控制器芯片可以通过直接连接提供有一条总线的错觉，不需要通常与总线一起使用的物理插槽和接线。

控制器芯片的概念可以通过直接连接提供总线的错觉，这使得架构师可以泛化总线的概念。可以使用硅芯片创建透明的总线，代替具有平行导线的单独物理实体。我们使用术语虚拟总线来描述该技术。例如，可以创建一个控制器，该控制器呈现每个连接设备的一个虚拟总线的错觉。或者，可以创建控制器，其将一个或多个虚拟总线与一个或多个物理总线的连接组合。后面的小节显示了示例。

通常，PC 架构使用两个控制器芯片而不是一个。控制器非正式地称为北桥和南桥芯片，北桥有时称为系统控制器。北桥连接高速组件，如 CPU、内存、流通信控制器和用于操作高速图形显示器的高级图形端口（AGP）接口。南桥连接到北桥，为低速组件提供连接，例如 PCI 总线、Wi-Fi 网络接口[⊖]、音频设备、键盘、鼠标和类似设备。图 22.3 说明了使用两个控制器芯片的 PC 架构的物理互连。

　⊖　以千兆位速度运行的网络连接到北桥。

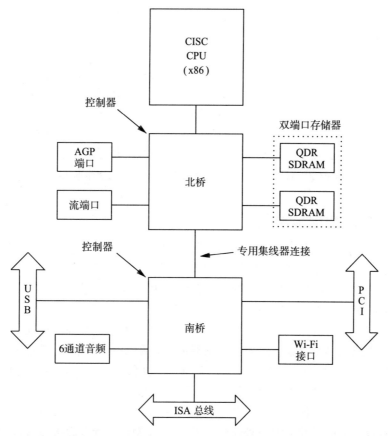

图 22.3 系统级体系结构示例，它显示在一个 PC 机中使用两个控制器芯片的物理互连。需要最高速度的组件连接到北桥控制器

如图 22.3 所示，控制器芯片必须适应异构性，因为控制器可以连接到多种总线技术。例如，在该图中，南桥提供 PCI 总线、USB 总线和 ISA 总线的连接。当然，控制器必须遵循每条总线的规则。也就是说，控制器必须遵守电气规范，确保所有地址都位于总线地址空间内，并遵守定义设备如何访问和使用总线的协议。

制造 CPU 的供应商通常提供一组控制器芯片，旨在将 CPU 与标准总线互连。例如，英特尔公司提供 82865 PE 芯片（提供北桥功能）和 ICH5 芯片（提供南桥功能）。更重要的是，英特尔处理器芯片和英特尔控制器芯片可以协同工作：每个芯片都包含一个允许芯片直接互连的接口，每个芯片都执行连接异构设备所需的转换。

22.7 连接速率

图 22.3 所示的连接通常使用具有固定宽度的并行硬件接口，并设计为以固定的时钟速率运行以提供指定的吞吐量。图 22.4 列出了主要连接的时钟速率、宽度和吞吐量的典型值。

为了进行比较，图 22.4 包括 FCC 对 Internet 连接的定义（下行 25Mbps，每秒 3.1MB）和现代处理器中的寄存器文件的定义。请注意，计算机中的传输速度可能比宽带 Internet 连接快得多，并且寄存器的持续吞吐量使图中列出的所有其他吞吐量相形见绌。

连接总线	时钟速率	宽度	吞吐率[⊖]
USB 1.0	33MHz	32 位	1.5 MB/s
FCC 宽带	–	–	3.1 MB/s
AGP	100 ～ 200MHz	64 ～ 128 位	2.0 GB/s
USB 3.0	最高 500MHz	32 位	5.0 GB/s
内存	200 ～ 800MHz	64 ～ 128 位	6.4 GB/s
PCI 3.0	33MHz	32 位	126.0 GB/s
寄存器	1000 ～ 2000MHz	64 ～ 128 位	672.0 GB/s

图 22.4 时钟速率、数据宽度和吞吐量的示例（针对图 22.3 中所示架构的连接）

22.8 桥接功能和虚拟总线

正如北桥和南桥名字所暗示的那样，这两个控制器提供了桥接功能。例如，北桥芯片桥接内存、高速设备和南桥芯片。北桥为 CPU 提供了一个统一的地址空间，其中包含了上述所有内容。同样，南桥将 PCI 总线、ISA 总线和 USB 总线组合成一个统一的地址空间，该地址空间成为北桥向处理器提供的地址空间的一部分。

有趣的是，一组控制器不需要将所有设备桥接到单个地址空间。相反，控制器可以向 CPU 呈现多个虚拟总线的错觉。例如，控制器可能允许 CPU 访问两个单独的 PCI 总线：总线编号 0 包含 CPU 和内存，而总线编号 1 包含 I/O 设备。或者，控制器可能呈现三种虚拟总线的错觉：一种包含 CPU 和内存，另一种包含高速图形设备，第三种对应于任意设备的外部 PCI 插槽。虽然程序员对比并不特别感兴趣，但对于对性能感兴趣的硬件设计人员来说，分离是至关重要的，因为控制器芯片可以包含允许所有虚拟总线同时运行的并行电路。

22.9 板级架构

图 22.3 中的架构包括一个 Wi-Fi 接口，作为个人计算机中的一个单元。接口的作用很简单：提供 PC 和 Wi-Fi 无线电之间的物理连接，传输 PC 通过网络发送的数据以及通过网络到达的数据。物理上，Wi-Fi 接口可以集成到笔记本电脑的主板上，也可以驻留在桌面系统的电路板上。在任何一种情况下，逻辑互连都保持不变。

网络接口卡包含惊人的计算能力。特别是接口通常包含嵌入式处理器、ROM 中的指令、缓冲存储器、外部主机接口（例如，PCI 总线接口），以及到无线电发送器和接收器的连接。一些接口卡使用传统的 RISC 处理器；其他则使用专门的网络处理器来优化处理网络数据包。图 22.5 说明了使用网络处理器的 LAN 接口的可能架构。

为什么 Wi-Fi 接口需要两种类型的内存？主要动机是成本：虽然速度更快，但 SRAM 的成本高于 SDRAM。因此，可以使用大 SDRAM 来保存分组，并且可以将小型 SRAM 用于保存必须频繁访问或更新的值（例如，网络处理器执行的指令）。在本例中，选择了两个存储器连接，因为下一节中描述的网络处理器使用了 SRAM 和 SDRAM。

⊖ 吞吐量以兆字节 / 秒（MB / s）和千兆字节 / 秒（GB / s）为单位表示，其中大写 B 强调字节而不是位。

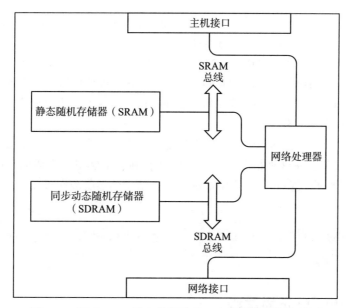

图 22.5　用于 Wi-Fi 设备的网络接口卡的体系结构的例子

22.10　芯片级架构

我们说芯片级架构描述了单个集成电路的内部结构。例如，考虑图 22.5 所示的板级架构中的网络处理器，该图使用矩形来描绘网络处理器。如果转向芯片级架构，我们可以检查芯片的内部结构。图 22.6 显示了 Netronome 网络处理器的芯片级架构[⊖]。

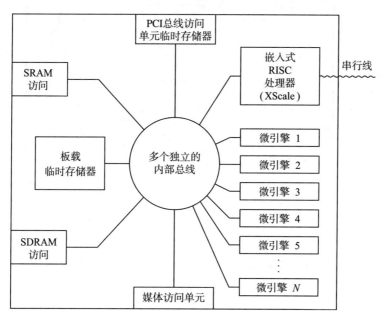

图 22.6　芯片级架构示例，显示了 Netronome 网络处理器的主要内部组件。访问单元提供芯片外部的连接

⊖　英特尔公司设计了该网络处理器，后来将设计卖给了 Netronome。

重要的是要记住，整个图指的是单个集成电路。如图 22.6 所示，网络处理器芯片包含许多组件，包括各种外部接口、提供高速存储的板载临时存储器，以及多个独立处理器。特别是，该芯片包含一组可编程 RISC 处理器，称为微引擎⊖，可并行运行，也可作为 XScale RISC 处理器。XScale 提供了一个管理其他处理器并提供管理接口的通用处理器。当网络处理器运行时，XScale 运行传统的操作系统，例如 Linux。为了表明处理器是集成电路的一部分，我们说它们是嵌入式的。

网络处理器的细节和它的每个内部处理器是不相干的。重要的一点是要了解每个架构层面都会显示更多细节。在这种情况下，我们已经看到，虽然单个集成电路可以包含许多功能单元，但电路的结构仅在芯片级图中显示；芯片结构仍然隐藏在板级图中。我们可以总结一下：

> 架构的每个级别都会显示更高级别架构中隐藏的细节。芯片级架构规定了隐藏在板级架构中的集成电路的内部结构。

22.11 片上功能单元的结构

作为架构级别的最后一个例子，我们将研究如何描述芯片上一个组件的架构。图 22.7 显示了图 22.6 中的 SRAM 访问单元。存储器访问单元的内部结构非常复杂。

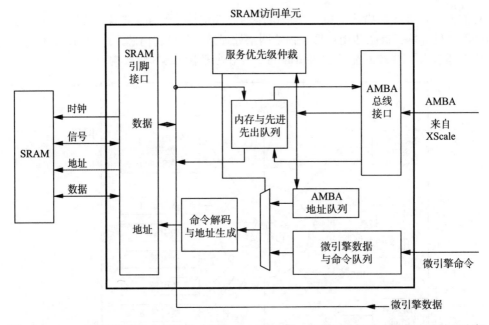

图 22.7 SRAM 访问单元的内部结构（在图 22.6 中隐藏）。架构层次结构中的每个连续层次都显示了更多细节和结构

22.12 小结

可以在多个抽象层次上查看数字系统的体系结构。系统级架构显示整个计算机系统的结

⊖ 更先进的芯片版本提供 16 个微引擎。

构，板级架构显示每个板的结构，芯片级架构显示集成电路的内部结构。在每个连续的级别，前一级别隐藏的细节会被揭示出来。

作为一个例子，本章介绍了一种体系结构的层次，它显示了个人计算机的结构、计算机中的 Wi-Fi 网络接口板以及接口板上的网络处理器。最后，我们看到通过查看每个嵌入式单元的架构，可以进一步完善芯片级架构。

习题

22.1　如果工程师得到了一个系统架构师的工作，那么这个工作需要做什么？

22.2　计算机提供两条总线的动机是什么？

22.3　具有 USB 端口的计算机包含一个称为 USB 集线器的硬件，它通常将外部端口连接到 PCI 总线。修改图 22.2 以显示 USB 集线器。

22.4　如果计算机包含两条通过透明桥连接的总线，并且内存连接到一条总线，而设备连接到另一条总线，那么设备是否能够与内存通信？请说明。

22.5　现代总线架构中控制器芯片的用途是什么？

22.6　计算机有一个使用旧总线的设备，但没有正常的总线插槽或线缆。这样的情况如何可行？

22.7　在 PC 中，超高速视频系统是否会连接到北桥芯片或南桥芯片？请说明。

22.8　如果通过 USB 3.0 端口传输视频需要 40 秒，假设 Wi-Fi 网络操作速率为 20Mbps 通过 Wi-Fi 网络传输相同的视频大约需要多长时间？

22.9　网络处理器（如图 22.6 所示）被归类为片上系统（SoC）。请解释为什么。

22.10　在许多硬件设计文档中，矩形框用于表示子系统。是否可以通过查看图表大致知道需要多少个门才能实现框所代表的功能？请说明。

硬件模块化

23.1 引言

前面的章节概述了硬件架构，但未讨论设计或实现细节。本章简要介绍模块化的设计。特别是本章将硬件模块化与软件模块化进行对比，并考虑为什么常见的编程抽象不适用于硬件。然后，本章使用一个示例来说明如何设计灵活的基本硬件模块，以及设计人员如何运用基本模块的复制形成可扩展的硬件设计。

23.2 模块化的动机

模块化构建有两个动机：智力和经济。从智力角度来看，模块化方法允许设计师将大型复杂问题分解为更小的部分。与完整的解决方案相比，小模块更容易理解。因此，设计师更容易确保模块正确，并且设计师更容易优化单个模块。

模块化的经济动机源于设计和测试产品的成本。在许多情况下，公司不会生产一种孤立产品。相反，该公司创建了一套相关产品。多种产品的一个常见原因来自尺寸——公司可能会销售一系列尺寸从小到大的相关产品。例如，销售网络设备的公司可能会提供四种型号的网络交换机，这些型号分别连接四台计算机、二十四台计算机、四十八台计算机或九十六台计算机。或者，公司可以销售一系列提供相同基本功能的产品，但每种产品都具有特殊功能。例如，销售网络设备的公司可以提供一种连接到无线 Wi-Fi 网络的模型和另一种连接到有线以太网的模型。

因为设计产品很昂贵，如果基本模块可以设计一次然后在多个产品中重复使用，公司可以节省资金。因为一旦对基本模块进行了彻底测试，使用该模块的后续设计可以假设它正常工作。

23.3 软件模块化

自早期计算机以来，模块化在软件设计中发挥了关键作用。主要抽象包括子例程（也称为过程、子程序或函数）。使用子程序的早期动机来自有限的内存大小——不是在整个程序的多个位置重复代码段，而是代码的单个副本可以放在内存中，然后在几个位置使用（即调用）程序。

随着软件变得越来越复杂，子程序成为处理复杂性的重要工具。特别是子程序抽象的使用使得专家可以构建一个软件，其他程序员可以使用该软件而无须了解细节。例如，理解数值数学的专家可以创建一组三角函数，例如 sin(x) 和 cos(x)，它们既高效又准确。其他程序员可以调用这些函数而无须自己编写代码，也无须了解所使用的算法。通过提高抽象级别和隐藏细节，子程序允许程序员在更高级别工作，这意味着它们可以更高效，并且生成的软件将包含更少的错误。

23.4　子程序的参数化调用

如何将基本构建块用于多种用途？软件的答案众所周知。创建子程序时，程序员指定一组形式参数。然后，当编写调用子程序的代码时，程序员指定替换形式参数的实际参数。关键点是：

> 构建模块化软件时，每个子程序都有一个副本。调用中唯一的变化是调用子程序时提供的实际参数。

23.5　硬件扩展和并行

虽然适用于软件，但参数化函数调用的范例不能与硬件一起使用。原因是软件可以迭代地调用函数，但硬件需要可以并行控制的单独物理实例。例如，考虑控制一组 N 个项。在软件中，项可以存储在一个数组中，可以编写一个函数来对一个项执行操作，程序可以遍历数组，为每个项调用函数。仅通过改变迭代的界限，程序就可以扩展到更大的数组。

创建硬件以控制一组项时，每个项都需要一些专用于该项的硬件。如果将其他元素添加到集合中，则必须在设计中添加其他硬件。换句话说，扩展硬件设计总是需要添加额外的硬件。结果是：

> 当硬件设计人员考虑模块化设计时，他们会寻找方法来为设计添加额外的硬件，而不是迭代地调用给定的硬件。

23.6　基本块复制

可能用于扩展硬件的基本技术包括定义可根据需要复制的基本构建块。我们已经看到了一些平常的例子。例如，锁存电路可以复制 N 次以形成 N 位寄存器，并且将全加器复制 N-1 次并与半加器组合以构建电路来计算两个 N 位整数之和。

在上述描述的平常情况下，复制涉及小电路（即几个门），并且复制的数量是固定的。虽然小电路的复制是设计的一个重要方面，但该方法可以应用于明显更大的电路并用于扩展设计。例如，芯片制造商可以使用多核架构来生产一系列具有两个内核、四个内核、八个内核等的产品。在一系列用户可见的输入或输出数量不同的产品设计中，复制尤其重要。

23.7　示例设计（重启器）

一个例子将澄清这个想法。我们将考虑作者实验室中使用的一块硬件，而不是选择假设设计。该实验室用于操作系统和网络研究，拥有大量后端计算机，可供研究人员和课堂学生使用。实验室设施允许用户创建操作系统，分配后端计算机，将操作系统下载到后端计算机的内存中，然后启动计算机运行。然后，用户可以与后端计算机进行交互。

遗憾的是，对操作系统的实验性工作经常导致崩溃或使计算机硬件处于无法响应进一步输入的状态。在这种情况下，必须重新启动后端计算机以重新获得控制权。因此，我们创建了一个专用硬件系统，可以根据需要对各个后端计算机进行循环开启。我们称这个系统为重启器。在实验室中使用了几代重启器硬件，我们将评述一个设计。

23.8 重启器的高层次设计

原则上，重启器硬件遵循一种直接的方法。重启器具有一组输出，每个输出为后端计算机供电。重启器的输入由二进制值组成，该值指定要重新启动的输出之一以及指示重启器执行的使能输入。要使用重启器，将在输入行上放置二进制值（以指定其中一个输出），并将使能端设置为 1，这会导致重启器重新启动指定的输出（对应的后端计算机）[⊖]。图 23.1 说明了输入和输出。

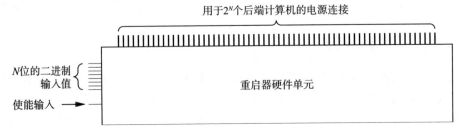

图 23.1　重启器硬件的概念性组织

重启器应该有多少输出？这个问题很重要，因为重启器需要每个输出的物理连接。最初，实验室只有一个后端，但迅速演变为两个，然后是八个。为了规划未来，我们需要一个重启器电路来容纳至少 40 个后端，可能还有 100 个。这种情况说明了标准的硬件困境：

- 输出太少的设计并不能满足未来的需要。
- 输出太多的设计是一种浪费。

23.9 适应各种尺寸的构建块

我们使用模块化方法而不是选择特定尺寸。也就是说，我们选择了一个基本的构建块，并设计了一种互连基本块的方法，以形成一个更大的重启器。模块化方法允许我们构建一个小型重启器，然后根据需要添加其他输出。

我们的基本构建块包含一个 16 路输出重启器，如图 23.2 所示。

仔细看看这个示意图。二进制输入值包含 8 位，但只有 16 个输出。因此，仅需要四位来选择一个输出。为什么要有额外的输入位？它们用于允许组合构建块的多个副本以形成更大的重启器。

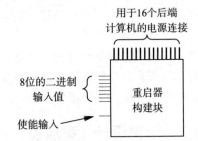

图 23.2　用于重启器的基本构建块的示意图

23.10 并行互连

我们的设计采用了许多硬件系统通用的并行方法。也就是说，输入并行连接到所有模块。从概念上讲，每个构建块将其输入的副本（包括使能输入）传递到下一个构建块。图 23.3 说明了这个想法。

⊖　有关如何使用重启器电路的确切细节与后面的讨论无关；了解基础知识非常重要。

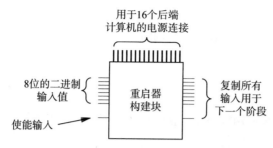

图 23.3　基本构建块的示意图，它将所有输入传递到重启器的下一个阶段

23.11　互连的例子

图 23.4 说明了如何连接构建块。

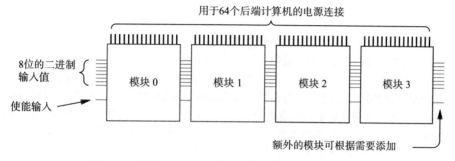

图 23.4　提供 64 个输出的 4 个基本构建块互连的示例

23.12　模块选择

如图 23.4 所示，输入并行传递给所有四个模块。出现了一个问题：如果输入指定要重启的计算机编号为 5，那么每个模块是否会对其第五个输出进行重启？答案是否定的。只有模块 1 上的第五个输出受到影响。

要了解模块如何响应输入，有必要知道每个模块都分配了一个唯一的 ID（在我们的示例中为 0、1、2 和 3）。模块包含检查输入的高四位的硬件，它查看它们是否与分配的 ID 匹配。如果输入与 ID 不匹配，则忽略输入。换句话说，硬件将高四位解释为模块选择，将低四位解释为输出选择。

例如，图 23.5 说明了硬件如何将输入值 5 解释为模块 0 和输出 5。

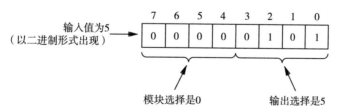

图 23.5　重启器对输入值 5 的解释（对应于图 23.4）

如图 23.5 所示，输入值 5 表示高四位包含 0000，低四位包含 0101。高四位与分配给模块 0 的 ID 匹配，但没有与其他模块匹配。因此，只有模块 0 响应输入。

　　使用输入的高位来选择模块可以使硬件非常高效。模块选择位可以与模块的 ID 一起传递到比较器芯片。顾名思义,比较器比较两组输入,如果两者相等则将输出线设置为高。因此,执行模块选择所需的附加硬件非常少。

23.13 小结

　　硬件和软件工程师都使用模块化。在软件中,模块化的基本抽象是一个子程序。在硬件中,基本抽象是基本构建块的复制。

　　用于容纳一系列硬件大小的一种方法包括构造模块(即,构建块)以接受一组 N 条输入线,以控制一组 2^N 个输出。复制构建块时,会为每个构建块分配唯一的 ID。设计中添加了额外的输入线,这意味着输入的高位可用于选择其中一个模块,低位可用于选择模块上的输出。

习题

23.1 在工程中,模块化和重用之间的关系是什么?

23.2 将参数传递给函数的能力如何帮助程序员控制软件的复杂性?

23.3 当软件工程师和硬件工程师考虑处理 128 位整数的加密系统的设计时,它们都会以一个偏置值开始。软件工程师可能会想象一种迭代整数的算法,一次处理 32 位。硬件工程师会想到什么?

23.4 在数学上,可以从模块中获得任意数量的输出,并使用算术来提取模块的模块编号和输入(例如,每个模块的七个输出将输入值除以 7 以获得模块编号并使用余数选择模块内的输出)。但是,硬件工程师总是选择输出为 2 的幂。请说明原因。

23.5 选择一块硬件应该有多少输出时,要考虑哪些权衡?

23.6 假设一个基本构建块包含 4 个输出,并且设计必须扩展到 64 个输出。将使用多少个构建块?

23.7 如果每个构建块包含 8 个输出且输入有 16 位,那么可以控制多少总输出,以及将使用多少个构建块芯片?

23.8 在上一题中,绘制一个类似于图 23.5 的图,用来显示如何解释输入的位。

23.9 查找比较器芯片。一个比较器有多少对输入?

23.10 在上一题中,假设比较器芯片可以比较 K 对输入,设计人员需要比较 $2K$ 对。如何使用多个芯片实现?

用于计算机体系结构课程的实验练习

A.1　引言

本附录介绍一套本科计算机体系结构课程的实验练习。这些实验是专为那些主要教育目标是学习如何构建软件而非硬件的学生而设计的。因此，在引入数字电路几周后，实验将重点转移到编程上。

实验所需的设施很少：早期需要少量硬件，并且以后的实验需要访问运行 UNIX 操作系统版本（例如 Linux）的计算机。RISC 架构最适合汇编语言实验，因为教师发现 CISC 架构在汇编语言细节上花费了大量的课堂时间。

实验要求学生编写一个 C 程序，用于检测体系结构是大端还是小端。由于大多数编码和调试可以在一种体系结构上执行，且只需要很少的时间在另一种体系结构上移植和测试程序，因此只需要很少的额外资源。

A.2　数字逻辑实验所需的硬件

前几周涵盖的硬件实验要求每个学生都有以下装备：
- 无焊面包板。
- 与面包板一起使用的接线套件（22 号线）。
- 五伏电源。
- 发光二极管（用于测量输出）。
- 与非门和或非门。

这些硬件都不贵。例如，为了应对 70 名学生的一个班，普渡大学在硬件上花费不到 1000 美元。人数更少的班级或在实验中共享可以进一步降低成本。作为替代方案，可以设置实验费或要求学生购买自己的硬件副本。

A.3　无焊面包板

无焊面包板可用于快速构造电子电路而无须焊接连接。在物理上，面包板由一块塑料（通常为 3 英寸 ×7 英寸）组成，其中有一排小孔覆盖表面。

这些孔排成一排，中间有一个小间隙，外面有额外的孔。面包板上的每个孔都是一个足以容纳铜线的插座——当电线插入孔中时，插座中的金属触点与金属线电接触。面包板上插座的尺寸和间距与标准集成电路（技术上使用标准 DIP 封装的 IC）上的引脚尺寸和间距相匹配，面包板上的间隙与 IC 引脚上的间距相匹配，这意味着可以将一个或多个集成电路插入面包板。也就是说，IC 上的引脚直接插入面包板的孔中。

面包板的背面包含互连各种插座的金属条。例如，给定行中心两侧的插座是互连的。图 A.1 说明了面包板上的插座和插座之间的电气连接。

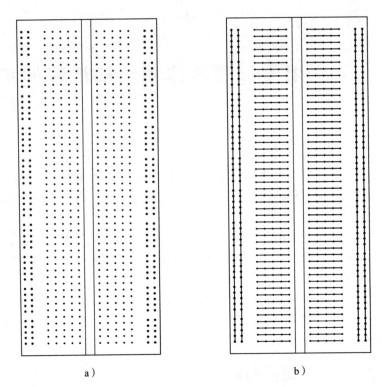

图 A.1 a) 带有插座的面包板的示意图，可插入电线；b) 连线显示了插座之间的电气连接

A.4 使用无焊面包板

为了使用面包板，实验者将集成电路沿中心插入面包板，然后使用短导线在 IC 之间建立连接。插入一排孔的电线连接到插入该行的 IC 上的相应引脚。为了进行连接，实验者使用一组称为接线套件的预切割线。接线套件中的每根电线都有裸露的一端插入面包板，否则是绝缘的。因此，可以将许多电线添加到面包板，因为电线上的绝缘区域可以摩擦其他电线的绝缘区域而不会接通导电。

图 A.2 说明了包含一个 7400 IC 的面包板的一部分，其中的导线连接了 IC 上的一些门。

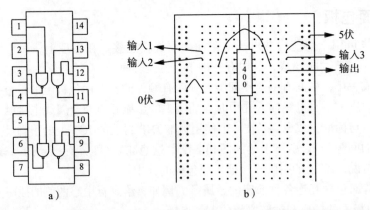

图 A.2 a) 7400 芯片的内部连接示意图；b) 面包板的一部分，灰线表示连接 7400 芯片的电线。使用一组插座连接电源线和地线可以添加额外的连接

A.5 电源和接地连接

当多个芯片插入面包板时，每个芯片必须连接到电源和接地（即 5 伏和 0 伏）。为了确保电源和接地连接方便并且保持电线较短，大多数实验者选择将面包板两侧的外部插座组用于电源和接地。

用于连接电源和接地的电线是半永久性的，因为它们可以重复用于许多实验。因此，实验者经常使用电线的颜色来指示其用途，并选择不用于其他连接的颜色用于电源和接地连接。例如，红线可用于所有电源连接，黑线可用于所有接地连接，蓝线可用于其他连接。当然，导线本身没有区别——绝缘的颜色仅仅有助于人们理解导线的用途。在实验完成后拆卸面包板时，实验者可以留下电源和接地连接以用于稍后的实验。

A.6 构建和测试电路

构建数字电路的最简单方法包括分阶段构建电路并在构建过程中测试电路的每个阶段。例如，在将电源和地线连接到芯片之后，可以测试芯片上的逻辑门以验证芯片是否按预期工作。类似地，在连接特定门之后，可以测量门的输入和输出以确定连接是否正在工作。

尽管可以使用电压表来测量数字电路的输出，但大多数实验者更喜欢简单且廉价的替代方案——发光二极管（LED）$^\ominus$。我们的想法是选择一款可以直接供电的 LED$^\ominus$。当 LED 连接到逻辑 1（即 5 伏）时 LED 发光，而当其输入线连接到逻辑 0（即 0 伏）时 LED 关闭。例如，为了测试图 A.2 中的电路，LED 可以连接到输出（集成电路的引脚 11）。

A.7 实验练习

接下来的内容包含一系列实验练习。虽然每个详细描述指定了在实验中要执行的步骤，但实验指导员必须提供与本地环境或计算机系统相关的其他详细信息。例如，第一个实验要求学生建立他们的计算机账户，包括环境变量。由于要包含在路径中的目录集取决于本地计算机系统，因此必须为每个环境提供一组实际路径。

实验 1 简介和账户配置

目标

了解实验设施并设置计算机账户，以便本学期在实验中使用。

背景阅读和准备

阅读 Linux 提供的 bash shell，了解如何设置 Linux 环境变量。

概要

修改你的实验账户，以便在你登录时自动设置你的环境。

过程和细节（每项完成之后打勾）

_____ 1. 修改你的账户启动文件（例如 `.profile` 或 `.bash_profile`），以便你的 `PATH` 包含实验室指导员指定的目录。

_____ 2. 登出并再次登录。

_____ 3. 确认你可以访问实验室指导员指定的文件和编译器。

$\ominus$ 警告：LED 必须具有适合电路的电气特性——任意 LED 都会消耗大量电能，导致 7400 系列集成电路烧坏。

实验 2　数字逻辑：使用面包板

目标

要了解如何连接基本面包板并使用 LED 来测试门的操作。

背景阅读和准备

阅读第 2 章以了解基本逻辑门和电路，并阅读本附录的开头部分以了解面包板。参加关于如何正确使用面包板和相关设备的讲座。

概要

在面包板上放置 7400 芯片，从 5 伏电源连接电源和接地，将门的输入连接到 0 和 1 的四种可能组合，并使用 LED 观察输出。

过程和细节（每项完成之后打勾）

　　　　　　　1. 获得面包板、电源、接线套件和具有必要逻辑门的零件盒。还要验证你是否有一个数据表，指定 7400 的引脚，这是一个四通道双输入与非门。引脚图的副本也可以在图 2.13 中找到。

　　　　　　　2. 将 7400 放在面包板上，如图 A.2b 所示。

　　　　　　　3. 将两根电线从 5 伏电源连接到电路板边缘附近的两组独立插座。

　　　　　　　4. 添加一根跳线，将 7400 上的引脚 14 连接到 5 伏。

　　　　　　　5. 添加一根将 7400 上的引脚 7 连接到 0 伏的跳线。注意：请确保不要颠倒连接到电源，否则芯片将会损坏。

　　　　　　　6. 添加一根将 7400 上的引脚 1 连接到 0 伏的跳线。

　　　　　　　7. 添加一根将 7400 上的引脚 2 连接到 0 伏的跳线。

　　　　　　　8. 将实验套件中的 LED 连接到 7400 上的引脚 3 和地线之间（0 伏）。注意：LED 正极引线必须连接到 7400。

　　　　　　　9. 验证 LED 是否点亮（它应该点亮，因为两个输入均为 0，这意味着输出应为 1）。

　　　　　　10. 将连接引脚 2 的跳线从 0 伏移动到 5 伏，并验证 LED 是否保持点亮。

　　　　　　11. 将连接引脚 2 的跳线移回 0 伏，将连接引脚 1 的跳线从 0 伏移动到 5 伏，并验证 LED 是否保持点亮。

　　　　　　12. 将引脚 1 的跳线保持在 5 伏，将连接引脚 2 的跳线移动到 5 伏，并验证 LED 是否熄灭。

可选的扩展实验（每项完成之后打勾）

　　　　　　13. 如图 A.2b 所示，连接面包板（引脚 3 连接到引脚 12，引脚 13 作为附加输入）。

　　　　　　14. 将 LED 连接到引脚 11 和地线之间。

　　　　　　15. 记录三个输入的所有可能组合情况下的 LED 值。

　　　　　　16. 电路代表什么布尔函数？

实验 3　数字逻辑：从门电路构建加法器

目标

了解如何组合基本逻辑门以执行复杂任务，如二进制加法。

背景阅读和准备

阅读第 2 章中有关基本逻辑门和电路的内容，并阅读本附录的开头部分以了解面包板。

概要

仅使用基本逻辑门构建半加器和全加器电路。组合电路以实现带有进位输出的两位二进制加法器。

过程和细节（每项完成之后打勾）

_____ 1. 获得面包板、电源、接线套件和具有必要逻辑门的零件盒，以及描述芯片引脚分布和加法器电路逻辑图的实验详细文档。

_____ 2. 构建实验指导员提供的逻辑图中指定的二进制半加器。

_____ 3. 将输出连接到 LED，将输入连接到开关，并验证 LED 上显示的结果是否为一位加法器的正确值。

_____ 4. 构建实验指导员提供的逻辑图中指定的二进制全加器。

_____ 5. 将输出连接到 LED，将输入连接到开关，并验证 LED 上显示的结果是否为全加器的正确值。

_____ 6. 将半加器电路连接到全加器电路以产生两位加法器。验证电路是否正确将一对两位数相加，并且进位值是否正确。

可选的扩展实验（每项完成之后打勾）

_____ 7. 绘制三位加法器的逻辑图。

_____ 8. 绘制四位加法器的逻辑图。

_____ 9. 给出实现 n 位加法器所需门数的公式。

实验 4 数字逻辑：时钟和译码器

目标

了解时钟如何控制电路并允许发生一系列事件。

背景阅读和准备

阅读第 2 章，了解基本的逻辑门和时钟。专注于理解时钟如何运作。

概要

使用开关模拟时钟，并安排时钟操作译码器电路（非正式地称为多路分配器电路）。

过程和细节（每项完成之后打勾）

_____ 1. 获得面包板、电源、接线套件和具有必要逻辑门的零件盒，以及描述芯片引脚分布和译码器电路逻辑图的实验详细文档。

_____ 2. 使用开关模拟慢速时钟。

_____ 3. 为了验证开关是否正常工作，请将开关的输出连接到 LED，并在开关前后移动时验证 LED 是否开启和关闭。

_____ 4. 将模拟的时钟连接到四位二进制计数器（7493 芯片）的输入。

_____ 5. 使用 LED 验证，当开关每个周期移动一次时，计数器的输出移动到下一个二进制值（模 4）。

_____　6. 将二进制计数器的四个输出连接到译码器芯片的输入（74154）。

_____　7. 使用 LED 验证，当开关在一个周期移动时，译码器的一个输出正好变为有效状态。警告：74154 与直觉相反，因为有效输出为低电平（逻辑 0），所有其他输出为高电平（逻辑 1）。

可选的扩展实验（每项完成之后打勾）

_____　8. 使用 555 定时器芯片构建 1 Hz 时钟，并验证时钟是否正常工作。

_____　9. 用时钟电路代替开关。

_____　10. 使用多个 LED 验证译码器是否连续循环每个输出。

实验 5　表示：测试大端与小端

目标

了解底层硬件使用的整数表示如何影响编程和数据布局。

背景阅读和准备

阅读第 3 章，了解大端和小端整数表示以及整数的长度大小。

概要

编写一个 C 程序，检查存储在内存中的数据，以确定计算机是使用大端还是小端整数表示的。

过程和细节（每项完成之后打勾）

_____　1. 编写一个在内存中创建字节数组的 C 程序，用零填充数组，然后在数组中间存储整数 0x04030201。

_____　2. 检查数组中的字节以确定整数是以大端还是小端顺序存储。

_____　3. 在大端或小端计算机上编译并运行程序（不更改源代码），并验证它是否正确地宣告了整数类型。

_____　4. 向程序添加代码以确定整数大小（提示：以整数 1 开始并向左移动直到值为零）。

_____　5. 在 32 位和 64 位计算机上编译并运行程序（不更改源代码），并验证程序是否正确地宣告了整数大小。

可选的扩展实验（每项完成之后打勾）

_____　6. 寻找另一种确定整数大小的方法。

_____　7. 实现这种备用方法以确定整数大小，并验证程序是否正常工作。

_____　8. 扩展程序以宣告整数格式（即 1 的补码或 2 的补码）。

实验 6　表示：C 语言中的十六进制转储函数

目标

了解内存中的值如何以十六进制形式呈现。

背景阅读和准备

阅读第 3 章有关数据表示的内容，找到你使用的计算机的整数和地址长度⊖。向实验指

⊖　在大多数计算机上，地址长度等于整数长度。

导员询问输出格式的确切规范。

概要

编写一个 C 函数，以 ASCII 格式生成十六进制内存转储。实验指导员将提供有关特定计算机格式的详细信息，但一般表格如下：

地址	十六进制的字	ASCII 字符
-------- --------	-------- -------- -------- --------	-----------------
aaaaaaaa	xxxxxxxx xxxxxxxx xxxxxxxx xxxxxxxx	cccccccccccccccc

在该示例中，每行对应于一组内存位置。字符串 aaaaaaaa 表示该行中值的起始内存地址（十六进制格式），xxxxxxxx 表示内存中字的值（也是十六进制格式），cccccccccccccccc 表示解释为 ASCII 字符的同一内存位置。注意，ASCII 输出仅显示可打印字符，所有其他字符显示为空格。

过程和细节（每项完成之后打勾）

_____ 1. 创建一个函数 mdump，它接受两个参数，每个参数都指定一个内存中的地址。第一个参数指定转储应该开始的地址，第二个参数指定需要包含在转储中的最高地址。测试以确保起始地址小于结束地址。

_____ 2. 修改每个参数，使它们指定适当的字地址（即四个字节的精确倍数）。对于起始地址，向下舍入到最近的字地址；对于结束地址，向上舍入。

_____ 3. 测试函数以验证地址是否正确舍入。

_____ 4. 添加使用 printf 生成十六进制转储标题的代码，并验证标题是否正确。

_____ 5. 添加迭代遍历地址的代码并生成十六进制值行。

_____ 6. 要验证函数 mdump 是否输出正确的值，请在内存中声明结构体，将值放在字段中，然后调用 mdump 函数来转储结构体中的项。

_____ 7. 添加为每个内存位置生成可打印 ASCII 字符值的代码，如上所示。

_____ 8. 验证输出中是否只包含可打印字符（即，验证不可打印的字符，例如 0x01 是否映射到空格）。

可选的扩展实验（每项完成之后打勾）

_____ 9. 扩展 mdump，用字节地址表示启动和停止地址（即，省略第一行输出的前导值和最后一行的尾随值）。

_____ 10. 修改 mdump，不是以 ASCII 格式打印字节，而是显示十进制字的值。

_____ 11. 修改 mdump，使得该函数不是打印 ASCII 值，而是假定内存对应于机器指令，并为每条指令提供助记符操作码。例如，如果该行上的第一个单词对应于 load 指令，则打印 load。

_____ 12. 为函数 mdump 添加一个参数，从各种输出形式（ASCII 字符、十进制值或指令）中进行选择。

实验 7　处理器：学习 RISC 处理器的汇编语言

目标

获得汇编语言的第一手经验，并理解汇编语言指令和机器指令之间的一对一映射。

背景阅读和准备

阅读第 5 章、第 7 章和第 9 章，学习指令集和操作数类型的概念。阅读有关本地计算机上可用的特定指令集的信息。请参阅汇编程序参考手册以了解汇编程序所需的语法约定。另请阅读汇编程序参考手册以确定用于调用外部函数的约定。

概要

编写汇编语言程序，将整数值向右移动，然后调用 C 函数以十六进制显示结果值。

过程和细节（每项完成之后打勾）

_____ 1. 编写一个 C 函数 int_out，它接受一个整数参数并使用 printf 以十六进制显示参数值。

_____ 2. 测试函数以确保其正常工作。

_____ 3. 编写汇编语言程序，将整数 4 放在寄存器中，并将寄存器的内容右移一位。

_____ 4. 扩展程序以将上一步的结果作为参数传递给外部函数 int_out。

_____ 5. 验证程序生成 0x2 作为输出。

_____ 6. 将整数 0xBD5A 加载到寄存器中并打印结果，以验证符号扩展是否正常工作。

_____ 7. 不是将整数 4 右移一位，而是将 0xBD5B7DDE 加载到 32 位寄存器中，并向右移一位，并验证输出是否正确。

可选的扩展实验（每项完成之后打勾）

_____ 8. 重写外部函数 int_out 和汇编语言程序以传递多个参数。

实验 8   处理器：可被 C 语言调用的函数

目标

要学习如何编写可以从 C 程序调用的汇编语言函数。

背景阅读和准备

阅读第 9 章，了解汇编语言中子程序调用的概念，并阅读 C 语言和汇编程序参考手册，以确定 C 语言用于调用本地计算机上的函数的约定。

概要

编写一个汇编语言函数，可以从 C 程序调用它来执行异或两个整数值。

过程和细节（每项完成之后打勾）

_____ 1. 编写一个 C 函数 xor，它接受两个整数参数并返回参数的异或。

_____ 2. 编写一个 C 主程序，用两个整数参数调用 xor 函数，并显示函数的结果。

_____ 3. 编写 axor，C 函数 xor 的汇编语言版本，其行为与 C 版本完全相同。（不是仅让 C 编译器生成一个汇编文件，而是从头开始编写新版本。）

_____ 4. 将一个 printf 调用添加到 axor 函数并使用它来验证函数是否正确接收 C 程序作为参数传递的两个值（即，参数传递正常工作）。

_____ 5. 安排 C 主程序测试 axor，以验证代码返回合理范围输入的正确结果。提示：随机生成值。

可选的扩展实验（每项完成之后打勾）

_____ 6. 修改 C 程序和 axor 函数，以便 C 程序将单个结构体作为参数传递而不是两个整数。安排该结构体包含两个整数值。

实验 9　内存：行优先和列优先的数组存储

目标

了解内存中的数组存储以及行优先顺序和列优先顺序。

背景阅读和准备

阅读第 10 ～ 13 章，了解基本内存组织以及行优先顺序和列优先顺序存储数组之间的区别。

概要

不是使用内置语言工具来声明二维数组，而是实现两个 C 函数 two_d_store 和 two_d_fetch，它们使用线性存储来实现二维数组。函数 two_d_fetch 有六个参数：要用作二维数组的内存区域的基址、数组中单个条目的大小（以字节为单位）、两个数组维度和两个索引值。例如，相比如下两行代码：

```
int  d[10,20];
x = d[4,0];
```

程序员可以编码为：

```
char  d[200*sizeof(int)];
x = two_d_fetch(d, sizeof(int), 10, 20, 4, 0);
```

函数 two_d_store 有七个参数。前六个对应于 two_d_fetch 的六个参数，第七个是要存储的值。例如，相比如下代码：

```
int  d[10,20];
d[4,0] = 576;
```

程序员可以编码为：

```
char  d[200*sizeof(int)];
two_d_store(d, sizeof(int), 10, 20, 4, 0, 576);
```

过程和细节（每项完成之后打勾）

_____　1. 实现函数 two_d_store，使用行优先存储数组。

_____　2. 创建一个足以容纳数组的内存区域，将整个区域初始化为零，然后调用 two_d_store 在不同位置存储特定值。使用实验 6 中创建的十六进制转储程序显示结果，并验证是否已存储正确的值。

_____　3. 实现函数 two_d_fetch，使用行优先顺序匹配 two_d_store 中使用的顺序。

_____　4. 验证 two_d_store 和 two_d_fetch 的实现是否正常工作。

_____　5. 测试 two_d_store 和 two_d_fetch 的边界条件，例如最小和最大数组维度。

_____　6. 重写 two_d_store 和 two_d_fetch 以使用列优先顺序。

_____　7. 验证列优先的代码是否正常工作。

可选的扩展实验（每项完成之后打勾）

_____　8. 验证函数 two_d_store 和 two_d_fetch 采用如下方式存储时是否正常工作：字符、整数或双精度。

_____　9. 扩展 two_d_store 和 two_d_fetch 以使用任何范围的数组索引正常工作。例如，允许第一个索引的范围为 −5 到 +15，并允许第二个索引的范围为 30 到 40。

实验 10   输入 / 输出：一个缓冲 I/O 库

目标

了解缓冲 I/O 的运行方式，并比较缓冲和非缓冲 I/O 的性能。

背景阅读和准备

阅读第 14 ~ 16 章，了解一般的 I/O，并阅读第 17 章，了解缓冲。

概要

构建实现缓冲 I/O 的三个 C 函数 buf_in、buf_out 和 buf_flush。在每次调用时，函数 buf_in 从文件描述符 0 传递下一个数据字节。当需要从设备进行额外输入时，buf_in 将 16KB 的数据读入缓冲区，并允许连续调用以从缓冲区返回值。在每次调用时，函数 buf_out 将一个字节的数据写入缓冲区。当缓冲区已满或程序调用函数 buf_flush 时，缓冲区的数据将写入文件描述符 1。

过程和细节（每项完成之后打勾）

_____ 1. 实现函数 buf_in。

_____ 2. 验证 buf_in 是否正确运行，输入小于 16KB（即少于一个数据缓冲区）。

_____ 3. 将输入重定向到大于 32KB 的文件，并验证在需要 buf_in 多次填充缓冲区的输入时，buf_in 是否正确运行。

_____ 4. 实现函数 buf_out 和 buf_flush。

_____ 5. 对于输出少于一个缓冲区（即小于 16KB）的情况，验证 buf_out 和 buf_flush 是否正确运行。

_____ 6. 对于跨越多个缓冲区的输出，验证 buf_out 和 buf_flush 是否正确运行？

可选的扩展实验（每项完成之后打勾）

_____ 7. 对于各种大小的文件，将函数 buf_in、buf_out 和 buf_flush 的性能与无缓冲 I/O（即，读取和写入一个字节）的性能进行比较。并绘制结果。

_____ 8. 在复制大文件时，测量各种大小的缓冲区情况下的 buf_in、buf_out 和 buf_flush 的性能，并绘制结果。缓冲区大小范围从 4 字节到 100 KB 变化。

实验 11   汇编语言中的十六进制转储程序

目标

获得编写汇编语言的经验。

背景阅读和准备

回顾第 5 章、第 7 章和第 9 章，以及先前实验中编写的汇编语言程序。

概要

用汇编语言重写实验 6 中的十六进制转储程序。

过程和细节（每项完成之后打勾）

_____ 1. 用汇编语言重写实验 6 中的基本十六进制转储函数。

_____ 2. 验证汇编语言版本是否提供与 C 版本相同的输出。

可选的扩展实验 (每项完成之后打勾)

_____ 3. 扩展汇编语言转储函数，在字节地址上启动和停止（即，省略第一行输出的前导值和最后一行的尾随值）。

_____ 4. 更改函数以十进制而不是 ASCII 字符形式打印值。

_____ 5. 修改转储函数，并不是打印 ASCII 值，而是假定内存对应于机器指令，并为每条指令提供助记操作码。例如，如果该行上的第一个单词对应于 load 指令，则打印 load。

_____ 6. 在转储函数中添加一个参数，该参数从各种形式的输出中选择（ASCII 字符、小数或指令）。

附录 B

Essentials of Computer Architecture, Second Edition

布尔代数化简法则

B.1 引言

通过应用布尔代数法则可以化简布尔表达式。具体而言，存在涵盖关联、反身和分配属性的法则。从工程角度来看，化简的动机是用更少的门实现。例如，考虑逻辑或。我们知道，如果两个表达式中的任何一个为真，则逻辑或也将为真。因此，表达式 `X or true` 可以用 `true` 代替。

B.2 使用的表示法

在图 B.1 中，点（·）表示逻辑与，加号（+）表示逻辑或，撇号（'）表示逻辑非，0 表示 `false`，1 表示 `true`。使用这些表示法，表达式

```
(X+Y)·Z'
```

可表示为：

```
(X or Y)and (not Z)
```

B.3 布尔代数法则

图 B.1 列出了布尔代数的 19 条法则。尽管许多初始法则看起来很明显，但为了完整性，它们都包括在内。

x + 0	=	x
x + 1	=	1
x · 0	=	0
x · 1	=	x
x + x	=	x
x + x'	=	1
x · x	=	x
x · x'	=	0
(x')'	=	x
x · y	=	y · x
x + y	=	y + x
x · (y · z)	=	(x · y) · z
x + (y + z)	=	(x + y) + z
x · (y + z)	=	(x · y) + (x · z)
x + (y · z)	=	(x + y) · (x + z)
x · (x + y)	=	x
x + (x · y)	=	x
(x · y)'	=	x' + y'
(x + y)'	=	x' · y'

图 B.1 布尔代数法则，可用于简化布尔表达式

x86 汇编语言快速入门

C.1 引言

工程师使用术语 x86 来指代使用由英特尔公司创建的体系结构的一系列处理器[⊖]。英特尔系列中的每个处理器都比其前代产品更强大。随着时间的推移，设计从 16 位架构变为 32 位架构。在转换期间，英特尔强制实施向后兼容性，以保证该系列中较新的芯片可以执行为早期芯片编写的代码。因此，基础保持不变。

x86 经历了另一次转换，这次是从 32 位架构到 64 位架构；这一变化是由英特尔竞争对手 AMD 领导的。再次，向后兼容性是转换的关键部分。在本附录中，我们将首先讨论 32 位版本，然后描述 64 位扩展。

因为它遵循 CISC 方法，x86 处理器具有大型复杂的指令集。实际上，指令集非常庞大——记录指令的供应商手册包含近 3000 页。x86 可以包含用于高速图形操作、三角函数的特殊指令，以及操作系统用于控制处理器模式、设置保护和处理 I/O 的大量指令。在最近的处理器上运行的应用程序，除了使用 32 位指令之外，英特尔 x86 处理器保留了支持以前版本的硬件。因此，我们无法在本附录中查看整个指令集。相反，我们提供介绍基础知识的概述。一旦程序员掌握了一些基础知识，学习新指令就很简单。

C.2 x86 通用寄存器

作为扩展的结果，x86 架构会遇到令人困惑和不可预料的不一致。例如，该体系结构包括 8 个通用寄存器，并且在通用寄存器的命名和引用方式上，不一致性尤其明显。特别是，初始设计使用了 4 个通用 16 位寄存器，汇编语言为每个寄存器的各个字节提供了名称。当寄存器扩展到 32 位时，每个扩展寄存器都有一个名称，并且该架构将每个原始 16 位寄存器映射到相应扩展寄存器的低 16 位。因此，汇编语言提供了一组名称，允许程序员引用整个 32 位寄存器、寄存器的低 16 位区域或这 16 位区域内的单个字节。不幸的是，这些名字令人困惑。最初，寄存器被指定了特定目的，名称反映了历史用途。图 C.1 说明了 8 个通用寄存器，列出了它们的历史目的，并给出了寄存器的名称以及每个子部分[⊖]。

尽管大多数寄存器不再局限于其原始用途，但堆栈指针（ESP）和基指针（EBP）仍具有特殊含义。下面解释在过程调用期间使用基指针和堆栈指针。

⊖ 名称的产生是因为英特尔分配的部件号，例如 8086、80286、80386 和 80486。

⊖ 因为大多数汇编程序不区分大写和小写，所以名称 eax 和 EAX 指的是同一个寄存器。程序员倾向于使用小写，文档倾向于使用大写。

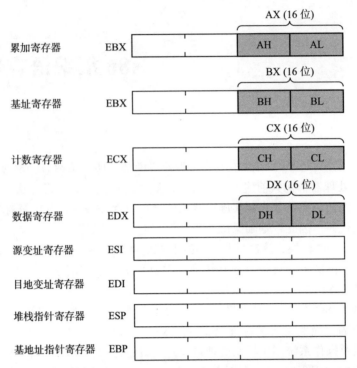

图 C.1　x86 处理器上的八个通用寄存器，它们的历史目的，以及用于引用寄存器和子部分的名称

C.3　允许的操作数

操作数指定要在操作中使用的值和结果的位置。操作数可以指定其中一个寄存器、内存中的位置或常量。每条指令都指定了允许的组合。例如，mov 指令将数据从一个位置复制到另一个位置。mov 可以将常量复制到寄存器或内存，或者可以将数据值从寄存器复制到内存，从内存复制到寄存器，或从一个寄存器复制到另一个寄存器。但是，mov 无法将数据从一个内存位置直接复制到另一个内存位置。因此，要在两个内存位置之间复制数据，程序员必须使用两个指令。首先，程序员使用 mov 将数据从内存复制到寄存器，其次，程序员使用 mov 将数据从寄存器复制到新的内存位置。

图 C.2 列出了用于描述给定指令允许的操作数集的命名法。

名称	含义
<reg32>	任何 32 位寄存器，例如 EAX，EBX，...
<reg16>	任何 16 位寄存器，例如 AX，BX，...
<reg8>	任何 8 位寄存器，例如 AH，AL，BH，BL...
<reg>	任何 32 位、16 位或 8 位寄存器
<con32>	任何 32 位常数
<con16>	任何 16 位常数
<con8>	任何 8 位常数
<con>	任何 32 位、16 位或 8 位常数
<mem>	任何内存地址

图 C.2　用于指定允许的操作数的命名法

下一节解释了如何计算内存地址。目前，只需理解我们将使用图 C.2 中的术语来解释指令就足够了。例如，考虑 mov 指令，它将目标操作数指定的数据项复制到源操作数指定的位置。图 C.3 使用图 C.2 中的命名法列出了 mov 的允许操作数组合。

源操作数	目标操作数
<reg>	<reg>
<mem>	<reg>
<reg>	<mem>
<con>	<reg>
<con>	<mem>

图 C.3　mov 指令的允许操作数组合

C.4　英特尔和 AT & T 形式的 x86 汇编语言

在我们检查指令之前，了解一些汇编语言基础知识非常重要。例如，汇编语言采用固定语句格式，每行一条语句：

标签　　　操作码　　　操作数…

语句中的标签是可选的，由用于标识语句的名称组成。如果语句定义了数据项，则标签指示项的名称；如果语句包含代码，则标签后跟冒号，可用于将控制传递给语句。操作码字段定义数据项的类型或指定指令；操作码后面有零个或多个操作数，以提供有关数据或操作的更多详细信息。

不幸的是，已经创建了许多 x86 汇编语言编译器，每个汇编器都具有区别于其他汇编器的特征。我们将重点关注两个主要类别，而不是检查每个单独的汇编器。第一类采用最初由英特尔定义并由微软采用的语法；它被非正式地称为英特尔汇编语言或 Microsoft-Intel 汇编语言。第二类采用最初由 AT & T 贝尔实验室为 UNIX 定义的语法，并由开源社区采用，用于 Linux；它被称为 AT & T 汇编语言或 GNU 汇编语言（gas）。

这两种类型的汇编器在功能上是等价的，因为它们允许程序员编写任意 x86 指令序列并在内存中声明任意数据项。尽管总体上有相似之处，但两种类型的汇编器在许多细节上有所不同。例如，列出操作数的顺序、引用寄存器的方式以及注释语法不同。虽然可以使用任何一种类型，但程序员可能会发现一种类型更直观、更方便，或者有助于捕获更多的编程错误。由于这两种类型的汇编器在工业界中广泛使用，我们将检查每种类型的汇编程序。

C.4.1　英特尔汇编语言的特点

英特尔汇编器具有以下特征：

- 操作数顺序是从右到左，右侧是源，左侧是目标。
- 注释以分号（;）开头。
- 寄存器名称编码没有标点符号（例如，eax）。
- 立即数常量没有标点符号。
- 汇编器从操作数推导出操作码类型。

为了记住操作数顺序，程序员可以用高级语言来思考赋值语句：表达式在右侧，值分配给左侧的变量。因此，在英特尔汇编语言中，编写了一个数据移动操作：

```
mov    target, source
```

例如，以下代码将 2 与寄存器 EBX 的内容相加，并将结果放在寄存器 EAX 中：

```
mov   eax, ebx+2
```

x86 硬件具有隐式操作数类型，这意味着在运行时，操作码指定操作数的类型。例如，硬件包含每个可能的操作数类型的操作码，而不是一个 mov 指令。也就是说，x86 具有移动字节的操作码，移动字的另一个操作码，等等。十六进制值为 88，89，8A，8B，8C，…当它产生二进制代码时，英特尔汇编器从操作数类型中推导出正确的操作码。如果目标是单个字节，则汇编器选择移动一个字节的操作码；如果目标是 16 位寄存器，则汇编器选择移动 16 位值的操作码；依此类推。每个指令遵循相同的模式——尽管程序员在程序中使用单个助记符（例如，add 为加法，sub 为减法），处理器对每个操作都有一组操作码，对于程序员指定的操作数，英特尔汇编器选择适当的操作码。

C.4.2　AT & T 汇编语言的特点

AT & T 汇编器具有以下特征：
- 操作数顺序是从左到右，源位于左侧，目标位于右侧。
- 注释包含在 / * ... * / 中，或以井号（#）开头。
- 寄存器名称前面有百分号（例如，%eax）。
- 立即数前面有一个美元符号（$）。
- 程序员选择一个指示类型和操作的助记符。

操作数顺序与英特尔汇编程序使用的顺序完全相反。因此，在 AT & T 汇编语言中，编写一个数据移动操作的代码如下：

```
mov   source, target
```

例如，下面的代码将 2 和寄存器 EBX 的内容相加，并将 32 位结果放入寄存器 EAX 中。

```
movl %ebx+2, %eax
```

C.5　算术指令

加减。x86 上的许多算术和逻辑运算都有两个参数：源和目标。目标指定位置（例如寄存器），源指定位置或常量。处理器使用两个操作数执行指定的操作，然后将结果放在目标操作数中。例如，指令：

```
Intel:          add    eax,ebx
AT&T:           add    %ebx,%eax
```

使处理器将寄存器 EAX 和 EBX 中的值相加，然后结果放在寄存器 EAX 中。换句话说，处理器通过将 EBX 中的值加到 EAX 来更改 EAX。图 C.4 列出了允许的加法和减法操作数组合。

递增和递减。除了 add 和 sub 之外，x86 还提供递增或递减指令，可以增加或减少 1。这些指令具有操作码 inc 和 dec（AT & T 汇编器中加了一个指示符），每个指令都有一个参数，可以是任何寄存器或任何存储单元。例如，指令：

源操作数	目的操作数
\<reg>	\<reg>
\<mem>	\<reg>
\<reg>	\<mem>
\<con>	\<reg>
\<con>	\<mem>

图 C.4　加法或减法操作数允许的组合

```
Intel:          inc    ecx
AT&T:           incl   %ecx
```

将寄存器 ECX 的值递增 1。程序员必须决定是使用 inc 还是 add。

在指令集中包含递增和递减指令说明了有关该体系结构的重要原则：

CISC 体系结构（例如与 x86 一起使用的体系结构）通常提供多个指令来执行给定的计算。

乘法和除法。 整数乘法和除法对计算机架构师构成了一个有趣的挑战。当一对寄存器相乘时产生的乘积（长度）可能超过一个寄存器（长度）。实际上，该乘积可以是寄存器长度的两倍。大多数计算机还允许整数除法中使用的被除数（长度）大于单个寄存器（长度）。

x86 包含整数乘法和除法的许多变体。乘法的一些变体允许程序员将结果限制为特定大小（例如，将乘积限制为 32 位）。为了处理乘积超过一个寄存器的情况，x86 使用两个寄存器的组合来保存结果。例如，当乘以两个 32 位值时，x86 将 64 位结果放在 EDX 和 EAX 寄存器中，EDX 保持最高 32 有效位，EAX 保持最低 32 有效位。

x86 还允许整数除法具有 64 位操作数，存储在一对寄存器中。当然，整数除法也可以用于较小的数。即使被除数不占 64 位，x86 也可以使用两个寄存器来保存整数除法的结果：一个保持商，另一个保持余数。有一种方法来捕获余数使得诸如散列之类的计算变得有效。

x86 提供了两种基本的乘法形式。第一种形式遵循与加法或减法相同的范例：乘法指令有两个参数，结果会覆盖第一个参数中的值。第二种形式有三个参数，第三个参数是常量。处理器将第二个和第三个参数相乘，并将结果放在第一个参数指定的位置。例如，

Intel:	imul eax,edi,42
AT&T:	imul %edi,42,%eax

将寄存器 EDI 的内容乘以 42，并将结果放入寄存器 EAX 中。

C.6 逻辑运算

x86 处理器提供逻辑运算，将数据项视为一串位并对各个位进行操作。三个逻辑运算对两个操作数执行逐位运算：逻辑与、逻辑或和逻辑异或。第四个逻辑运算（逻辑非）在单个操作数上执行位反转。图 C.5 列出了逻辑运算使用的操作数类型。

逻辑与、逻辑或、逻辑异或		逻辑非
源操作数	目的操作数	目的操作数
\<reg\>	**\<reg\>**	**\<reg\>**
\<mem\>	**\<reg\>**	**\<mem\>**
\<reg\>	**\<mem\>**	
\<con\>	**\<reg\>**	
\<con\>	**\<mem\>**	

图 C.5 对于逻辑与、逻辑或、逻辑异或以及逻辑非指令允许的操作数组合

除逐位逻辑运算外，x86 还支持移位。移位可以应用于寄存器或存储器位置。本质上，移位采用当前值，向左或向右移动指定的量，并将结果放回寄存器或存储器位置。移位时，x86 提供零位以在需要时填充。例如，当左移 K 位时，硬件将结果的低 K 位设置为零，当右移 K 位时，硬件将结果的高 K 位设置为零。图 C.6 列出了左右移位操作使用的允许操作数。

左移 (shl) 和右移 (shr)	
源操作数	目的操作数
<con8>	<reg>
<con8>	<mem>
<cl>	<reg>
<cl>	<mem>

图 C.6　移位指令的允许操作数组合。符号 <cl> 指的是 8 位寄存器 CL

C.7　基本数据类型

　　x86 的汇编语言允许程序员定义初始化和未初始化的数据项。数据声明必须以 .data 汇编程序指令开头，该指令告诉汇编程序将项视为数据。程序员可以定义每个单独的数据项，或者可以定义一系列未命名的数据项以占用连续的内存位置。

　　图 C.7 列出了可用的基本数据类型，该图假设 AT & T 汇编器设置为生成 32 位处理器的代码。

英特尔所用名称	AT&T 所用名称	长度（字节数）
DB（字节数据）	.byte（单字节）	1
DW（字数据）	.hword（半字）	2
DD（双字数据）	.long（长字）	4
DQ（四字数据）	.quad（四字）	8

图 C.7　用于英特尔汇编器和 AT&T 汇编器的基本数据类型

　　每种类型的汇编器都允许程序员为数据项分配初始值。在英特尔汇编器中，标签从第 1 列开始，接下来显示数据类型，并且该项的初始值遵循数据类型。英特尔汇编程序使用问号表示数据项未初始化。在 AT & T 汇编程序中，标签以冒号结尾，后跟类型和初始值；如果省略初始化，则假定为零。图 C.8 和 C.9 说明了两种类型的汇编程序的声明。

```
        .DATA        ; 数据声明的开始（英特尔  汇编器）
z       DD      ?    ; 四个字节，未初始化
y       DD      0    ; 四个字节，初始化为 0
x       DW      -54  ; 两个字节，初始化为 -54
w       DW      ?    ; 两个字节，未初始化
v       DB      ?    ; 一个字节，未初始化
u       DB      6    ; 一个字节，初始化为 6
```

图 C.8　使用英特尔汇编器式数据声明的例子

```
        .data        ; 数据声明的开始（AT & T 汇编器）
z:      .long        ; 两个字节，初始化为 0
y:      .long   0    ; 四个字节，初始化为 0
x:      .hword  -54  ; 两个字节，初始化为 -54
w:      .hword       ; 两个字节，初始化为 0
v:      .byte        ; 一个字节，初始化为 0
u:      .byte   6    ; 一个字节，初始化为 6
```

图 C.9　使用 AT&T 汇编器式数据声明的例子

　　汇编器将连续的数据项放在相邻的内存字节中。在图中，名为 u 的项放在名为 v 的项后面的字节中。同样，y 放在 z 之外；因为 z 是四字节长，所以 y 开始超出 z 开始的位置

的四个字节。

C.8 数据块、数组和字符串

虽然 x86 汇编语言不提供数据聚合，例如结构体，但它确实允许程序员声明多次出现占用连续内存位置的数据项。例如，要声明三个初始化为 1、2 和 3 的 16 位项，程序员可以编写三个单独的行，每个行声明一个项或可以在一行中列出多个项：

```
Intel:          q      DW    1, 2, 3
AT&T:           q:     .hword 1, 2, 3
```

英特尔汇编器使用修饰符 K DUP（值），多次重复数据值；AT & T 汇编器使用 .space 用一个值填充指定大小的内存。例如，为了声明初始化为数值 220 的字节数据重复一千次，代码如下：

```
Intel:          s      DB    1000 DUP(220)
AT&T:           s:     .space 1000, 220
```

AT & T 汇编器提供 .rept 宏来声明重复更大的项，例如十几次出现的四字节零：

```
Intel:                 DD    12 DUP(0)
AT&T:                  .rept  12
                       .long  0
                       .endr
```

除了数值之外，x86 汇编语言还允许程序员使用 ASCII 字符作为初始值。英特尔汇编器将字符常量括在单引号中，并允许使用多个字符来形成字符串。汇编器不会添加尾随零（空终止）。AT & T 汇编器用双引号括起一串字符，并使用指令 .ascii 或 .asciz 声明一个字符串；.ascii 不会添加空终止字节，而 .asciz 会这样做。例如，程序员可以在内存中声明一个初始化为字母 Q 的字节或一个包含字符 hello world 的字符串，带或不带空终止。

```
Intel:          c      DB    'Q'
                d      DB    'hello world'
                e      DB    'hello world', 0
AT&T:           c:     .ascii  "Q"
                d:     .ascii  "hello world"
                e:     .asciz  "hello world"
```

C.9 内存引用

正如我们所看到的，许多 x86 指令允许操作引用内存，以获取在指令中使用的值或存储结果。x86 硬件提供了一种程序员可以用来计算内存地址的复杂机制：可以通过将两个通用寄存器的内容和一个常量相加来形成地址。此外，其中一个寄存器可以乘以 2、4 或 8。有一些例子将说明一些可能性。

数据名称。最简单的内存引用形式包括对命名数据项的引用。英特尔汇编器使用方括号括起内存项的名称，AT & T 汇编器在名称前面加一个美元符号。在任何一种情况下，汇编器都会计算分配给项的内存地址，并用指令中的常量替换。例如，如果汇编程序包含名为 T 的 16 位数据项的声明，则使用以下指令将 16 位值从存储器移动到寄存器 DX 中：

Intel:	mov	dx, [T]
AT&T:	movw	$T, %dx

间接引用寄存器。程序员可以计算数值,将值放在寄存器中,然后指定寄存器应该用作内存地址。例如,指令:

Intel:	mov	eax, [ebx]
AT&T:	movl	(%ebx), %eax

使用寄存器 EBX 的内容作为内存地址,并将从该地址开始的四个字节移动到寄存器 EAX 中。

计算地址的表达式是允许的,前提是它们遵循最多两个寄存器和常量相加的规则,并可选择将其中一个寄存器乘以 2、4 或 8。例如,可以通过将 EAX 的内容、ECX 的内容和常量 16 相加来形成内存地址,然后使用该地址来存储寄存器 EDI 的值。在英特尔表示法中,操作代码如下:

```
mov    [eax+exb+16], edi
```

寻址规则起初很难掌握,因为它们似乎有些随意。图 C.10 列出了有效和无效内存引用的示例。

```
有效引用

mov   eax, [lab1]        ; 将内存中标签 1ab1 位置处的 4 个字节移动到 EAX
mov   [lab2], ebx        ; 将 EBX 中的 4 个字节存储到内存中标签 lab2 位置处
and   eax, [esi-4]       ; 将内存地址为 ESI-4 处的 4 个字节与 EAX 的值进行逻辑与
not   [edi+8]            ; 对内存地址为 EDI+8 处的 32 位按位求反
mov   [eax+2*ebx],0      ; 将 0 写入内存地址为 EAX+2*EBX 处的 4 个字节
mov   cl, [esi+4*ebx]    ; 将内存地址为 ESI+4*EBX 处的 1 个字节内容拷贝到寄存器 CL

无效引用

mov   eax, [esi-ebx]     ; 两个寄存器不能用减号直接相减
mov   [eax+ebx+cl], 0    ; 不能指定多于 2 个寄存器
```

图 C.10 使用英特尔表示法的有效和无效内存引用的示例

C.10 数据大小推断和显式大小指示

因为可以在运行时计算内存地址,所以地址仅包含无符号的 32 位整数值。也就是说,地址本身不指定内存中项的大小。x86 汇编器使用启发式方法尽可能地推断数据大小。例如,因为以下指令将值从存储器拷贝到寄存器 EAX(长度为 4 个字节),汇编器将推断存储器地址是指四字节值。例如,在英特尔表示法中,指令是:

```
mov    eax, [ebx+esi+12]
```

类似地,如果已将名称分配给声明为单个字节的数据项,则汇编器会推断对该名称的内存引用是指一个字节。但是,在某些情况下,程序员必须使用显式大小指示来指定数据项的大小。例如,假设程序员希望将 -1 存储在内存中的 16 位字中。程序员计算一个存储器地址,该地址放在寄存器 EAX 中。汇编器不能知道程序员认为该地址指向一个 16 位(即两字节)数据项,并推断它指的是一个四字节项。因此,程序员必须在内存引用之前添加大小指示,如以下使用英特尔表示法的示例所示:

```
mov    WORD PTR [eax], -1
```

如果有任何疑问，即使在汇编器的推理规则产生正确结果的情况下，使用大小指示来明确也是一种很好的编程习惯。图 C.11 总结了可用的三种大小指示。

C.11 计算地址

我们说可以计算整数值，放在寄存器中，然后用作内存地址。但是，大多数地址计算都是从内存中的已知位置开始的，例如数组的初始位置。例如，对于英特尔汇编程序，假设已使用名称 iarray 声明了一个四字节整数数组并初始化为零：

指示	含义
BYTE PTR	引用一个单字节内存地址
WORD PTR	引用一个 16 位的内存地址
DWORD PTR	引用一个 32 位的内存地址

图 C.11 可以添加到英特尔汇编程序的内存引用的大小指示

```
iarray    DB    1000 DUP(0)
```

可以通过将 i 乘以 4（因为每个元素长度为 4 个字节）并将结果添加到数组的第一个字节的地址来计算第 i 个元素的存储位置。

运行程序如何获取数组第一个字节的地址？更一般地说，程序如何获得任意变量的内存地址？答案在于一个特殊的指令，它将地址加载到寄存器而不是值。由名称加载有效地址和助记符 lea 指定，特殊指令将寄存器和内存位置作为操作数。与 mov 指令不同，lea 不访问内存中的项。相反，lea 在计算内存地址后停止，并将地址放在指定的寄存器中。例如，

```
lea    eax, [iarray]
```

将 iarray 的第一个字节的内存地址放在寄存器 EAX 中。

观察到计算四字节整数数组的第 i 个元素的偏移量是直截了当的。首先，将 i 放在寄存器中，例如 EBX。一旦索引在寄存器中，就可以使用单个 lea 指令计算该数组元素对应的内存位置：

```
mov   ebx, [i]             ; 在内存中从变量 i 处获得索引
lea   eax, [4*ebx+iarray]  ; 将第 i 个元素的地址放入 EAX 中
```

C.12 堆栈操作——入栈和出栈

x86 硬件包括操作内存堆栈的指令。堆栈是后进先出（LIFO）数据结构，首先访问最近添加的项。与其他处理器上的堆栈一样，x86 堆栈向下增长，新项会添加在连续的较低的内存地址中。尽管内存不断下降，但我们说最近添加的项位于堆栈的"顶部"。

当将一个项添加到一个堆栈时，我们说该项被压入堆栈，堆栈的顶部对应于新项。当从堆栈中删除顶部项时，我们说已经弹出了堆栈。

x86 堆栈始终使用四字节项——当将项压入堆栈时，将使用额外四个字节的内存。类似地，当从堆栈弹出一个项时，该项包含四个字节，并且该堆栈减少四个字节的内存占用。

在 x86 中，ESP 寄存器（栈顶指针）包含堆栈顶部的当前地址。因此，虽然 ESP 没有明确显示，但堆栈操作指令总是会更改 ESP 中的值。堆栈指令的名称反映了上面描述的通用术语：入栈（push）和出栈（pop）。图 A3.12 列出了允许的参数类型。

一旦设置了寄存器 ESP，向堆栈添加项是容易的。例如，指令：

```
        push    eax
```

```
push    <reg32>                 pop    <reg32>
push    <mem>                   pop    <mem>
push    <con32>
```

图 C.12　push 和 pop 指令允许使用的操作数

将寄存器 EAX 的值压入堆栈，而指令：

```
        pop     [qqqq]
```

弹出堆栈顶部并将值放在名为 qqqq 的内存位置。同样，指令：

```
        push    -1
```

将常量 −1 推入堆栈。x86 硬件没有堆栈边界限制，这意味着程序员必须仔细规划堆栈使用，以避免堆栈向下扩展到用于其他变量的内存区域。

C.13　控制流和无条件分支

通常，在执行语句之后，处理器继续执行下一个语句。x86 支持三种更改控制流的指令：
- 无条件分支。
- 条件分支。
- 子程序调用和返回。

无条件分支指令是最容易理解的：操作码是 jmp（用于"跳转"），唯一的操作数是语句上的标签。当遇到 jmp 指令时，处理器立即移动到指定的标签并继续执行。例如，

```
        jmp     prntname
```

表示处理器将执行的下一条指令是带有标签 prntname 的指令。程序员必须将标签放在指令上（可能是打印名称的序列中的第一条指令）。在英特尔表示法中，程序员写道：

```
prntname: mov     eax, [nam]
                .
                .
                .
```

C.14　条件分支和条件码

每个算术指令在处理器中设置一个称为条件码的内部值。条件分支指令使用条件码的值来选择是分支还是继续执行下一条顺序语句。存在一组条件分支指令，每条指令编码一个特定的测试。图 C.13 总结如下：

例如，如果结果值为零，则英特尔表示法中的以下代码会递减寄存器 EBX 并跳转到标签 atzero。

```
        dec     ebx             ; 将 ebx 的值减 1
        jz      atzero          ; 如果 EBX 变为 0，则跳转到标签 atzero 处
```

图 C.13 中的一些指令要求程序员比较两个项。例如，jge 测试大于或等于。但是，条件分支指令不执

操作码	含义
jeq	相等时跳转
jne	不等时跳转
jz	为 0 时跳转
jnz	不为 0 时跳转
jg	大于时跳转
jge	大于等于时跳转
jl	小于时跳转
jle	小于等于时跳转

图 C.13　条件分支指令及其含义

行比较——它们具有单个操作数，该操作数由指定分支位置的标签组成。与算术测试一样，涉及比较的条件分支依赖于条件码。各种指令设置条件码，这意味着条件分支可以在条件码设置后立即执行。如果条件分支没有立即跟随设置条件码的指令，则程序员必须编写设置条件的额外指令。x86 架构包括两条用于设置条件码的指令：test 和 cmp。这两者都不会修改寄存器或内存的内容。相反，它们只是比较两个值并设置条件码。cmp 指令检查是否相等。本质上，cmp 执行减法，然后丢弃答案，仅保留条件码。例如，以下代码（英特尔表示法）测试内存位置 var1 中的四字节值是否具有值 123，如果是，则跳转到标签 bb 处。

```
cmp  DWORD PTR [var1], 123    ; 比较内存项 var1 与数值 123
jeq  bb                       ; 如果相等，则跳转到标签 bbb
```

test 指令更复杂：它执行对两个操作数的逐位与操作，并相应地设置各种条件码位。结果，test 设置诸如数据值是否包含奇数或偶数的奇偶校验码。

C.15　子程序调用和返回值

x86 硬件支持子程序调用（即，调用子程序并使子程序返回其调用程序的能力）。子例程调用是高级过程语言所需的运行时支持的关键部分。

图 C.14 总结了使子程序调用可行的两条 x86 指令：一条指令用于调用子程序，另一条指令用于从子程序返回调用者。

```
call  <label>
ret
```

图 C.14　用于调用子程序的指令：call 调用子程序，ret 返回调用者

子程序调用和返回使用运行时堆栈。例如，call 指令在堆栈上压入返回地址。下一节将讨论细节。

C.16　C 调用约定和参数传递

术语调用约定是指调用和被调用程序用于确保协议细节的规则，例如参数的位置。调用约定将责任分配给调用程序和被调用的子程序。例如，约定确切地指定了调用程序如何在堆栈上压入子程序使用的参数，以及子程序如何为调用程序返回一个值供其使用。

每种高级语言都定义了一组调用约定。我们将在示例中使用流行的 C 调用约定。虽然这些约定旨在允许 C 或 C++ 程序调用汇编语言程序和汇编语言程序调用 C 函数，但是当汇编语言程序调用汇编语言子程序时，也可以使用 C 调用约定。因此，我们的例子是通用的。

理解调用约定的最简单方法是在调用子程序时可视化运行时堆栈的内容。我们的例子包括一个调用，它将三个整数参数（每个参数四个字节）的值 100、200 和 300 传递给一个子程序，该子程序有四个局部变量，每个变量都是 32 位。调用约定在调用期间指定以下内容：

- 调用者的行为。调用者将寄存器 EAX、ECX 和 EDX 的值压入堆栈以保存它们。然后，调用者以相反的顺序将参数压入堆栈。因此，如果参数是 100、200 和 300，则调用者压入 300，压入 200，然后压入 100。最后，调用者调用 call 指令，该指令压入返回地址（即紧跟在 call 指令后面的地址）到堆栈并跳转到子程序。
- 被调用子程序的行为。被调用的子程序将 EBP 寄存器压入堆栈，并将 EBP 设置为堆栈的当前顶部。调用者将 EBX、EDI 和 ESI 寄存器压入堆栈，然后将每个局部变量压入堆栈（或者如果本地变量未初始化时，仅更改堆栈指针以分配空间）。

图 C.15 说明了子程序调用发生后的堆栈（即，在调用者和被调用的子程序都遵循上述

惯例之后）。要理解这个示意图，请记住堆栈在内存中向下增长。也就是说，入栈操作递减堆栈指针，并且出栈操作使该指针递增。

完成后，被调用的子程序必须撤销在调用期间采取的操作并返回其调用者。以下指定子程序和调用者在返回期间执行的步骤。

- 被调用的子程序的返回行为。被调用的子程序从堆栈中释放局部变量。为此，子程序将堆栈指针增加 4N 字节，其中 N 是局部变量的数量（假设每个局部变量长度为 4 字节）。然后，子程序通过从堆栈中弹出保存的值来恢复 ESI、EDI、EBX 和 EBP 寄存器。最后，子程序执行一个 ret 指令，从堆栈中弹出返回地址并跳转返回到调用者。
- 调用者的返回行为。当被调用的子程序返回时，调用者释放参数（例如，通过向堆栈指针添加一个等于参数数量四倍的常量）。最后，调用者恢复 EDX、ECX 和 EAX 的值。

| saved EAX |
| saved ECX |
| saved EDX |
| arg. 3 (300) |
| arg. 2 (200) |
| arg. 1 (100) |
| ret. addr |
| saved EBP |
| saved EBX |
| saved EDI |
| saved ESI |
| local var 1 |
| local var 2 |
| local var 3 |
| local var 4 |

由调用者压入堆栈

由 call 压入堆栈，由 ret 移出堆栈

被调用的子程序的入栈内容

EBP、ESP、由子程序设置

堆栈向低地址方向增长

图 C.15 使用三个参数调用子程序后运行时堆栈的示意图，子程序为四个局部变量保留了空间

C.17   函数调用和一个返回值

从技术上讲，上述调用约定集适用于过程调用。在函数调用的情况下，子程序必须向调用者返回一个值。按照惯例，返回值在寄存器 EAX 中传递。因此，在调用函数时，将修改上述调用约定，以便调用者不会还原已保存的 EAX 值。

在调用函数之前，调用者将 EAX 保存在堆栈中是否有意义？一旦函数返回，EAX 将包含返回值。但是，保存 EAX 有两个原因。首先，对于已调用的每个过程或函数，符号调试器期望堆栈具有相同的布局。其次，在保存了函数的结果后，调用者可以选择继续计算。例如，假设编译器使用 EAX 来保存循环的索引变量。如果循环包含如下语句：

    r = f(t);

编译器可以生成代码以在调用之前保存 EAX 的值，在函数 f 返回后立即将返回值存储在内存位置 r 中，然后恢复 EAX 并允许循环继续。

C.18   扩展到 64 位 (x64)

x86 架构已扩展到 64 位版本。有趣的是，AMD 公司定义了最终由英特尔和其他供应商采用的扩展方案。该架构称为 x86-64，通常缩写为 x64，包含许多更改。例如，算术和逻辑指令、涉及两个寄存器的指令、涉及寄存器和内存位置的指令以及涉及两个内存位置的指令都已扩展为以 64 位值进行操作。堆栈操作已经改变，因此它们一次压入和弹出 64 位（8 字节），指针宽度为 64 位。与我们的讨论最相关的两个变化涉及通用寄存器：

- 每个通用寄存器都已扩展为长达 64 位。
- 增加了 8 个通用寄存器，总共有 16 个通用寄存器。

与 x86 一样，x64 体系结构试图保持向后兼容性。例如，每个 64 位寄存器的下半部分可以称为 32 位寄存器。此外，可以完全按照 x86 中的方式引用前四个寄存器的 16 位和 8 位部分。图 C.16 说明了 x64 中可用的通用寄存器，读者应该将该图与图 C.1 进行比较。

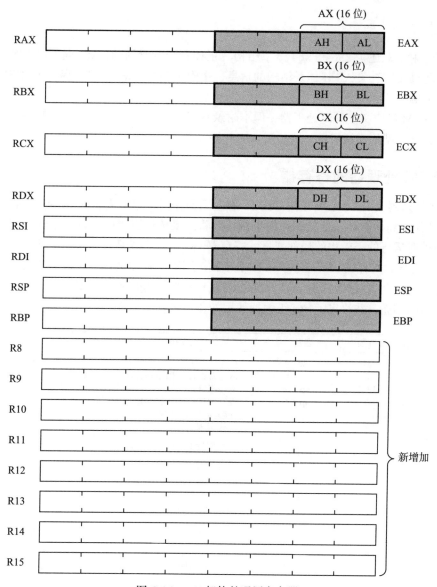

图 C.16 x64 架构的通用寄存器

C.19 小结

我们回顾了 x86 的基础知识，包括数据声明、寄存器、操作数类型、基本指令、算术和逻辑指令、内存引用、堆栈操作、条件和无条件分支以及子程序调用。由于 x86 架构提供了许多指令，因此程序员可以选择多种机制来执行给定任务。设计了一个 64 位扩展，名为 x64。

ARM 寄存器定义和调用序列

D.1 引言

前面的附录概述了 x86 和 x64 体系结构。正如我们所看到的，x86 是 CISC 指令集的典型示例。通过提供有关 ARM 体系结构的信息，本附录继续讨论。ARM 提供了 RISC 体系结构的典型示例。

尽管 ARM 已定义了一组处理器，但本附录重点介绍大多数 32 位 ARM 产品所共有的特征。有关具体模型的详细信息，请参阅 ARM 文档。

D.2 ARM 处理器的寄存器

ARM 处理器具有 16 个编号为 0 到 15 的通用寄存器，通常用名称 r0 到 r15 表示。寄存器 r0 到 r3 用于将参数传递给被调用的子例程并将结果传递回调用者。寄存器 r4 到 r11 用于保存当前正在运行的子例程的局部变量。寄存器 r12 是一个程序内调用暂存寄存器。寄存器 r13 是堆栈指针。寄存器 r14 是一个链接寄存器，用于子程序调用。最后，寄存器 r15 是程序计数器（即指令指针）。因此，将地址加载到 r15 会导致处理器分支到该地址。图 D.1 总结了寄存器的用途，并给出了 gcc 汇编器使用的备用名称。

寄存器	名称	用途
r15	pc	程序计数器
r14	lr	链接寄存器，用于子程序调用
r13	sp	堆栈指针
r12	ip	程序内调用暂存寄存器
r11	fp	栈帧指针或参数指针
r10	sl	堆栈限制
r9	v6	局部变量 6（或实栈帧指针）
r8	v5	局部变量 5
r7	v4	局部变量 4
r6	v3	局部变量 3A
r5	v2	局部变量 2
r4	v1	局部变量 1
r3	a4	函数调用时的第 4 参数
r2	a3	函数调用时的第 3 参数
r1	a2	函数调用时的第 2 参数
r0	a1	函数调用时的第 1 参数

图 D.1　ARM 体系结构中的通用寄存器，汇编语言中使用的替换名称，以及每个寄存器被赋予的用途和含义

除通用寄存器外，每个 ARM 处理器还有一个 32 位的当前程序状态寄存器（CPSR）。CPSR 分为许多字段，包括控制处理器模式和操作、控制中断、在操作后报告条件码、报告硬件错误以及控制系统的字节序的字段。图 D.2 总结了 CPSR 中的位字段。

名称	位范围	用途
N	31	负 / 小于
Z	30	零
C	29	进位 / 借位 / 扩展
V	28	溢出
Q	27	粘性溢出
J	24	Java 状态
DNM	20 ~ 23	不修改
GE	16 ~ 19	大于或等于
IT	10 ~ 15 以及 25 ~ 26	if-then 状态
E	9	数据字节序
A	8	不精确数据中止
I	7	IRQ 禁用
F	6	FIQ 禁用
T	5	Thumb 状态
M	0 ~ 4	处理器模式

图 D.2 ARM CPSR 中的位及其含义

D.3 ARM 调用约定

编程语言支持一种调用机制，其中一段代码调用子例程，子例程执行，控制传递回调用发生的点。就运行时环境而言，子例程调用被推送到运行时堆栈。我们说代码在调用子例程时成为调用者，并使用术语被调用者来指代调用的子例程。在 C 编程语言中，子程序被称为函数；我们将在附录的其余部分中使用该术语。

虽然硬件对函数调用设置了约束，但程序员或编译器可以自由选择一些细节。在本附录中，我们将描述 gcc 遵循的调用约定，这些约定已被广泛接受。

ARM 的参数传递约定具有以下特征：
- 允许调用者将零个或多个参数传递给被调用者。
- 优化前四个参数的访问权限。
- 允许被调用者将一组结果返回给调用者。
- 指定被调用者可以更改的寄存器以及调用返回时必须保持不变的寄存器。
- 指定调用函数并返回时如何使用运行时堆栈。

许多函数具有四个或更少的参数。为了优化前四个参数的访问，这些值在通用寄存器 a1 到 a4 中传递（即寄存器 r0 到 r3）。其他参数放入内存中的堆栈上。因为被调用者只能通过引用寄存器来访问前四个参数，所以访问速度非常快。

被调用者可以使用寄存器 a1 到 a4 将结果返回给调用的程序。在大多数编程语言中，函数只返回一个结果，可以在寄存器 a1 中找到。如果参数或结果大于 32 位，则将该值放入存储器中，并将地址传递给参数寄存器。

图 D.3 显示了函数调用后即刻的堆栈布局示例。该示例将阐明调用约定并解释在函数调用期间如何保留寄存器值。

在图 D.3 中，函数 A 正在执行并调用了函数 B，函数 B 有六个参数。前四个参数在寄存器⊖中传递，这意味着它们不会出现在堆栈中。但是，必须在堆栈上传递超出前四个的参

⊖ 回想一下，前四个参数在寄存器 a1 到 a4 中传递。

数。因此，函数 A 在调用函数 B 之前以相反的顺序将参数 5 和参数 6 压入运行时堆栈。如图 D.3 所示，额外的参数是调用发生时堆栈中的最后两个项。

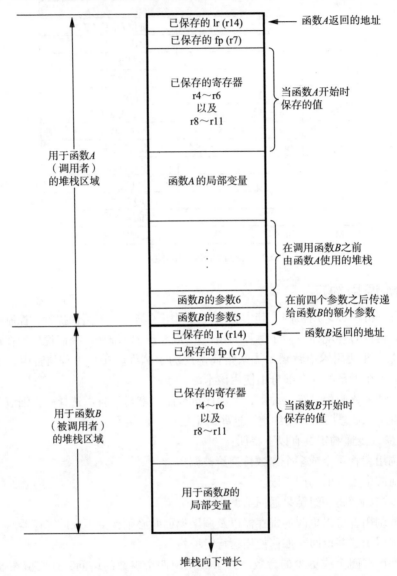

图 D.3　在函数 A 调用使用六个参数的函数 B 之后，运行时堆栈上的布局

调用者期望在函数调用期间保留大多数通用寄存器中的值。也就是说，调用者期望被调用的函数不会干扰寄存器的值。当然，大多数函数都需要使用寄存器。因此，被调用的函数在进入时保存寄存器内容并在返回之前恢复它们。如图 D.3 所示，函数 B 中的前置代码将链接寄存器（r14）、帧指针（r7）、寄存器 r4 至 r6 以及寄存器 r8 至 r11 压入堆栈中。函数 B 中的前置代码然后在堆栈上为其局部变量（如果有的话）保留空间。一旦分配了本地存储，函数 B 就可以运行了。在函数 B 返回之前，函数中的后置代码运行。后置代码用堆栈中保存的值恢复寄存器，并使堆栈与调用前完全一样。

推荐阅读

数字逻辑设计与计算机组成

作者：[美]尼克罗斯·法拉菲 ISBN: 978-7-111-57061-5 定价: 89.00元

计算机系统硬件课程对于教师和学生都是一大挑战，本书是迎难而上的一部力作，展现了作者对硬件的精妙理解，既涵盖数字逻辑设计与计算机组成这些传统内容，又创新式地引入了安全体系结构问题。本书的深度高于大部分同类教材，但同时深度与广度更为平衡，循序渐进地铺就了从基础电路到计算机系统的硬件/软件贯通之路。

数字设计和计算机体系结构（原书第2版·ARM版）

作者：[美]莎拉 L. 哈里斯 等 中文版预计2019年出版

搭载ARM处理器的智能手机、平板电脑等各类电子设备不断丰富着我们的日常生活，同时，ARM也对计算机体系结构的发展影响深远。本书采用一种独特的现代数字设计方法，首先介绍数字逻辑门，接着讲述组合电路和时序电路的设计，并以这些基本概念为基础，逐步进入核心内容——ARM处理器的设计。书中实例丰富，易于实践，通过阅读本书，读者将学会构建自己的微处理器，并能够自顶向下地理解微处理器的工作原理。

推荐阅读

计算机系统：系统架构与操作系统的高度集成

作者：Umakishore Ramachandran 译者：陈文光
ISBN：978-7-111-50636-2 定价：99.00元

计算机组成与设计：硬件/软件接口（原书第5版·ARM版）

作者：David A. Patterson),John L. Hennessy 译者：陈微
ISBN：978-7-111-60894-3 定价：139.00元

计算机组成与设计：硬件/软件接口（原书第5版）

作者：David A. Patterson,John L. Hennessy 译者：王党辉 康继昌 安建峰 等
ISBN：978-7-111-50482-5 定价：99.00元

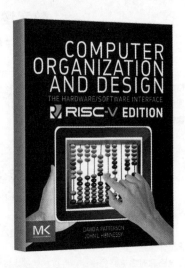

计算机组成与设计：硬件/软件接口（原书第5版·RISC-V版）

作者：David A.Patterson, John L.Hennessy 译者：易江芳
预计2019年9月出版